数据结构（本科）（第3版）

SHUJU JIEGOU (BENKE)

李伟生　主编

国家开放大学出版社·北京

图书在版编目（CIP）数据

数据结构. 本科/李伟生主编. —3版. —北京：
国家开放大学出版社，2021.7（2024.7重印）
　ISBN 978-7-304-10868-7

　Ⅰ.①数… Ⅱ.①李… Ⅲ.①数据结构-开放教育-
教材 Ⅳ.①TP311.12

中国版本图书馆 CIP 数据核字（2021）第 141248 号

版权所有，翻印必究。

数据结构（本科）（第 3 版）
SHUJU JIEGOU（BENKE）
李伟生　主编

出版·发行：国家开放大学出版社
电话：营销中心 010-68180820　　　　总编室 010-68182524
网址：http：//www.crtvup.com.cn
地址：北京市海淀区西四环中路 45 号　　邮编：100039
经销：新华书店北京发行所

策划编辑：白　娜	版式设计：何智杰
责任编辑：白　娜	责任校对：冯　欢
责任印制：武　鹏　马　严	

印刷：三河市长城印刷有限公司
版本：2021 年 7 月第 3 版　　　　　　2024 年 7 月第 10 次印刷
开本：787mm×1092mm　1/16　　　　印张：16.5　字数：347 千字
书号：ISBN 978-7-304-10868-7
定价：31.00 元

（如有缺页或倒装，本社负责退换）
意见及建议：OUCP_KFJY@ouchn.edu.cn

第3版前言

在国家开放大学出版社的大力支持下,本教材已经是第3版发行,衷心感谢广大读者和同行十余年来对本书的关注和宝贵建议。

"数据结构"是计算机专业传统的核心课程,是学习后续"操作系统""编译原理""数据库系统原理""人工智能""算法的设计与分析"等课程的重要基础。更重要的是通过本课程的学习和相关知识的有效应用,能使学生的计算机应用和软件设计能力有质的提高。

近年来,"数据结构"课程的教学改革与时俱进,相关教材不断更新,适合不同专业和不同层次学习者的新教材也相继出现。这些教材在内容的安排和概念的描述方面更科学、合理,在算法的描述语言上进行了更新。有些则是根据不同专业和不同层次学习者的需求和具体情况,在教学大纲中对课程教学内容做了进一步探讨和规划。

随着计算机科学技术的发展,数据结构在大数据管理、大数据分析和开发、云计算、人工智能计算等领域得到了更广泛、深入的应用。特别是数据结构中,一些以往未引起足够重视的理论和技术,也由于新学科和新技术的需求和带动,得到了进一步的应用和拓展。而诸如云计算等相关技术也在数据结构实践教学环节得到有效应用。

本教材主要面向计算机应用和相关专业,所以更多地侧重相关设计技术的学习和具体实现,力求通俗易懂。为了不影响教材的整体知识结构,并照顾到部分读者今后进一步深造的需求,本版不再对书中相关章节做增、删,只对书中部分内容进行了适当精简。根据读者和同行反馈建议,对在教学中不作为重点要求的内容在目录中以 * 号标出,供制订教学计划和读者学习时参考。本版在全书结束部分,增加了各章部分重点要求的知识点的学习提示;对相关概念做了较通俗的简单解析;并配备了少量典型例题;对实验环节提出了参考建议。以供读者复习和作为检验所学知识的参考和借鉴。

本书由北京交通大学李伟生教授主编,国家开放大学王春凤副教授负责组稿。书中第1章、第2章、第4章、第5章、第8章、第9章、附录中"实验"和"各章部分知识点提示和简单解析"由李伟生编写,第6章、第7章由国家开放大学徐孝凯教授编写,第3章由王春凤编写,北京交通大学研究生张玉宪、邢朝阳等同学参加了教材编写的辅助工作。

本书由北京理工大学吴鹤龄教授担任主审,同时北方工业大学吴洁明教授、北京印刷学院杨树林教授共同参与了审定。各位专家认真审阅了全部书稿，提出了宝贵的修改意见，在此表示衷心的感谢。

由于时间仓促，书中错误和不足之处在所难免，恳请专家和广大读者提出宝贵意见。

编者

2021 年 4 月

第1版前言

"数据结构"是计算机专业的专业基础课和主干课程之一。随着计算机技术的发展和广泛应用,本课程已经成为其他专业热门的限选课和选修课。本书是根据中央广播电视大学计算机科学与技术专业"数据结构"课程教学大纲的要求编写的。

全书共分9章,第1章介绍有关数据结构和算法的基本概念,为以下章节的学习做准备。第2章~第7章由浅入深地讨论了线性表、栈和队列、串、数组和广义表、树及图等基本的数据结构,并着重介绍了它们在计算机中的存储方法和相关算法,使读者对以上常用数据结构有一个基本的了解,并为具体应用打下良好基础。第8章~第9章结合相关的数据结构,针对非数值算法中最常用的"查找""排序"算法的部分典型算例,介绍了算法的原理和具体实现方法。这两章也是数据结构的一个初步应用。书中以C语言作为数据结构和算法的描述语言,给出了部分程序。读者按照程序中的提示和注释,在相应的运行环境中很容易改写并运行相关程序。

针对广播电视大学学生的特点和实际情况,"数据结构"课程更应该注重于应用,教学中要突出重点。所以本书在教学内容上遵循少而精和重应用的原则,略去了数据结构的形式定义、抽象数据类型等概念和内容。而对算法分析,则仅仅介绍了一些基本原理,并说明如何直观地对算法进行评估。对现有部分教材中列出但不做教学要求的章节、带"*"号的内容,本书均做了删除。另外还删改了部分较烦琐但不影响本课程知识结构的内容。

本书在叙述方法上力求深入浅出、通俗易懂,尽可能以具体实例引出相关概念。书中引入了较多的图例用以描述相应的数据结构、相关操作和算法运行情况。在有关算法的讨论中还充分注意突出其中的关键步骤和要点,并在程序中做了详细注释,这样更利于读者自学。每章的开头简要列举出本章相关内容的应用、介绍学习目的和学习要求。每一章的末尾概要介绍所学内容,列出了主要知识点,这样对提高学生学习兴趣、把握章节的要点十分有益。

本书编写组为李伟生、徐孝凯、王春凤、袁亚兴。由北京交通大学李伟生教授主编,中央广播电视大学王春凤副教授负责组稿。书中第1、2、8、9章和附录的实验由李伟生编写;第4、6、7章由中央广播电视大学徐孝凯教授编写;第3章由王春凤编写;第5章由中央广播电视大学袁亚兴编写。北京交通大学研究生张玉宪、邢朝阳等同学参加了教材编写的辅助工作。

  本书由北京理工大学吴鹤龄教授担任主审，同时聘请北方工业大学吴洁明教授、北京印刷学院杨树林副教授共同参与审定，各位专家认真审阅了全部书稿，提出了宝贵的修改意见，在此表示衷心感谢。

  由于时间仓促，书中错误和不足之处在所难免，恳切希望专家和广大读者提出宝贵意见。

编者

2007 年 12 月

第2版前言

"数据结构"是计算机专业的专业基础课和主干课程之一。随着计算机技术的发展和广泛应用,本课程也已经成为相关专业的热门限选课或选修课。本书是根据国家开放大学计算机科学与技术专业"数据结构"课程教学大纲的要求编写的。

全书共分9章,第1章介绍了有关数据结构和算法的基本概念,为以下章节的学习做好准备。第2章~第7章由浅入深地讨论了线性表、栈和队列、字符串、数组和广义表、树及图等基本的数据结构,并着重介绍了它们在计算机中的存储方法和相关算法,使读者对以上常用数据结构有一个基本的了解,并为具体应用打下良好的基础。第8章和第9章结合相关的数据结构,针对非数值算法中最常用的"查找""排序"算法的部分典型算例,介绍了算法的原理和具体实现方法。这两章内容也是数据结构的初步应用。书中以 C 语言作为数据结构和算法的描述语言,给出了部分程序。读者按照程序中的提示和注释,在相应的运行环境中很容易改写并运行相关程序。

针对国家开放大学学生的特点和实际情况,"数据结构"课程更应该注重应用,内容要突出重点。所以本书在教学内容上遵循少而精和重应用的原则,略去了数据结构的形式定义、抽象数据类型等概念和内容,而对算法分析,则仅仅介绍了一些基本原理并说明如何从直观上对算法进行评估。对现有部分教材中列出但不作为教学要求的章节、带"*"号的内容,本书做了部分删除。另外,本书还删改了部分较烦琐但不影响本课程知识结构的内容。

本书在叙述方法上力求深入浅出、通俗易懂,尽可能以具体实例引出相关概念。书中引入了较多的图例用以描述相应的数据结构、相关操作和算法运行情况。在有关算法的讨论中还充分注意突出其中的关键步骤和要点,并在程序中做了详细注释,这样更利于读者自学。每章的开头简要列举了本章相关内容的应用、学习目的和学习要求。每一章的结束部分概要介绍了该章所学内容,列出了主要知识点,这样对提高学生的学习兴趣,使其把握章节的要点十分有益。

本书是在2008年版本的基础上修订的,在广泛调研了几年来学生学习情况的基础上,结合计算机和信息技术的发展及需求,按照教学改革的新要求,在教学内容取舍、教材编排、知识结构组织、知识点提炼等方面进行了重新审定。作者在撰稿风格上力求符合读者的认知需求,对部分章节进行了重写或改写,增加了部分内容。例如,随着信息技术的发展，字符处理的相关算法显得越来越重要，所以书中增加了字符串中的模式匹配的算法等内容。作者对部分较抽象的内容配以具体实例和图示，特别对部分程序的运行情况，强调用计算机的存储结构变化来描述。结合各章的关键知识点，作者对每章后的习题进行了进一步筛选，在部分章节，尝试以知识点为主线编写。所有这些还有待在教学实践中检验，对于不足之处，我们将与时俱进地改进。

本书由北京交通大学李伟生教授主编，国家开放大学王春凤副教授负责组稿。书中第1章、第2章、第4章、第5章、第8章、第9章和附录由李伟生编写，第6章、第7章由国家开放大学徐孝凯教授编写，第3章由王春凤编写，北京交通大学研究生张玉宪、邢朝阳等同学参加了教材编写的辅助工作。

本书由北京理工大学吴鹤龄教授担任主审，同时北方工业大学吴洁明教授、北京印刷学院杨树林教授共同参与了审定。各位专家认真审阅了全部书稿，提出了宝贵的修改意见，在此表示衷心的感谢。

由于时间仓促，书中错误和不足之处在所难免，恳请专家和广大读者提出宝贵意见。

编者

2014.11

目　录

1　第1章　绪论

1　1.1　数据结构简介
2　1.2　数据结构的基本术语和概念
4　1.3　算法和算法分析简介
4　　　1.3.1　算法
4　　　1.3.2　时间复杂度
5　　　*1.3.3　空间复杂度
5　　　习题

7　第2章　线性表

7　2.1　线性表的定义
8　2.2　线性表的逻辑结构和基本操作
8　　　2.2.1　线性表的逻辑结构
8　　　2.2.2　线性表的基本操作
9　2.3　线性表的顺序存储结构（顺序表）及相关操作
9　　　2.3.1　顺序存储结构的概念
9　　　2.3.2　利用数组处理线性表
9　　　2.3.3　利用指针（变量）处理线性表
10　　　2.3.4　顺序存储结构的线性表（顺序表）的操作
13　　　2.3.5　插入、删除操作的时间复杂度分析
13　2.4　线性表的链式存储结构（链表）及相关操作
13　　　2.4.1　线性表的链式存储的基本概念
14　　　2.4.2　单向链表
21　　　2.4.3　单向循环链表
23　　　2.4.4　双向循环链表
25　　　*2.5　一元多项式的存储和加法运算

25	2.5.1	一元多项式和线性表
25	2.5.2	使用数组方式
26	2.5.3	使用链表方式
29	习题	

31　第 3 章　栈和队列

31	3.1	栈
31	3.1.1	栈的定义
32	3.1.2	栈的基本运算
33	3.1.3	栈的顺序存储结构及基本操作
36	3.1.4	栈的链式存储结构及基本操作
38	3.1.5	栈的应用
45	*3.1.6	栈与递归
47	3.2	队列
47	3.2.1	队列的定义
48	3.2.2	队列的基本运算
49	3.2.3	队列的顺序存储结构及基本操作
54	3.2.4	队列的链式存储结构及基本操作
57	*3.2.5	队列的简单应用举例
58	习题	

61　第 4 章　字符串

61	4.1	字符串的定义和相关概念
61	4.1.1	字符串的定义
62	4.1.2	字符串的相关概念
62	4.2	C 语言中字符串的特点、存储结构和访问方式
62	4.2.1	C 语言中字符串的特点
63	4.2.2	C 字符串的存储结构和访问方式
65	4.2.3	程序举例
69	4.2.4	基本函数
72	4.3	字符串的模式匹配
72	4.3.1	字符串的模式匹配的概念
72	4.3.2	求子串位置的定位算法
75	*4.3.3	模式匹配的 KMP 方法
82	习题	

85	**第 5 章**	**数组和广义表**
85	5.1	数组的定义、逻辑结构和特点
85		5.1.1 一维数组的概念
86		5.1.2 二维数组的概念
87		5.1.3 数组的存储
87	5.2	C 语言中数组的定义、存储结构
87		5.2.1 一维数组
88		5.2.2 二维数组
88	5.3	特殊矩阵的压缩存储
88		5.3.1 对称矩阵
90		5.3.2 稀疏矩阵
95	5.4	广义表
95		5.4.1 广义表的定义
95		5.4.2 广义表的相关概念
96		*5.4.3 广义表（列表）的图形表示
96		*5.4.4 广义表的存储结构
100	习题	
103	**第 6 章**	**树和二叉树**
103	6.1	树的概念
103		6.1.1 树的定义
104		6.1.2 树的日常应用举例
105		6.1.3 树的表示
105		6.1.4 树的基本术语
106		6.1.5 树的性质
108	6.2	二叉树的概念
108		6.2.1 二叉树的定义
108		6.2.2 二叉树的性质
110	6.3	二叉树的存储结构
110		6.3.1 顺序存储结构
111		6.3.2 链接存储结构
113	6.4	二叉树遍历
113		6.4.1 二叉树遍历的概念
113		6.4.2 二叉树的递归遍历算法

116	*6.4.3 二叉树的非递归遍历算法
117	*6.4.4 二叉树的按层遍历算法
118	*6.5 二叉树的其他运算
124	*6.6 二叉树运算的程序调试
126	6.7 哈夫曼树
126	6.7.1 基本术语
127	6.7.2 构造哈夫曼树
130	6.7.3 哈夫曼编码
133	*6.7.4 哈夫曼树运算的程序调试
135	习题

138　第7章　图

138	7.1 图的概念
138	7.1.1 图的定义
139	7.1.2 图的基本术语
142	7.2 图的存储结构
143	7.2.1 邻接矩阵
145	7.2.2 邻接表
148	*7.2.3 边集数组
150	7.3 图的遍历
150	7.3.1 深度优先搜索遍历
153	7.3.2 广度优先搜索遍历
156	*7.3.3 图的遍历算法的上机调试
161	7.4 图的生成树和最小生成树
161	7.4.1 图的生成树和最小生成树的概念
163	7.4.2 克鲁斯卡尔算法
168	*7.5 最短路径
168	7.5.1 最短路径的概念
170	7.5.2 从一个顶点到其余各顶点的最短路径
172	7.6 拓扑排序
175	习题

179　第8章　查找

| 179 | 8.1 查找的基本概念 |
| 180 | 8.2 线性表的查找 |

181	8.2.1	顺序查找
182	8.2.2	折半查找
185	8.2.3	分块查找
185	8.3	树表的查找
186	8.3.1	二叉排序树的定义
186	8.3.2	二叉排序树的查找
187	8.3.3	二叉排序树的插入和删除
191	8.4	哈希表及其查找
191	8.4.1	哈希表的基本概念
192	*8.4.2	哈希函数的构造方法
193	*8.4.3	处理冲突的方法
195	习题	

197　第 9 章　排序

197	9.1	排序的基本概念
199	9.2	插入排序
199	9.2.1	直接插入排序
200	9.2.2	折半插入排序
202	9.3	交换排序
202	9.3.1	冒泡排序
203	9.3.2	快速排序
206	9.4	选择排序
206	9.4.1	直接选择排序
207	9.4.2	堆排序
210	9.5	归并和归并排序
210	9.5.1	归并两个有序的序列
211	9.5.2	归并排序
214	习题	

216　附录 1　实验

226　附录 2　各章部分知识点提示和简单解析

248　参考文献

第 1 章 绪论

"数据结构"是计算机专业传统的核心课程,课程着重介绍和研究数据的逻辑结构、存储结构及其处理方式等,其相关理论和设计技术在软件设计、系统开发、科学计算等领域有广阔的应用和发展前景。"数据结构"课程也是学习后续课程,如"操作系统""数据库系统原理""算法的设计与分析"等的重要基础。

本章的主要内容包括:数据结构简介;数据结构的基本术语和概念;算法及与算法分析相关的概念。

通过本章的学习,要求:
(1) 了解"数据结构"课程的主要学习内容、学习目的和学习方法。
(2) 掌握数据结构的基本概念,了解常用的 4 种基本结构。
(3) 掌握逻辑结构、物理结构的含义,理解它们之间的关系。
(4) 了解算法和算法分析的基本概念。

1.1 数据结构简介

随着计算机技术和信息技术的发展,不同的研究领域和相关行业,包括日常生活的方方面面,越来越多的信息需要利用计算机加工、处理。纷繁复杂的信息包括:数字、字符、文字、表格、图像、声音等。对这些信息首先需要进行数字化,同时必须对这些具有不同实际背景的数据进行合理分类,研究它们的特性,找出数据间的共性关系,构建出若干类典型、通用、经济且易于对数据操作的模型来组织数据,然后研究如何有效地把这些数据存储到计算机中,设计相关算法对数据进行分析、处理、加工,如图 1-1 所示。

简单来说,数据是信息的载体,结构是一种组织和存储的关系。

以上所述的核心内容可归结为:如何依据数据间的逻辑关系把数据合理、有效地存储到计算机中,应用相应的算法对其进行处理,而这正是数据结构要研究和解决的问题。由此可见,"数据结构"是理论和实践密切结合的课程。在学习中既要充分注意综合分析、逻辑思维能力的培养,更要注重算法设计和编程等能力的提高。

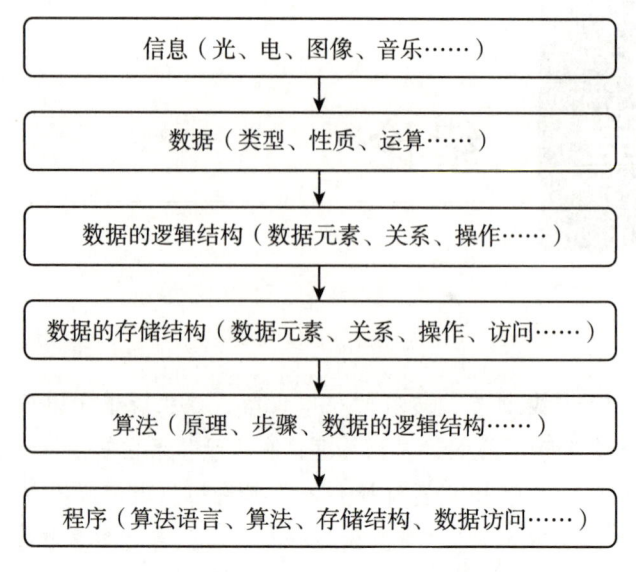

```
┌─────────────────────────────────┐
│  信息（光、电、图像、音乐……）      │
└─────────────────────────────────┘
              ↓
┌─────────────────────────────────┐
│  数据（类型、性质、运算……）        │
└─────────────────────────────────┘
              ↓
┌─────────────────────────────────────────┐
│  数据的逻辑结构（数据元素、关系、操作……）    │
└─────────────────────────────────────────┘
              ↓
┌──────────────────────────────────────────────┐
│  数据的存储结构（数据元素、关系、操作、访问……）  │
└──────────────────────────────────────────────┘
              ↓
┌──────────────────────────────────────────┐
│  算法（原理、步骤、数据的逻辑结构……）        │
└──────────────────────────────────────────┘
              ↓
┌──────────────────────────────────────────────┐
│  程序（算法语言、算法、存储结构、数据访问……）   │
└──────────────────────────────────────────────┘
```

图 1-1 数据结构的简单描述

1.2 数据结构的基本术语和概念

1. 数据

数据（data）是描述和量化客观事物和信息等的符号。在计算机领域，它是指所有能输入计算机并能被计算机系统和程序识别、存储、加工和处理的符号的总称。不同的信息，如图像、图形、声音、光、电、月球表面信息、行星的运动轨迹、原子核的裂变过程等都能通过数字化归于数据的范畴。

2. 数据元素

数据元素（data element）是数据的基本单位，在计算机程序中通常把数据元素作为一个整体来存储和处理。数据元素可以只是单个的数据项，如学生的年龄就是一个数据元素。数据元素也可以由多个数据项复合组成，如根据需要可以把学生的相关信息（学号、姓名、年龄、性别、电话号码等）多个数据项组成一个数据元素统一处理。数据项是数据不可分割的最小单位。数据元素在许多应用中又被称为记录。

3. 数据结构

数据结构（data structure）是相互之间存在一种或多种特定关系的数据元素的集合。数据元素间的关系称为结构。客观事物之间存在着各种不同的联系，但将其抽象为数据以后再来研究它们所具有的共性关系就简单得多。数据结构研究这种关系的目的是把数据合理、有效地存储到计算机中进行处理，所以我们的着眼点是数据间的位置关系、数据间是否存在直接或间接的联系等方面。例如，一个班的学生名单表中，学生是一个接着一个排列的，可以将其抽象为"一对一的线性结构"，而把它们随机地记录在笔记本上时，从位置上看并没有任何关系，只能看出这些人同属于一个班级。又如，某单位的上级单位与各个下级单位的关系、祖辈与后辈的关系就可以被抽象为"一对多的树形结构"。而诸如某城市中各个公交站点之间的关系、通信线路上各用户之间的关系则可以用"多对多的图状结构"描述。根据数据间的不同特性，通常有下列 4 种基本结构：

(1) 集合：结构中的数据除了"同属于一个集合"的关系外，不存在其他关系。

(2) 线性结构：结构中的数据元素之间存在"一对一"的关系。

(3) 树形结构：结构中的数据元素之间存在"一对多"的关系。

(4) 图状结构：结构中的数据元素之间存在"多对多"的关系，图状结构又称网状结构。

如图 1-2 所示为 4 种数据基本结构示意图。

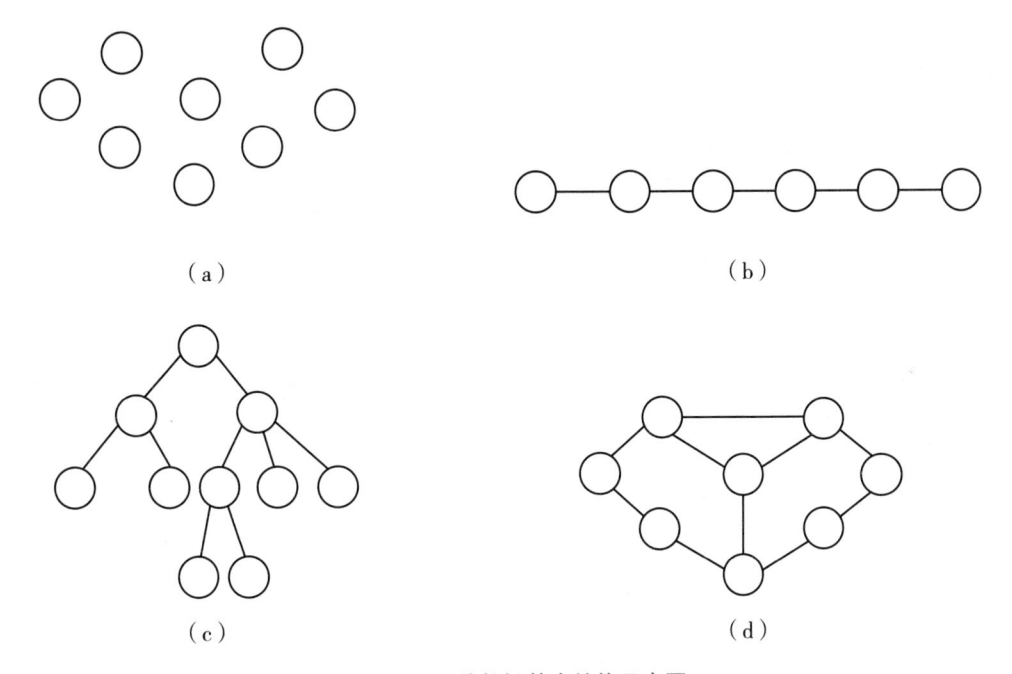

图 1-2 4 种数据基本结构示意图
(a) 集合；(b) 线性结构；(c) 树形结构；(d) 图状结构

4. 逻辑结构

通常把数据元素之间的逻辑（抽象）关系称为逻辑结构（logical structure），如上面列举的 4 种结构。

5. 物理（存储）结构

数据的逻辑结构在计算机中的表示称为物理结构或存储结构（physical structure）。它包括数据元素的表示和数据元素间关系的表示。同一种逻辑结构可以根据实际应用的需要采用不同的存储方式，也就是可以有不同的存储结构。

6. 数据对象

数据对象（data object）是数据的一个子集，是性质相同的数据元素的集合。计算机在处理数据时，总是根据问题的需要，针对某一种或几种数据对象。例如，要对学生的学号进行排序、查找等处理时，涉及"整数集合"；而对学生的学习成绩进行统计、计算时，涉及"实数集合"。

1.3 算法和算法分析简介

程序设计的要素包括：算法语言、算法、数据结构和程序设计技术。其中，算法和数据结构密切相关，算法必须要有恰当的数据结构才能有效地发挥作用，而数据结构的设计必须充分考虑其是否能适应相应算法的要求。本书在介绍典型数据结构的同时，还有针对性地介绍相关算法。

1.3.1 算法

简而言之，算法就是解决特定问题的方法，是对特定问题求解步骤的一种描述。算法是计算机学科中最具方法论性质的核心概念，是计算机科学的灵魂。算法具有以下5个特性：

（1）有穷性。在合法输入下，一个算法必须在执行有穷步之后结束，而其中每个步骤都能在有限时间内完成。

（2）确定性。算法中每个步骤、每条指令都有确切的含义，对符合算法要求的任何输入数据都能正确执行，而对于相同的输入只能得到相同的输出。

（3）可行性。算法中描述的操作，都可以通过将已经实现的基本操作执行有限次来实现。

（4）算法有零个或多个输入。算法要有处理的对象，也就是数据。根据需要，可以在执行时输入某些数据，并通过变量接受它们。有些数据可能已被嵌入算法中。变量也可以通过赋值的方法获得数据。

（5）算法有一个或多个输出。输出是一组与输入有着某种特定关系的量，是算法执行后的结果。

1.3.2 时间复杂度

算法的时间复杂度是评估算法的重要标准之一，它能较好地体现算法本身的时间效率，而与具体实现算法的计算机软件、硬件无关。时间复杂度在"算法的设计与分析"理论研究中占有重要地位，而对于应用人员，只要求了解时间复杂度分析的一般原理，并能将它作为选用算法的一个标准参照就可以了。

分析一个算法的时间复杂度首先要从中选取一种能在很大程度上体现该算法执行时间的基本操作，以该基本操作重复执行的次数作为度量。例如，在矩阵相乘的算法中，乘法就是基本操作。在从一批整数中求最大数的算法中，对两个数据的比较就是基本操作，一批整数中数据的个数称为问题的规模。

一般情况下，算法基本操作重复执行的次数是问题规模 n 的某个函数 $f(n)$。而算法的时间复杂度简单来说是指算法中某种基本操作执行次数的数量级。通常用 $T(n) = O(f(n))$ 表示，其中 O 表示 $f(n)$ 的数量级。

例 1-1 用 C 语言求两个 n 阶矩阵的乘积的算法。

```
for(i=1;i<=n;i++)
  for(j=1;j<=n;j++)
  {
    c[i][j]=0;
    for(k=1;k<=n;k++)
      c[i][j]=c[i][j]+a[i][k]*b[k][j];
  }
```

上述算法问题的规模为 n，基本操作乘法的执行次数 $f(n) \approx n \times n \times n$，所以 $T(n) = O(n^3)$。有关时间复杂度的分析，在以下章节中还会多次遇到。

*1.3.3 空间复杂度

类似于算法的时间复杂度，空间复杂度作为算法所需存储空间的量度，记作：
$$S(n) = O(f(n))$$
其中，n 为问题的规模，算法所需的存储空间是问题规模 n 的函数 $f(n)$。空间复杂度对于"算法的设计与分析"的研究也是必要的，随着计算机硬件技术的发展，它的重要性远不如时间复杂度，故本书不做重点讨论。但程序设计人员在设计算法时始终要有"时、空"这两个概念，要尽量避免存储空间的浪费。

习题

一、单项选择题

1. 在数据结构中，与所使用的计算机无关的是数据的（　　）结构。
   A. 逻辑　　　　　B. 存储　　　　　C. 逻辑与存储　　　　D. 物理
2. 数据结构在计算机内存中的表示是（　　）。

A. 给相关变量分配存储单元　　B. 数据的存储结构
C. 数据的逻辑结构　　　　　　D. 算法的具体体现

3. 算法的时间复杂度与（　　）有关。
A. 算法本身　　　　　　　　　B. 所使用的计算机
C. 算法的程序设计　　　　　　D. 数据结构

4. 数据的存储结构包括数据元素的表示和（　　）。
A. 数据处理的方法　　　　　　B. 数据元素间关系的表示
C. 相关算法　　　　　　　　　D. 数据元素的类型

二、问答题

1. 请说出4种数据基本结构，它们各有什么特点，请各举出一例。

2. 数据结构研究的主要问题是什么？

3. 要求在n个数据元素中找其中值最大的元素。说出你使用的算法，其基本操作是什么？它的执行次数是多少？求算法的时间复杂度。

第 2 章 线性表

线性表是最常用、最基本的一种数据结构,在计算机信息处理、优化决策、科学计算等领域有着广泛的应用。例如,人事档案表、学生成绩表、产品目录表、机票预定表、图书目录表及线性方程组系数矩阵的行向量等都可以被抽象为线性表,存储到计算机中,进行相关处理。本章将通过具体实例给出线性表的定义,介绍线性表的逻辑结构和存储结构(顺序存储结构和链式存储结构),讨论线性表在两种不同存储结构下对应的顺序表和链表的相关操作和算法,介绍线性表的简单应用。

通过本章的学习,要求:

(1) 掌握线性表的定义和逻辑结构。

(2) 掌握线性表的顺序存储结构的有关概念,能利用 C 语言的数组和指针实现对顺序表的相关操作。

(3) 掌握线性表的链式存储结构的有关概念,并重点掌握单向链表的特点、构建方法和访问方式,能利用 C 语言的结构变量和指向结构体的指针实现对链表的相关操作。

(4) 根据线性表两种存储结构各自的特点,了解它们各自的应用场合,能利用所学知识,按照相关要求设计算法、编制程序,能利用线性表解决简单的应用问题。

2.1 线性表的定义

线性表(linear list)是属于同一个数据对象的数据元素的有限序列。线性表中数据元素的个数称为线性表的长度,长度为 0 的线性表称为空表。

上述定义中的数据元素可以是只有一个数据项的简单数据,也可以由若干个数据项组成,这样的数据元素称为记录。由于同一个线性表的数据元素属于同一个数据对象,所以它们必定具有相同的特性。从程序设计的角度理解,这些数据元素属于同一种数据类型。

例 2-1 (5, 7, 8, 2, 4, 9) 是一个线性表,其中的数据元素是整数,其长度为 6。

例 2-2 (a, b, c, …, z) 是一个线性表,其中的数据元素是英文小写字母,其长度为 26。

例 2-3 如图 2-1 所示是一个线性表,其中的数据元素是相同类型的记录,每个记录由 3 个数据项组成,分别表示姓名、性别、年龄,表的长度为 4。

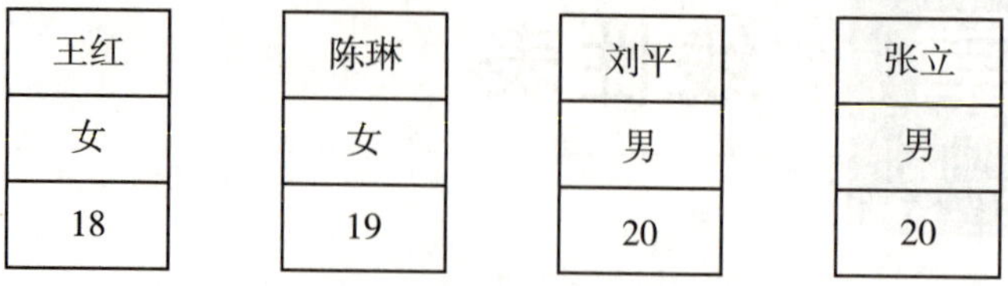

王红	陈琳	刘平	张立
女	女	男	男
18	19	20	20

图 2-1 数据元素是记录的线性表

2.2 线性表的逻辑结构和基本操作

2.2.1 线性表的逻辑结构

线性表的逻辑结构是指线性表中数据元素之间的逻辑(抽象)关系。若将线性表记为 (a_1, a_2, …, a_{i-1}, a_i, …, a_n),其中 a_i ($i=1, 2, 3, …, n$) 是属于某个数据对象的元素,由线性表的定义可知,若线性表至少包含 2 个元素,则线性表中的数组元素之间存在以下关系:

(1) 表中存在被称作"第一个"元素,如上表中的 a_1;也存在被称作"最后一个"元素,如上表中的 a_n。

(2) 表中第一个元素 a_1 前面没有元素和它相邻,称它为没有**直接前驱**,它后面有且只有一个元素 a_2 与它相邻,称它为有且只有一个**直接后继**。表中"最后一个"元素 a_n 有且只有一个直接前驱 a_{n-1},没有直接后继。

(3) 除"第一个"元素和"最后一个"元素外,其他每个元素均有且只有一个直接前驱和一个直接后继。

显然,我们可以用数据元素在表中的位置确定它的序号,反之亦然。例如,表中 a_i 的序号是 i。

2.2.2 线性表的基本操作

线性表的基本操作如下:

(1) 存取:存取表中第 i 个数据元素 a_i ($1 \leq i \leq n$)。

(2) 插入:在表中第 i 个数据元素前插入一个新的数据元素,也就是使新插入的数据元素成为新表中的第 i 个数据元素 ($1 \leq i \leq n+1$)。

（3）删除：删除表中第 i 个元素（1≤i≤n）。
（4）查找：在线性表中查找满足某种条件的数据元素。
（5）求表长：求线性表中元素的个数。

对线性表的其他操作还有将两个线性表按照某种要求合并、在可能的条件下将表中的数据元素按一定的规则排序等。

2.3 线性表的顺序存储结构（顺序表）及相关操作

2.3.1 顺序存储结构的概念

为了能利用计算机对线性表进行相关处理，必须把线性表有效地存储到计算机的内存中。一种最简单直观的存储方式就是顺序存储，所谓顺序存储就是用一组地址连续的存储单元依次存放线性表的数据元素。

在这样的存储方式下，线性表的数据元素在计算机内的实际位置（物理位置）直接体现出线性表的逻辑结构。通常，我们把用顺序结构存储的线性表称为**顺序表**（sequential list）。这里要指出的是，由于不同计算机的编址方式不同，不同类型的数据元素在存储时占用存储空间的大小也不同，因而顺序表中各个数据元素的首地址不一定是连续的。所以，在程序中对顺序表进行操作时，通常不是通过计算数据元素的存放地址，而是利用程序设计语言中的数组和指针变量来访问数据的。

2.3.2 利用数组处理线性表

数组是计算机内存中一组类型相同、连续存储的变量，每个变量称为数组元素，按地址由小到大的顺序每个数组元素都有一个确定的下标。在 C 语言中，说明数组的同时就为数组开辟了相应的存储空间。

例如，int a [100]；表示数组 a 有 100 个数组元素，每个数组元素均为整型变量，可以用来存放整型数据，数组元素的下标（0～99）。可以用上述数组存储数据元素为整型的线性表，每个数组元素中存放一个数据元素。通过下标可以随机地访问线性表中任意一个数据元素。可见，利用数组存储线性表，它的存储结构与线性表的逻辑结构完全一致。

2.3.3 利用指针（变量）处理线性表

任意一个内存变量都有唯一确定的地址，这个地址称为该变量的**指针**，它是一个常量。指针变量是一种特殊的变量,它和普通变量一样占用一定的内存空间。它与普通变量的不同之处在于,指针变量中存放的不是普通数据,而是另外一个变量的地址(指针)。不少书中习惯把指针变量简称为指针,在实际应用中,要根据具体情况正确理解,一定不能把指针变量和指针(地址常量)混淆。

在说明指针变量时,要指明它的数据类型,其类型就是它将要指向的变量的类型。指针作为一个地址量加上或减去一个整数 n,其结果是指针当前指向位置的前方或后方第 n 个变量的地址。就 C 语言而言,只要把数组的首地址赋给具有相同数据类型的指针变量,就可以利用该指针访问数组中任意一个数组元素,因而也就可以利用指针处理线性表。由于数组名是地址常量,不能对它进行赋值,而指针变量可以进行一系列运算并能被赋值,另外利用指针变量结合 C 语言的相关函数可以动态分配存储空间,所以采用指针处理线性表比数组更方便、灵活。例如:

```
int a[10];
int *p;
p = a;
(或 p = &a[0];)
```

上述语句说明了一个整型数组 a,它具有 10 个数组元素;又说明了一个整型指针 p,并把数组 a 的首地址赋给指针 p。此后,利用 p 就可以访问数组中任意一个元素。例如,*(p+i)就等价于 a[i](i = 0, 1, 2, …, 9)。

2.3.4 顺序存储结构的线性表(顺序表)的操作

为了简单起见,本节介绍的有关操作均以整型数组处理整型的线性表为例。因为 C 语言中数组元素的下标从 0 开始,在以下程序中用 a[0]存放线性表的长度,而 a[1],a[2],…,a[n]用来存放线性表的数据元素 a_1,a_2,…,a_n。这样数组元素的下标和线性表中数据元素的序号恰好一致。读者在编程时也可以采取别的方式。以下介绍的相关操作以主函数的方式给出,读者可以把它改写成函数的方式。

1. 插入

在线性表 A = (a_1,a_2,…,a_{i-1},a_i,…,a_n)的第 i(1≤i≤n+1)个数据元素前插入一个新的同类型数据元素 x,使 A 成为一个长度为 n+1 的线性表,x 成为新表中的第 i 号元素。插入后的线性表为(a_1,a_2,…,a_{i-1},x,a_i,…,a_n),用 MAX 表示数组元素的个数。

图 2-2 表示一个线性表在进行插入前、后,其数据元素在数组中的位置变化。

上述操作的算法步骤为:从 a_n 开始逐次将 a_n,a_{n-1},…,a_i 向后平移一个存储位置,然后将 x 存入 a[i]中。

下标	0	1	...	i-1	i	...	n	...	MAX-1
数组元素	n	a_1	...	a_{i-1}	a_i	...	a_n	...	

(a)

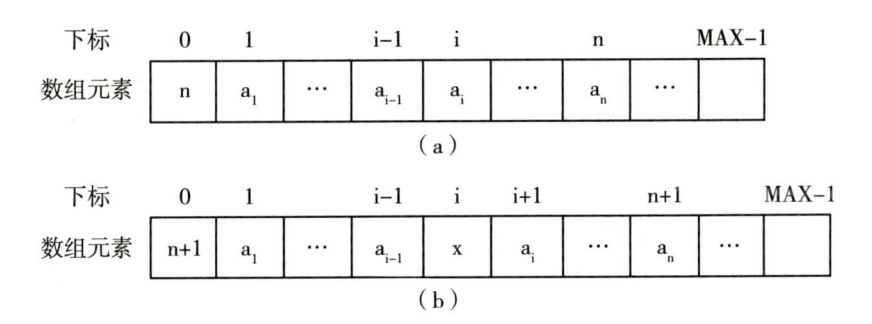

下标	0	1	...	i-1	i	i+1	...	n+1	...	MAX-1
数组元素	n+1	a_1	...	a_{i-1}	x	a_i	...	a_n	...	

(b)

图 2-2 顺序表的插入操作

(a) 插入前；(b) 插入后

【算法 2-1】 顺序存储结构线性表的插入（以下程序没有包含相关的编译预处理语句，同时假定所有输入是合法的）

```c
#define MAX 100
void main()
/*在a[i]之前插入数据元素,MAX是数组元素的个数,a[0]用以存放当前线性表的长
  度,b存放待插入的数据,i存放插入的位置,n存放待操作的线性表的长度*/
{
    int a[MAX];
    int i,j,b,n;
    scanf("%d%d%d",&b,&i,&n);          /*输入相应数据*/
    for(j=1;j<=n;j++)
    {
        scanf("%d",&a[j]);              /*把线性表的数据元素输入数组中*/
        a[0]=n;                         /*a[0]存放线性表的长度*/
    }
    for(j=n;j>=i;j--)
    {
        a[j+1]=a[j];                    /*向后平移数据元素*/
        a[i]=b;                         /*插入*/
        a[0]=n+1;                       /*线性表长度增加1*/
    }
    for(j=1;j<=a[0];j++)
    {
        printf("%5d\n",a[j]);           /*输出新的线性表*/
    }
}
```

2. 删除

在线性表 A = (a_1, a_2, …, a_{i-1}, a_i, a_{i+1}, …, a_n) 中删除第 i 个元素 a_i ($1 \leq i \leq n$)，删除后线性表的长度为 n-1，删除后的线性表为 A = (a_1, a_2, …, a_{i-1}, a_{i+1}, …, a_n)。

图 2-3 表示一个线性表在进行删除前、后，其数据元素在数组中的位置变化。

下标	0	1	…	i-1	i	i+1	…	n	…	MAX-1
数组元素	n	a_1	…	a_{i-1}	a_i	a_{i+1}	…	a_n	…	

(a)

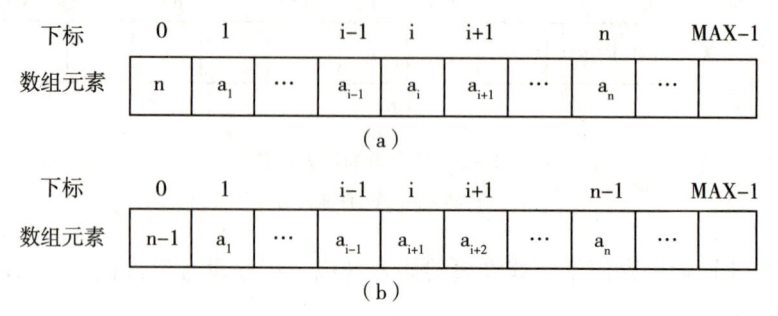

下标	0	1	…	i-1	i	i+1	…	n-1	…	MAX-1
数组元素	n-1	a_1	…	a_{i-1}	a_{i+1}	a_{i+2}	…	a_n	…	

(b)

图 2-3 顺序表的删除操作

(a) 删除前；(b) 删除后

上述操作的算法步骤为：逐次将 a_{i+1}, a_{i+2}, …, a_n 向前平移一个存储位置，使后面的数组元素逐次覆盖它的直接前驱。

【算法 2-2】顺序存储结构线性表的删除

```c
#define MAX 100
void main()
/*删除 a[i]中的数据元素,得到一个顺序存储的新的线性表,MAX 是数组元素的个数,
a[0]用以存放当前线性表的长度,i 用以存放要删除数据元素所在数组元素的下标。n 存
放待操作的线性表的长度*/
{
    int a[MAX];
    int i,j,n;
    vscanf("%d%d",&i,&n);          /*输入相应数据*/
    for(j=1;j<=n;j++)
    {
        scanf("%d",&a[j]);         /*把线性表的数据元素输入数组中*/
    }
    a[0]=n;                        /*a[0]存放线性表的长度*/
    for(j=i+1;j<=n;j++)
    {
        a[j-1]=a[j];               /*向前平移数据元素*/
        a[0]=a[0]-1;               /*线性表长度减 1*/
    }
    for(j=1;j<=a[0];j++)
```

```
        {
            printf("%5d\n",a[j]);                    /*输出新的线性表*/
        }
    }
```

2.3.5 插入、删除操作的时间复杂度分析

从上面的介绍中不难看出，插入和删除算法的基本操作是数组中数据元素的移动。移动操作的次数依赖于线性表的长度和数据在表中插入、删除的位置。

假设线性表的长度为 n，就插入操作而言，设插入位置在第 i 个元素之前（也就是插入元素作为新表的第 i 个元素），i 共有 1～(n+1) 种可能的情况。最好的情况是 i=n+1，移动元素次数为 0；最坏情况是 i=1，移动元素次数为 n，一般来说，对于插入位置为 i，则移动元素的次数为 n-i+1。假设插入位置是等概率的，则插入一个元素平均移动元素的次数可以由式 2-1 求得：

$$T(n) = \frac{1}{n+1}\sum_{i=1}^{n+1}(n-i+1) = \frac{n}{2} \qquad (2-1)$$

对于删除操作，设删除位置为 i，i 共有 1～n 种可能的情况。最好情况是 i=n，移动元素的次数为 0；最坏情况是 i=1，移动元素次数为 n-1。一般来说，若删除位置为 i，则移动元素次数为 n-i。假设删除位置是等概率的，则删除一个元素平均移动元素的次数可以由式 2-2 求得：

$$T(n) = \frac{1}{n}\sum_{i=1}^{n}(n-i) = \frac{n-1}{2} \qquad (2-2)$$

由此可见，在顺序存储结构的线性表中插入或删除一个数据元素，平均需要移动表中一半的元素，因而上述两种算法的时间复杂度为 O(n)，当 n 很大时，顺序存储结构下的线性表的插入、删除操作的效率是很低的。

2.4 线性表的链式存储结构（链表）及相关操作

2.4.1 线性表的链式存储的基本概念

线性表的顺序存储结构的特点是简单、直观，表中逻辑关系上相邻的数据元素在物理存储位置上也相邻，可以使用高级语言的数组或指针方便地对线性表进行存储，并能对其进行随机访问。其不足之处是：一方面对顺序表进行基本的插入或删除操作时，就平均而

言，需要移动大量元素，影响处理效率；另一方面，顺序存储必须预留足够的存储空间，这样就有可能造成存储空间的浪费；又因为顺序存储需要有连续的存储空间，故不利于充分利用计算机内存中零散的存储空间。本节将讨论线性表的链式存储结构及相关操作。链式存储结构的特点是用于存储线性表数据元素的存储单元不一定是连续的，线性表的逻辑关系是通过指针体现的。具体做法是线性表中任意一个数据元素 a_i 以**结点**的形式进行存储。结点包括两部分信息，其一为数据域，存储数据元素 a_i，其二为指针域，用以存储相邻结点的存储地址。指针域可以只有一个，用它来存储 a_i 的直接后继结点的存储地址；也可以有两个，其中一个指针域存放 a_i 的直接后继 a_{i+1} 的存储地址，另一个指针域存放 a_i 的直接前驱 a_{i-1} 的存储地址。指针域存放的信息称作指针或链。采用链式存储的线性表称作**链表**（linked list）。2.4.2 节将首先介绍最简单也是最常用的链表——单向链表，也称为线性链表。

2.4.2 单向链表

与线性表（a_1，a_2，…，a_n）相应的单向链表由 n 个结点链接而成，如图 2-4 所示，单向链表也称为单链表。每个数据元素对应链表中的一个结点，数据元素 a_i 相应的结点在单向链表中称为结点 a_i。结点 a_i 中的数据域存储数据元素 a_i，指针域存放 a_i 的直接后继元素 a_{i+1} 相应结点的存储地址。链表中第一个结点的存储位置称为头指针，程序中通常用一个指针变量存储头指针。此处命名该指针变量为 head。最后一个数据元素 a_n 没有直接后继，所以链表中最后一个结点的指针域存放的是空指针（NULL）。

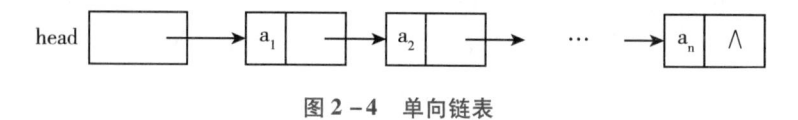

图 2-4 单向链表

由单向链表的结构可知，只要已知头指针，就可以由前向后逐次访问链表中的任意一个结点。具体做法是由头指针出发，可以访问第一个结点，由第一个结点的指针域可以访问第二个结点……一般来说，由第 i 个结点的指针域可以访问第 i+1 个结点。

以上介绍的链表中的每个结点只具有一个指针域，要访问链表中的任意一个结点都必须从头指针出发。因此，上述链表被称为单向链表或线性链表。单向链表是非随机访问的存储结构。

在 C 语言中，可以用"结构变量"存储结点的信息，用"结构指针变量"存储头指针。不失一般性，设线性表的数据元素为整数，则结构体类型定义如下：

```
struct node
{
    int data;
    struct node * next;
```

```
};
typedef struct node NODE;
```

例 2-4 设线性表为 (3, 5, 8, 2)，在程序中用说明结构变量的方法建立单向链表，并输出链表中各结点的数据元素。

```
#define NULL 0
void main()
{
    NODE a,b,c,d, * head, * p;
    a.data = 3;
    b.data = 5;
    c.data = 8;
    d.data = 2;        /*对结点的数据域(结构变量的data成员)赋值*/

    head = &a;         /* a结点的起始地址赋值给头指针变量head */
    a.next = &b;       /* b结点的起始地址赋值给a结点的指针域(结构变量的next
                          成员)*/
    b.next = &c;
    c.next = &d;
    d.next = NULL;     /* d是尾结点,把空指针赋值给d结点的指针域(结构变量的
                          next成员)*/
    p = head;          /*工作指针p指向结点a */

    do
    {
        printf("%d\n",p->data);  /*逐次输出p所指结点的数据 */
        p = p->next;             /*使p指向当前所指结点的直接后继结点 */
    }while(p! = NULL);
}
```

程序中说明了4个结构体变量，作为线性表中4个数据元素相应的结点，并给其数据域赋值。head 中存放了第一个结点 a 的地址，从而 head 指向了结点 a，而 a 的指针域 next 中存放了结点 b 的地址，使 a.next 指向了结点 b……直至给尾结点 d 的指针域 next 赋值 NULL，才完成了链表的建立。

由于单向链表中头指针是不能丢失的，在操作时，必须保护好头指针，在链表输出部分，利用 p 作为工作指针，一开始使它指向第一个结点，程序循环体中用表达式"p->data"逐次访问 p 所指结点的数据域，用语句"p = p->next"逐次指向当前结点的后续结点，直至访问完最后一个结点，即指针 p 为空为止。在某些情况下，为了操作

方便，在线性链表的第一个结点前增加一个附加结点，称它为头结点。头结点的数据域可以不存储任何信息，或者只存储一些非线性表的数据元素的附加信息。而头结点指针域用来存储第一个结点的指针（地址），如图 2-5 所示。

图 2-5 带头结点的单向链表

若没有特别说明，以下讨论的链表都设定为带头结点的链表。

以上介绍的程序是在程序一开始通过说明结构变量来为链表的结点开辟存储单元的，而在实际应用中，链表通常是一种动态存储结构，结点所占用的存储空间是在程序的执行过程中，根据需要临时开辟的。当链表中需要增加一个结点时，要为新结点申请一个存储空间。当链表中要删除一个结点时，要将已删除的结点的存储空间释放，归还给系统。C 语言编译系统的库函数提供了动态分配和释放存储空间的函数。例如：

```
NODE *p;                              语句 1
p = (NODE *)malloc(sizeof(NODE));     语句 2
free(p);                              语句 3
```

语句 1 说明一个指向结点（结构体变量）的指针变量，语句 2 开辟了一个结点所需要的存储空间，并把该存储区域的起始地址赋给指针变量 p，使 p 指向该结点。语句 3 用于释放 p 所指向的结点的存储空间。上述过程如图 2-6 所示。

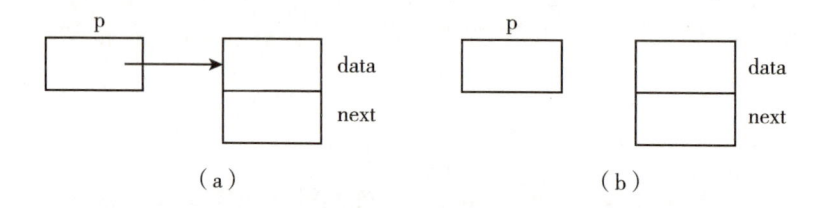

图 2-6 分配、释放存储空间
（a）分配存储空间；（b）释放存储空间

以下介绍单向链表的基本操作。

1. 建立链表

建立单向链表的算法是一个动态过程，即从"空表"开始，依次生成各元素的结点，并将之逐次插入链表中。根据插入位置的不同，建立链表的方法可以分为尾插法和头插法。尾插法是总将逐次生成的新结点作为当前链表的尾结点插入，头插法是总将逐次生成的新结点作为当前链表的第一个结点插入，算法 2-3、算法 2-4 分别是用尾插法和头插法建立单向链表的算法。

【算法 2-3】用尾插法建立带头结点且有 n 个结点的单向链表

算法要点：程序中有 3 个结构指针变量，其中，指针变量 head 存放头结点的地址，指针变量 p 用来在动态开辟新结点的存储单元时，存放新结点的地址，称为"生成指针"。指针 q 始终指向当前链表的尾结点。当 p 所指向的新结点被链入表尾后，由 q 来替代 p 指向表尾结点，其目的是通过 q 访问尾结点，它称为"接应指针"。具体步骤为：用 p 开辟新结点，并由 p 指向新结点，把 p 链入表尾，用 q 指向尾结点，由 p 继续生成新结点……

```
NODE * create1(int n)
/* 对线性表(1,2,…,n),建立带头结点的单向链表 */
{
  NODE * head, * p, * q;
  int i;
  p = (NODE *)malloc(sizeof(NODE));
  head = p; q = p; p -> next = NULL;
  for(i = 1; i < = n; i ++)
  {
    p = (NODE *)malloc(sizeof(NODE));
    p -> data = i;
    p -> next = NULL;
    q -> next = p;
    q = p;
  }
  return(head);
}
```

程序第一次循环后的链表如图 2 - 7 所示。

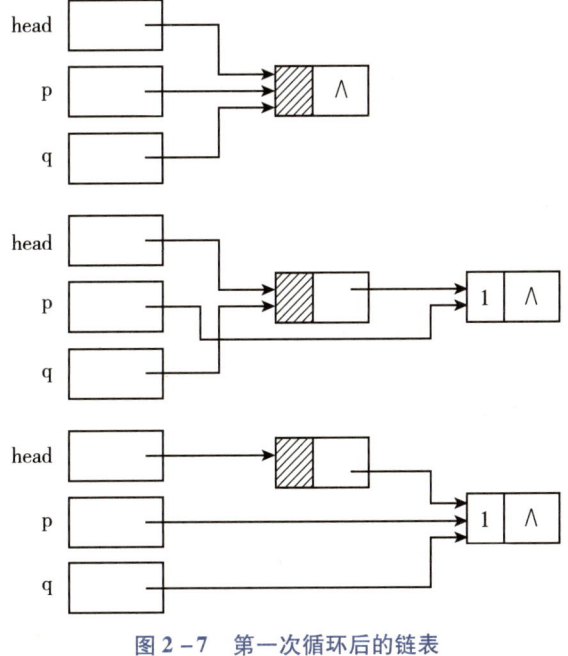

图 2 - 7　第一次循环后的链表

执行 create1(4) 之后，建立的单向链表如图 2-8 所示。

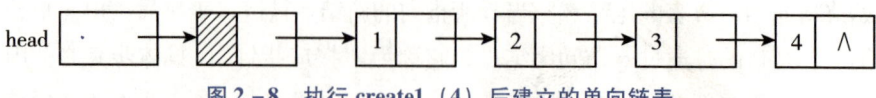

图 2-8　执行 create1（4）后建立的单向链表

【算法 2-4】 用头插法建立带头结点且有 n 个结点的单向链表

算法要点：程序中有 3 个结构指针变量 head、p、q，head 和 p 的作用与上例相同，指针 q 始终指向当前链表的头结点。具体步骤为：用 p 开辟新结点，利用指针 q 把 p 所指向的新结点插入当前链表的头结点之后，作为第一个结点，再由 p 继续生成新结点……（使用指针变量 q 是为了与后面的插入算法一致，就本例而言可以不设 q，利用 head 就可以完成 q 的功能）。

```
NODE * create2(int n)
/ * 对线性表(n,n-1,…,1),建立带头结点的线性链表 */
{
  NODE * head, * p, * q;
  int i;
  p = (NODE * )malloc(sizeof(NODE));
  head = p;
  p -> next = NULL;
  q = p;
  for(i = 1;i < = n;i ++)
  {
    p = (NODE * )malloc(sizeof(NODE));
    p -> data = i;
    if(i = = 1)
      p -> next = NULL;
    else
      p -> next = q -> next;
    q -> next = p;
  }
  return(head);
}
```

程序第二次循环后的链表如图 2-9 所示。

执行 create2(4) 后建立的单向链表如图 2-10 所示。

2. 插入结点

设已经有一个带头结点的单向链表，头指针为 head，要求在单向链表中结点 a 和结点 b 之间（也就是在 b 结点前）插入一个数据元素为 x 的结点。已知 q 为指向结点 a 的

图 2-9　第二次循环后的链表

图 2-10　执行 create2（4）后建立的单向链表

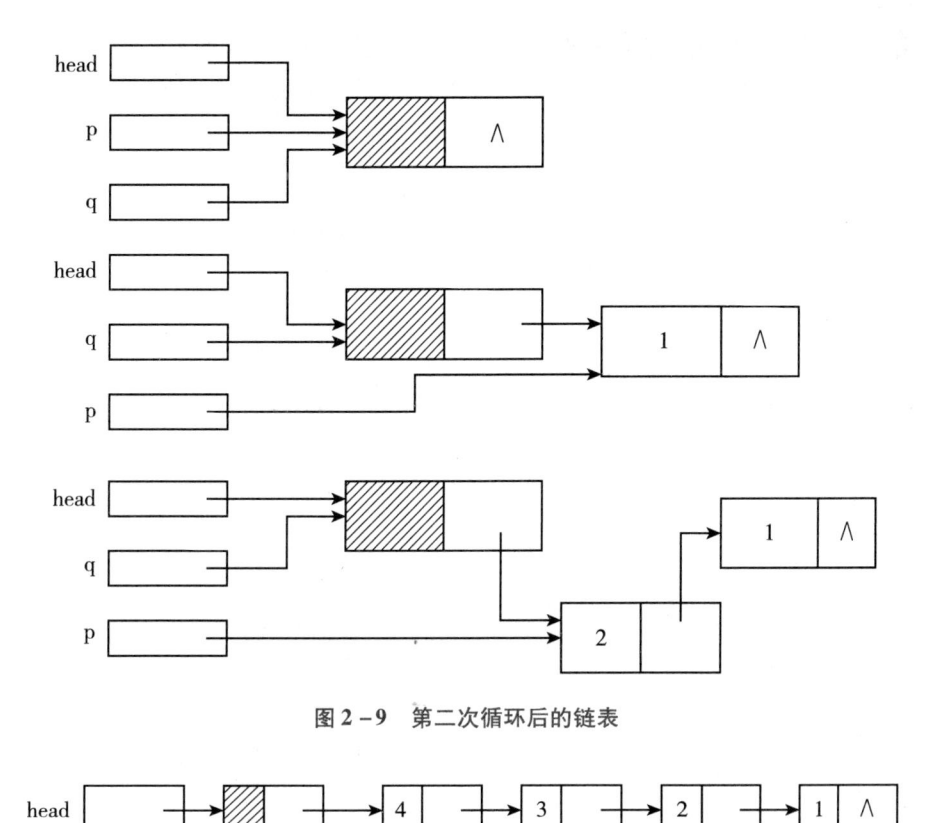

指针，在具体实现插入操作时，首先要生成一个数据元素为 x 的结点，假设 p 为指向结点 x 的指针，然后使结点 x 的指针域指向结点 b，操作语句为 p -> next = q -> next；再使结点 a 的指针域指向结点 x，操作语句为 q -> next = p；结果如图 2-11 所示。

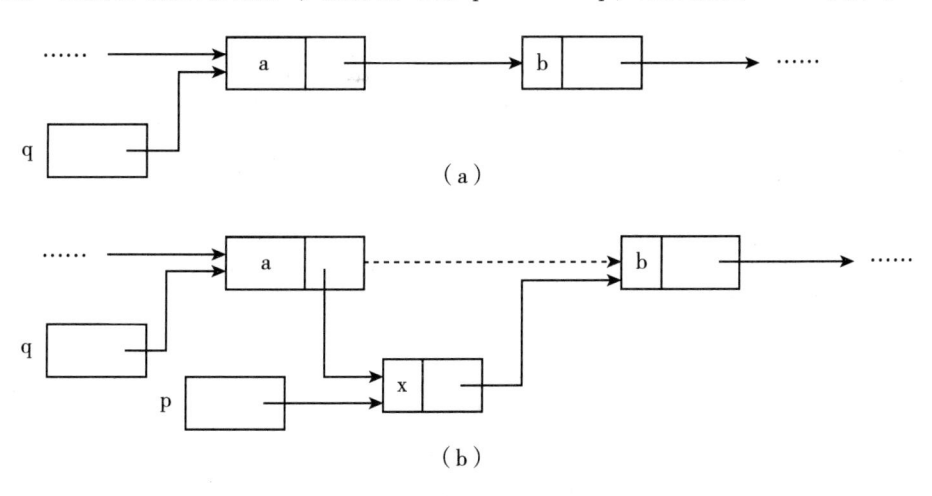

图 2-11　在单向链表中插入结点

（a）插入前；（b）插入后

【算法 2-5】 在单向链表的第 i 个结点之前插入新结点 x（1≤i≤n+1）

算法要点：首先要找到插入位置，即第 i 个结点的前驱结点（第 i-1 个结点）。程序中用指针变量 q 指向第 i-1 个结点。为了使第 i 个结点作为新结点的直接后继，就要使新结点与第 i 个结点链接，然后使第 i-1 个结点与新结点链接，使新结点作为第 i-1 个结点的直接后继。如果颠倒了顺序则会破坏原链表，而导致无法插入。

```
int insert(NODE * head,int x,int i)
{
  NODE * q,* p;
  int j;
  q = head;
  j = 0;
  while((q! = NULL)&&(j < i -1))
  {q = q -> next;j ++ ;}              /* 寻找第 i-1 个结点 */
  if(q = = NULL)return(0);            /* 原链表为空 */
  p = (NODE * )malloc(sizeof(NODE));
  p -> data = x;                      /* 给新结点赋值 */
  p -> next = q -> next;              /* 输入 */
  q -> next = p;
  return(1);                          /* 返回正常输入的标志！ */
}
```

3. 删除结点

若要在一个带头结点的单向链表中删除结点 x，则设 x 的直接前驱结点为 a，直接后继结点为 b，指针 q 指向结点 a。删除方法是：令结点 a 的指针域（q -> next）直接指向结点 b，则结点 x 脱离了当前链表，然后将结点 x 的存储空间释放。操作时，另设一个指针变量 p，使它指向结点 x，删除语句如下：

```
p = q -> next;
q -> next = p -> next;
```

上一条语句使 p 指向被删除结点，下一条语句使结点 a 的指针域指向 x 的后继结点 b。结果如图 2-12 所示。

【算法 2-6】 在具有头结点的单向链表中删除第 i 个结点

算法要点：首先要找到被删除结点的前驱结点，获得前驱结点的存储位置（指针），使用指针变量 q 存放该指针，由 p 得到要删除结点的后继结点的存储位置，从而可以使 q 所指的指针域跳过删除结点而直接指向要删除结点的后继。

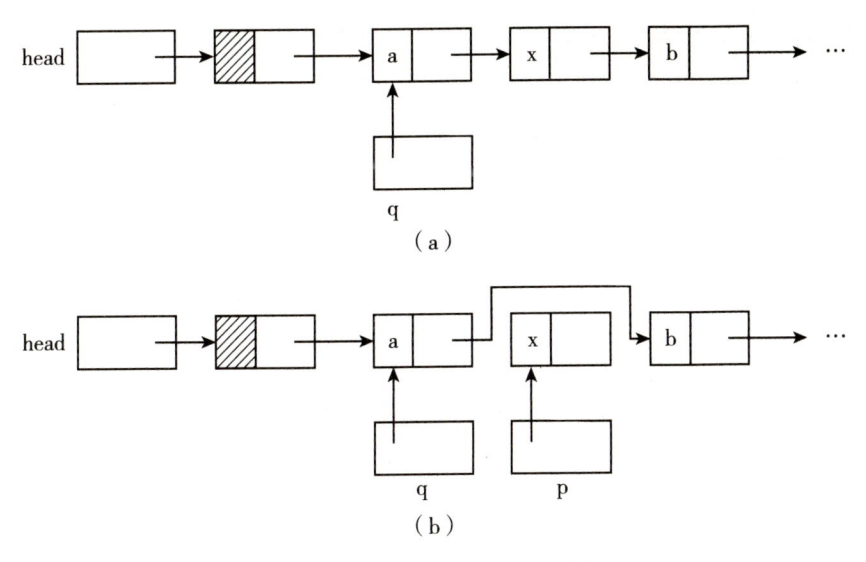

图 2-12　在单向链表中删除结点

（a）删除前；（b）删除后

```
int delete(NODE * head, int i)
{
    NODE * p, * q;
    int j;
    q = head;
    j = 0;
    while((q! =NULL)&&(j < i -1))   /* 找到要删除结点的直接前驱,并使q指向它 */
    {
        q = q ->next;
        j ++;
    }
    if(q = = NULL)
        return(0);
    p = q ->next;                    /* p指向要删除的第 i 个结点 */
    q ->next = p ->next;
    free(p);
    return(1);
}
```

2.4.3　单向循环链表

单向循环链表（circular linked list）是单向链表的一个扩充,当单向链表带有头结点时，把单向链表中尾结点的指针域由空指针改为头结点的指针（当单向链表不带头结点时改为指向第一个结点的指针），这样便使整个链表形成一个回路，从链表中任意一个结点出发均可以访问表中其他结点。如图 2-13 所示为单向循环链表。

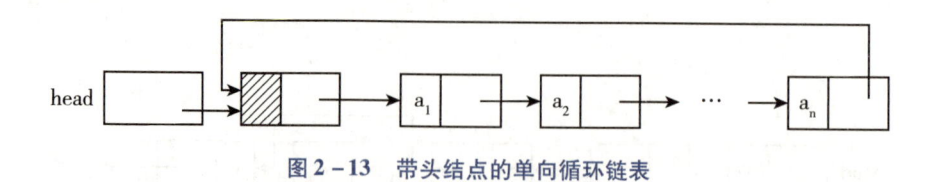

图 2-13　带头结点的单向循环链表

单向循环链表的操作与单向链表基本一致，主要差别是判断 p 所指结点是尾结点的条件 p->next 是否等于头指针。有时为了某些操作的方便，在单向循环链表中设立尾指针而不设立头指针。例如，将两个单向循环链表合并成一个带尾指针的单向循环链表。如图 2-14 所示，设指针 a、指针 b 分别是两个待合并的链表 A、链表 B 的尾指针，只要在链表 A 尾结点的指针域中存入链表 B 的第一个结点的指针，这样链表 B 就接到链表 A 的尾部了。然后在链表 B 尾结点的指针域存入链表 A 的头指针，合并后的链表成为单向循环链表，且尾指针为 b。合并步骤如下：

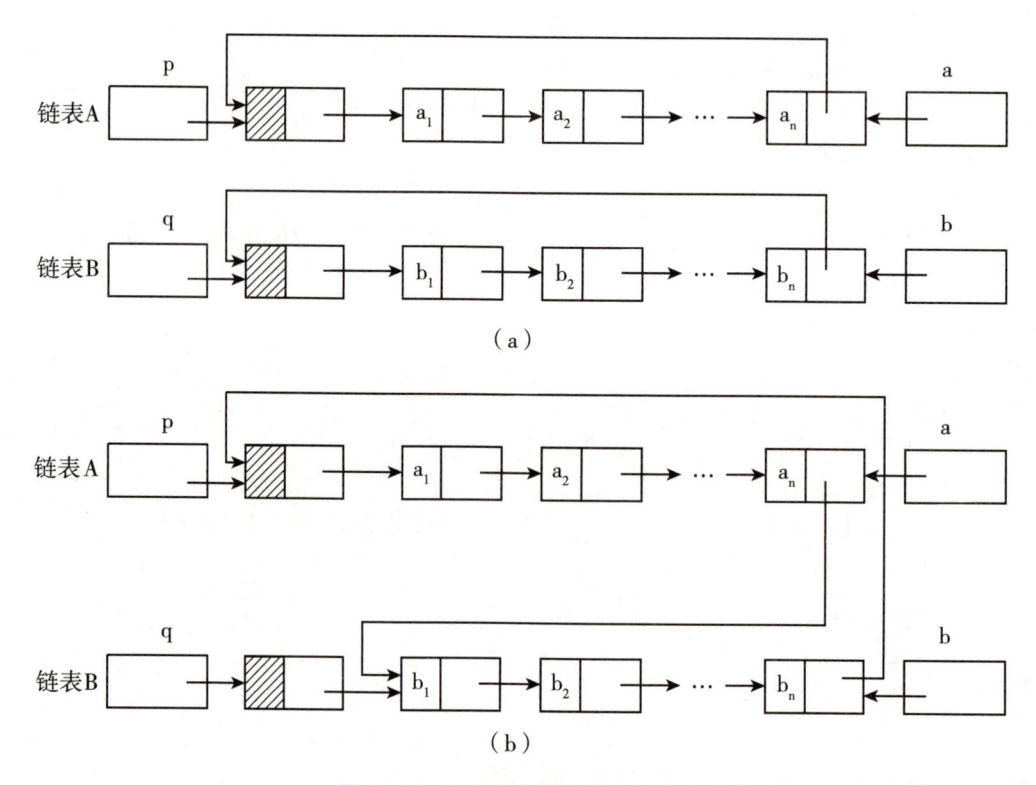

图 2-14　两个单向循环链表的合并
（a）合并前；（b）合并后

```
p = a -> next; q = b -> next;        /* 分别得到链表 A、链表 B 的头指针 */
a -> next = q -> next;               /* 链表 A 尾结点的指针域存入链表 B 第一个结点的
                                        指针 */
b -> next = p;                       /* 链表 B 尾结点的指针域存入链表 A 的头指针 */
free(a); free(p); free(q);
```

2.4.4 双向循环链表

在单向链表中，从某一个结点出发可以访问它的后继结点，但是不能访问它的前驱结点，而在单向循环链表中，可从某一个结点出发访问表中任意一个结点，但在访问它的前驱结点时必须通过头结点。为了克服上述两种链表的缺点，以下引入双向循环链表（double linked list）的概念。双向循环链表结点的数据类型为：

```
struct node
{
    int data;
    struct node * next;
    struct node * prior;
}
```

双向循环链表中的每个结点包含两个指针域（上述结构体类型中的 next 和 prior），其中，next 指向它的直接后继，prior 指向它的直接前驱，而头结点的 prior 指向尾结点，尾结点的 next 指向头结点。为了叙述方便分别称 prior 和 next 为结点的左、右指针，如图 2-15 所示是双向循环链表。在双向循环链表的操作中，可以方便地从任何一个结点出发访问它的前驱结点和后继结点，而在进行删除和插入操作时则需修改两个方向的指针。

1. 插入

在 p 所指结点之后插入 q 所指的数据元素为 x 的新结点的算法可描述如下，如图 2-16 所示。

```
q = (NODE * )malloc(sizeof(NODE));   /* 产生新结点,q 指向新结点 */
q -> data = x;                       /* 为新结点赋值 */
q -> next = p -> next;               /* 新结点的右指针指向 p 的右结点（直
                                        接后继）*/
(p -> next) -> prior = q;            /* p 结点的右结点的左指针指向新结
                                        点 */
q -> prior = p;                      /* 新结点的左指针指向 p */
p -> next = q;                       /* p 的右指针指向新结点 */
```

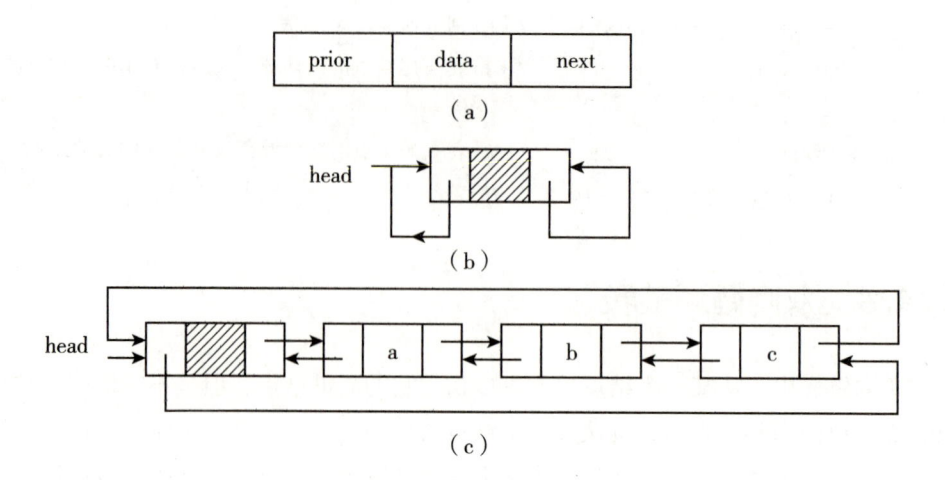

图 2-15 双向循环链表

（a）结点的结构；（b）空双向循环链表的表头结点；（c）非空的双向循环链表

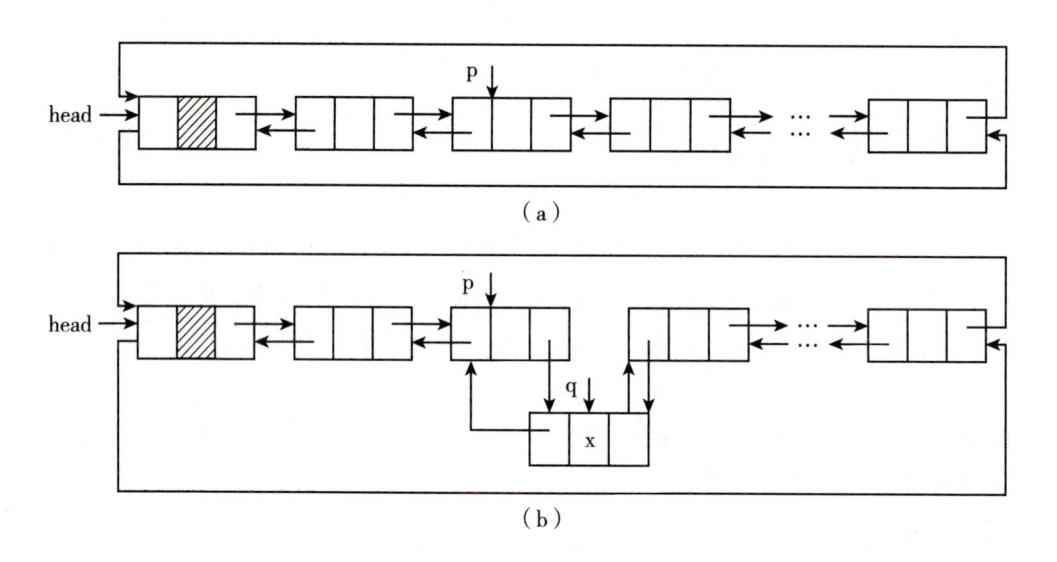

图 2-16 双向循环链表的插入

（a）插入前；（b）插入后

2. 删除

删除 p 所指的结点的过程如下：

```
(p->prior)->next=p->next;        /*p 所指结点的直接前驱的右指针指
                                    向 p 所指结点的直接后继 */
(p->next)->prior=p->prior;       /*p 所指结点的直接后继的左指针指
                                    向 p 所指结点的直接前驱 */
```

*2.5 一元多项式的存储和加法运算

2.5.1 一元多项式和线性表

多项式的加法运算是线性表处理的典型应用问题之一。本节介绍利用线性表实现一元多项式的存储和相加的算法。

通常一个 n 次的一元多项式可以表示成：
$$P_n(x) = a_0 x^0 + a_1 x^1 + a_2 x^2 + \cdots + a_i x^i + \cdots + a_n x^n \qquad (2-3)$$

式 2-3 中，指数为 i 的项的系数为 a_i，在这样的规定下，$P_n(x)$ 可以由它的 n+1 个系数唯一确定。所以可以用线性表 $P = (a_0, a_1, a_2, \cdots, a_n)$ 表示 $P_n(x)$，因而一元多项式的运算就可化为对其相应的线性表的运算。以下分别用数组和链表两种存储方式实现两个多项式相加的运算，不失算法的一般性，以下设定多项式的系数为整数类型。

2.5.2 使用数组方式

设 $P_n(x)$ 和 $Q_m(x)$ 分别是 n 次和 m 次的一元多项式，且 m<n，可以在程序中说明两个一维数组：int p[n+1], q[m+1];其分别用来储存 $P_n(x)$ 和 $Q_m(x)$ 的系数所构成的线性表。若用数组 r 来存放 $P_n(x) + Q_m(x)$ 的系数，则：

  r[i] = p[i] + q[i];   (0 ≤ i ≤ m)
  r[i] = p[i];   (m < i ≤ n)

由此可以通过存储在数组 r 中的线性表唯一确定多项式 $P_n(x) + Q_m(x)$。

显然，用数组方式实现多项式的加法运算简单可行，但当参加运算的多项式次数很高，而且缺项又很多的情况下，如 $t(x) = 1 + 5x + x^{1000}$，则需要用长度为 1 001 的线性表表示，其中含有大量的零元素，在存储时会造成空间的浪费并增加无谓的运算。

一般情况下，一个 n 次的一元多项式也可以表示为：
$$P_n(x) = p_1 x^{e_1} + p_2 x^{e_2} + \cdots + p_i x^{e_i} + \cdots + p_m x^{e_m} \qquad (2-4)$$

其中，p_i 是指数为 e_i 的项的非零系数，且有：
$$0 \leq e_1 < e_2 < e_3 \cdots < e_m = n$$

可用如下所示的线性表：
$$P = ((p_1, e_1), (p_2, e_2), \cdots, (p_{m-1}, e_{m-1}), (p_m, e_m))$$

唯一确定多项式 $P_n(x)$。

对于多项式的查找、求值等不涉及多项式中相关项的增减的运算，采用顺序结构比较方便，而对于需要经常增、减非零项和经过运算需要删除系数为零的项的相关操作，则采用链表结构更为有效。

2.5.3 使用链表方式

以下采用单向链表作为一元多项式的存储结构，讨论一元多项式的相加运算。当用单向链表表示一元多项式时，每个结点包括3个域，即系数域、指数域、指针域。

就 C 语言而言，对上述线性表 P 存储时，以结构变量来存储每个结点的信息，结构类型定义如下：

```
struct node
{
    int coef;                    /*系数*/
    int exp;                     /*指数*/
    struct node * next;          /*链接指针*/
};

typedef struct node NODE;
```

用上述结构类型定义的结构变量包括3个成员项，其分别用来存放系数、指数、链接结点的指针。例如，多项式 $P_{20}(x) = 1 - 3x^8 + 9x^{20}$，它的相应线性表为：
$$P = ((1,0),(-3,8),(9,20))$$

多项式的链表表示如图 2-17 所示。

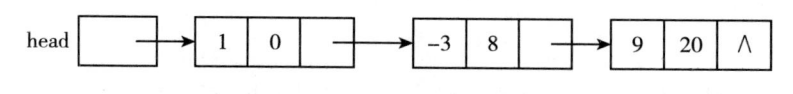

图 2-17 多项式的链表表示

两个多项式的加法规则就是合并同类项，对两个多项式从低次项到高次项逐项比较，把不可能合并的项直接写到计算结果中，把合并同类项后系数不为 0 的项也写到计算结果中。

链式存储的两个多项式的相加算法实际上是模拟上述人工合并同类项的过程。设 A 和 B 分别是要相加的两个多项式的单向链表，ah、bh 分别是这两个链表的头指针，链表 A、链表 B 相加后形成一个新的链表 C，其头指针为 ch。另外，两个工作指针 pa、pb 分别用来对两个链表进行扫描，依次搜索链表 A、B 中的同类项和不能进行同类项合并的那些项，以便把它们链接到结果链表中去。另外一个工作指针变量 pc 始终指向当前链表 C 中的最后一个结点，以便用于实现相关项到链表 C 的链接。开始时，工作指针

pa、pb 分别指向链表 A、B 的第一个结点,具体步骤如下:

(1) 如果链表 A、链表 B 都没有处理完:

① 若 pa -> exp = = pb -> exp,说明是同类项,则相应的系数相加,若相加结果不为 0,则在链表 C 中增加一个新结点,该结点中存放的是合并同类项后该项的信息。若相加结果为 0,则该项在结果链表 C 中不出现。完成上述操作后,指针 pa、pb 分别后移,指向下一个结点。重复步骤①。

② 若 pa -> exp < pb -> exp,因为一元多项式是从低次项到高次项排列的,说明 pa 所指结点在链表 B 中不会再有同类项,所以复制链表 A 中的 pa 所指结点到链表 C 中,并使指针 pa 后移。否则复制 pb 所指结点到链表 C 中,并使指针 pb 后移。重复步骤①。

(2) 若链表 A 或链表 B 中的结点已处理完,则将未处理完的那个链表的剩余结点逐次复制到链表 C 中。具体算法如下。

【算法 2-7】 多项式相加算法

```
NODE * polyadd(NODE * ah,NODE * bh)
{
/*将多项式 A 和多项式 B 相加,形成多项式 C,ah、bh、ch 分别表示多项式 A、B、C 的链
表的头指针变量 */
NODE * pa, * pb, * pc, * ch, * st;        /*pa、pb 分别是指向结点 A、B 的工
                                            作指针变量,pc 是始终指向链表
                                            C 尾部结点的工作指针变量 */
    int c;                                /*用于存放同类项的系数和 */
    pa =ah;
    pb =bh;
    pc =(NODE * )malloc(sizeof(NODE));    /*为链表 C 创建一个新结点 */
    st =pc;                               /*st 作为链表 C 的头指针变量 */
    while((pa! =NULL)&&(pb! =NULL))       /*如果链表 A、B 都没有处理完 */
    {
        if((pa ->exp) <(pb ->exp))
        {
        attach(pa ->coef,pa ->exp,pc);    /*把 pa 所指结点复制并链接到链
                                            表 C 尾部 */
        pa =pa ->next;                    /*pa 指向下一个结点 */
        pc =pc ->next;
        }
        else if((pa ->exp) = =(pb ->exp)) /*合并同类项后,若系数不为 0,把该
                                            项复制并链接到链表 C 尾部 */
        {
```

```
                c = pa -> coef + pb -> coef;
                if(c != 0) attach(c, pa -> exp, pc);
                pa = pa -> next;              /* pa 指向下一个结点 */
                pb = pb -> next;              /* pb 指向下一个结点 */
                if(c != 0) pc = pc -> next;
            }
            else
            {
                attach(pb -> coef, pb -> exp, pc);    /* 把 pb 所指结点复制并链接到链
                                                         表 C 尾部 */
                pb = pb -> next;              /* pb 指向下一个结点 */
                pc = pc -> next;
            }
        }
        while(pa != NULL)
        {
            attach(pa -> coef, pa -> exp, pc);
            pa = pa -> next;
            pc = pc -> next; }
        while(pb != NULL)
        {
            attach(pb -> coef, pb -> exp, pc);
            pb = pb -> next;
            pc = pc -> next;
        }
        ch = st -> next;
        free(st);
        return(ch);
    }

    attach(int cof, int ep, NODE * pc)
    {
        NODE * p;
        p = (NODE *)malloc(sizeof(NODE));       /* 为链表 C 创建一个新结点 */
        p -> coef = cof;                         /* 给新结点赋值 */
        p -> exp = ep;
        p -> next = NULL;
```

```
            pc->next = p;                    /*链接新结点到表尾*/
     }
```

设 $A(x) = 2x + 4x^2 + 10x^5 + 6x^{10}$；$B(x) = 5 + 3x + 6x^2 - 10x^5$；$C(x) = A(x) + B(x) = 5 + 5x + 10x^2 + 6x^{10}$。

多项式 A 和多项式 B 相加得到多项式 C，如图 2-18 所示。

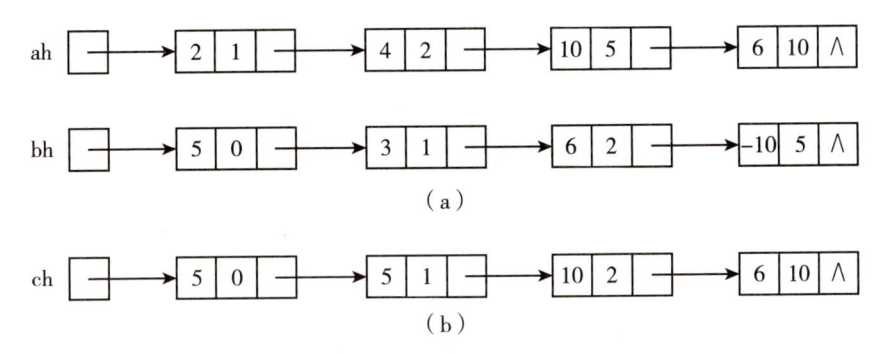

图 2-18 多项式 A 和多项式 B 相加示意图
(a) 相加前；(b) 相加后

上述函数的返回值是一个指向结构体的指针，主函数可以用相同类型的指针变量接受这一返回值。

习题

一、单项选择题

1. 对某线性表，如果最常用的操作是取表中第 i 个数据元素及其直接前驱，则采用（　　）存储方式最节省时间。

   A. 单向链表　　B. 双向链表　　C. 单循环链表　　D. 顺序表

2. 可以随机访问的是（　　）。

   A. 顺序表　　B. 单向链表　　C. 双向链表　　D. 单循环链表

3. 设有一个长度为 n 的顺序表，要在第 i 个元素（$1 \leq i \leq n+1$）前插入一个新元素，需要依次移动（　　）个元素。

   A. n-i　　B. n-i+1　　C. n-i-1　　D. i

4. 设有一个长度为 n 的顺序表，要删除第 i 个元素（$1 \leq i \leq n$），需要依次移动（　　）个元素。

   A. n-i　　B. n-i+1　　C. n-i-1　　D. i

二、填空题

1. 在一个单向链表中，在 p 所指结点之后插入一个 s 所指结点时，应执行 s->next = _____ 和 p->next = _____ 操作。

2. 设有一个头指针为 head 的单向循环链表，p 指向链表中的结点，判断 p 所指结点是否为尾结点的条件_____。

3. 在双向链表中，每个结点都有两个指针域，一个指向_____，另一个指向_____。

4. 在一个单向链表中要删除 p 所指结点的直接后继结点，应执行_____操作。

三、问答题

1. 在双向链表和单循环链表中，若仅知道指针变量 p 指向某结点，不知道头指针，能否将结点 *p 从相应的链表中删去？说明理由。

2. 试比较顺序表与链表的优缺点。

3. 在算法 2-1 中，若将第 2 个循环语句向后平移数据元素改为如下语句：

  for(j=i; j<=n; j++) a[j+1]=a[j];

能完成要求的功能吗？为什么？结果会如何？请举例说明。

4. 在算法 2-2 中，若将第 2 个循环语句向前平移数据元素改为如下语句：

  for(j=n; j<=i+1; j--) a[j-1]=a[j];

能完成要求的功能吗？为什么？结果会如何？请举例说明。

四、算法设计题

1. 设线性表以顺序存储结构存储，其元素为整数。试编写一个程序，删除表中最小的整数。

2. 设线性表以单向链表形式存储，其元素为整数。试编写一个程序，求表中所有元素之和。

3. 设线性表要求以单向循环链表形式存储。

（1）试编写一个程序，建立单向循环链表。

（2）在上述单向循环链表中删除最后一个结点，并使新链表仍是循环链表。

4. 设有线性表（1，2，3，4，5，6，7，8），试用尾指法建立一个单向链表，并输出序号为偶数的结点的数据元素。

第 3 章　栈和队列

　　栈和队列是两种特殊的线性表，它们的逻辑结构和线性表相同，只是运算规则较线性表有更多的限制，所以又称为运算受限的线性表。栈和队列是软件设计中最常用和最基本的数据结构，被广泛地应用于各种程序设计中。在计算机操作系统、编译系统以及递归程序设计等方面都离不开栈和队列。本章主要介绍栈和队列的基本概念和特点，栈和队列的顺序存储结构和链式存储结构及其基本运算的实现，并给出栈和队列的一些简单应用实例，介绍栈在递归算法设计中的作用。

通过本章的学习，要求：
(1) 掌握栈和队列的定义和特点。
(2) 掌握栈和队列的基本运算及其在顺序存储结构和链式存储结构下的实现。
(3) 理解循环队列的概念及相应操作的实现。
(4) 理解栈和队列的简单应用和栈在递归算法设计中的作用。
(5) 能够利用栈和队列的基本运算设计简单的应用程序。

3.1　栈

3.1.1　栈的定义

　　栈（stack）又称堆栈，是一种运算受限的线性表，仅允许在表的一端进行插入和删除操作。允许进行插入和删除操作的一端称为**栈顶**（stack top），不允许进行插入和删除操作的另一端称为**栈底**（stack bottom）。向栈中插入一个元素称为**进栈**或**压栈**，从栈中删除一个元素称为**出栈**或**退栈**。在栈中处于栈顶位置的数据元素称为**栈顶元素**，当栈中不含任何数据元素时称为**空栈**。如图 3-1 所示。

　　由于栈的插入和删除操作仅被限定在栈顶一端进行，所以最先进栈的元素在栈底，最后进栈的元素在栈顶；而在出栈时，最后进栈的元素最先出栈，最先进栈的

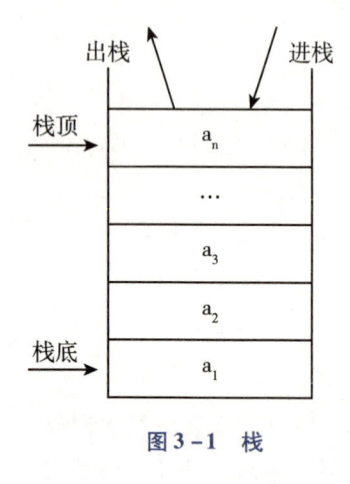

元素最后出栈。因此，栈是一种后进先出（last in first out）的线性表，简称 LIFO 表。在如图 3-1 所示的栈中，元素以 a_1，a_2，a_3，$\cdots$，a_n 的顺序进栈，而以 a_n，$\cdots$，a_3，a_2，a_1 的顺序出栈。

栈在日常生活中也是常见的，如给枪的弹匣装子弹时，将子弹一颗接一颗地压入弹匣就相当于子弹进栈，射击时子弹从顶部一颗接一颗射出去，这就相当于子弹出栈。最后压入的子弹总是最先被射出，而最先压入的子弹最后才被射出。当打完最后一颗子弹时，则弹匣为空，这就相当于栈为空。再如，食堂里叠放的盘子可看成一个栈，假设规定每次拿盘子时只能拿最上面的一个盘子，而放盘子时必须把盘子放在最上面，那么放盘子和拿盘子的操作就相当于进栈和出栈的操作。

图 3-1 栈

3.1.2 栈的基本运算

栈的基本运算有以下 6 种：

（1）初始化栈 InitStack（S）。

① 初始条件：栈 S 不存在。

② 操作结果：构造一个空栈 S。

（2）判栈空 StackEmpty（S）。

① 初始条件：栈 S 已存在。

② 操作结果：若 S 为空栈，返回值为 1，否则返回值为 0。

（3）判栈满 StackFull（S）。

① 初始条件：栈 S 已存在。

② 操作结果：若 S 为满栈，返回值为 1，否则返回值为 0。

（4）进栈 Push（S，x）。

① 初始条件：栈 S 已存在且非满。

② 操作结果：若栈 S 不满，则将元素 x 插入 S 的栈顶，否则给出栈满信息。

（5）出栈 Pop（S）。

① 初始条件：栈 S 已存在且非空。

② 操作结果：若栈 S 不空，删除栈 S 中的栈顶元素并返回其值，否则给出栈空信息。

（6）取栈顶元素 GetTop（S）。

① 初始条件：栈 S 已存在且非空。

② 操作结果：取出栈顶元素，但栈的状态保持不变，若栈空则给出栈空信息。

3.1.3　栈的顺序存储结构及基本操作

1. 栈的顺序存储结构

栈的顺序存储结构简称为**顺序栈**（sequential stack）。它类似于线性表的顺序存储结构，要分配一块连续的存储空间存放栈中的元素，可用一个长度足够的一维数组实现。栈底位置通常设置在数组下标为 0 的一端，而栈顶是随着插入和删除操作变化的，因此，需要设置一栈顶指针 top（整型变量）来指示当前栈顶的位置。假定栈数组用 data [MaxSize] 表示，则栈的顺序存储结构定义如下：

```
struct SeqStack                 /*声明一个顺序栈类型*/
  {ElemType data[MaxSize];      /*用 data 数组存储栈中的数据元素*/
   int top;                     /*用整型变量 top 指示栈顶元素的位置*/
  };
struct SeqStack *s;             /*s 为指向 SeqStack 类型的指针变量*/
```

其中，ElemType 为栈中元素的数据类型，可根据需要指定其具体的类型，如整型 int、字符型 char 等。data 是一维数组，用于存储栈中的数据元素，MaxSize 为一维数组的长度，即顺序栈的最大存储容量。top 为栈顶指针，用来指示栈顶元素的位置。通常将栈底设置在数组下标为 0 的一端。这样，当栈顶指针 top 为 -1 时，表示栈空；当 top 为 MaxSize -1 时，表示栈满。在向栈中插入一个元素时，首先将 top 值加 1，用以指示新的栈顶位置，然后把元素放到这个位置上；在从栈中删除一个元素时，首先取出栈顶元素，然后将 top 值减 1，以使栈顶指针指向新的栈顶元素。

假设 MaxSize =6，图 3-2 展示了顺序栈中数据元素和栈顶指针的关系。如图 3-2（a）所示为空栈，此时 top = -1；如图 3-2（b）所示是进栈 2 个元素的情况；如图 3-2（c）所示是栈满的情况，此时 top = MaxSize -1；如图 3-2（d）所示是在图 3-2（c）的基础上出栈一个元素后的情况。

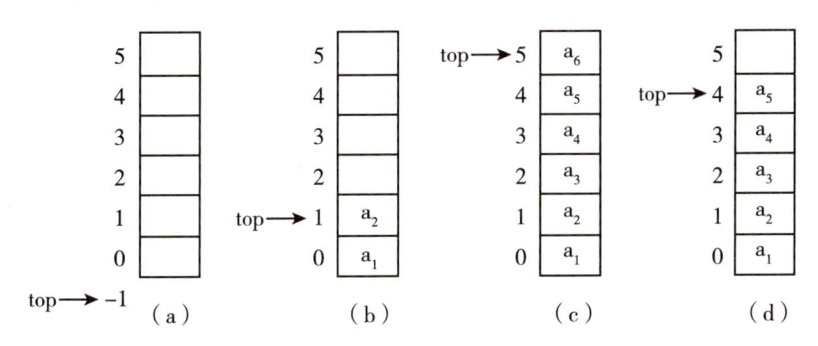

图 3-2　栈中数据元素和栈顶指针的关系
（a）空栈；（b）进栈；（c）栈满；（d）出栈

在顺序栈中,当栈满时进行进栈操作将会产生溢出,通常称为"上溢(overflow)";当栈空时进行出栈运算也将产生溢出,通常称为"下溢(underflow)"。为了避免溢出,在对栈进行进栈和出栈操作时,应首先检查栈是否已满或已空。

2. 顺序栈的基本操作

(1) 初始化栈。初始化栈也称置栈空,是指清除栈中所有元素,操作时给 top 赋值 -1。

【算法 3-1】 顺序栈初始化

```
void InitStack(struct SeqStack * s)        /*顺序栈的初始化*/
{
    s -> top = -1;                          /*将顺序栈设置为空栈*/
}
```

(2) 判栈空。判栈空就是判断 top 是否等于 -1,若是,则表示栈空,否则栈非空。

【算法 3-2】 顺序栈判栈空

```
int StackEmpty(struct SeqStack * s)        /*检查顺序栈是否为空栈*/
{
    if(s -> top = = -1) return 1;           /*若栈为空,则返回1*/
    else   return 0;                        /*否则即栈非空时返回0*/
}
```

(3) 判栈满。判栈满是指判断 top 是否等于 MaxSize-1,若是,则表示栈满,否则栈不满。

【算法 3-3】 顺序栈判栈满

```
int StackFull(struct SeqStack * s)         /*检查顺序栈是否为栈满*/
{
    if(s -> top = = MaxSize -1) return 1;   /*若栈满,则返回1*/
    else return 0;                          /*否则返回0*/
}
```

(4) 进栈。进栈是指在栈顶位置插入一个新元素。完成这一操作的基本步骤是:

① 判断顺序栈是否已满,若栈满,做"上溢"处理,并退出运行。
② 将栈顶指针 top 加 1,使之指向下一个数据单元。
③ 将元素 x 的值赋给栈顶指针所指的数据单元。

【算法 3-4】 顺序栈进栈

```
void Push(struct SeqStack * s,ElemType x)
```

```
    {
        if(s ->top = =MaxSize -1){          /*判断顺序栈是否为满栈*/
            printf("栈满溢出错误! \n");
            exit(1);                         /*若栈满不能入栈,则退出运行*/
        }
        s ->top ++;                          /*将栈顶指针 top 加 1 */
        s ->data[s ->top] = x;               /*将元素 x 赋值到栈顶位置*/
    }
```

（5）出栈。出栈是指从栈中删除栈顶元素，并返回原栈顶元素的值。完成这一操作的基本步骤是：

① 判断顺序栈是否为空，若栈空，做"下溢"处理，并退出运行。

② 暂存栈顶元素以便将之返回给调用者。

③ 栈顶指针 top 减 1，返回原栈顶元素的值。

【算法 3 -5】顺序栈出栈

```
    ElemType Pop(struct SeqStack * s,ElemType x)
    {
        if(StackEmpty(s)){                   /*检查顺序栈是否为空*/
            printf("下溢错误!\n");
            exit(1);                         /*若栈空不能出栈,则退出运行*/
        }
        x = s ->data[s ->top];               /*暂存栈顶元素*/
        s ->top --;                          /*将栈顶指针 top 减 1 */
        return x;                            /*返回原栈顶元素的值*/
    }
```

（6）取栈顶元素。取栈顶元素也称读栈顶元素，是指将栈顶元素的值作为函数值返回。该操作不删除栈顶元素，因此不会改变 top 的值。

【算法 3 -6】顺序栈取栈顶元素

```
    ElemType GetTop(struct SeqStack * s)     /*顺序栈取栈顶元素运算*/
    {
        if(StackEmpty(s)){                   /*检查顺序栈是否为空*/
            printf("下溢错误!\n");
            exit(1);                         /*若栈空则退出运行*/
        }
        return s ->data[s ->top];            /*返回栈顶元素的值*/
    }
```

3.1.4 栈的链式存储结构及基本操作

1. 栈的链式存储结构

用链式存储结构实现的栈称为**链栈**（linked stack）。链栈的结点结构与上一章中介绍的单向链表的结点结构相同，由于栈的插入和删除操作仅限制在栈顶进行，所以可用不带头结点的单向链表实现栈的链式存储结构以使链栈的操作运算更加方便。在链栈中，每个结点表示栈中的一个元素，链表的头指针称为**栈顶指针**，如果设栈顶指针 top 是 node 类型的变量，则 top 指向栈顶结点（第一个结点）。

栈的链式存储结构定义如下：

```
struct node {                   /*链栈的结点类型*/
    ElemType data;              /*链栈结点的数据域*/
    struct node *next;          /*链栈结点的指针域*/
};
struct node *top;               /*top 定义为指向结点类型的指针变量*/
```

一个链栈由栈顶指针 top 唯一确定。当 top 为空（NULL）时，表示该链栈为空栈；若链栈非空，则 top 指向栈顶结点。栈中元素的数据类型用 ElemType 表示，可根据需要指定其具体的类型。假设元素以 a_1，a_2，a_3，…，a_n 的顺序进栈，则 a_1 为栈底元素，a_n 为栈顶元素，如图 3-3 所示。

在链栈中插入一个元素时，是把该元素插入栈顶，也即使该元素结点的指针域指向原来的栈顶结点，而栈顶指针则修改为指向该元素的结点，以使该结点成为新的栈顶结点；当从一个栈中删除元素时，是把栈顶元素从链栈中摘除，也即使栈顶指针指向原栈顶结点的后继结点。

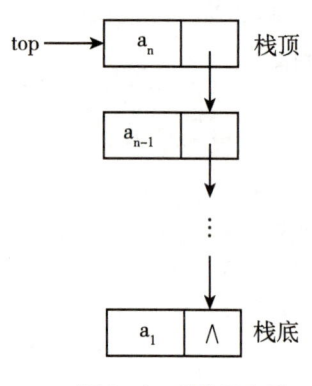

图 3-3 链栈示意图

2. 链栈的基本操作

由于链栈的结点是动态分配的，因此链栈只有空栈和非空栈两种状态，不会出现栈满的情况。

假设在链栈中，top 为 node 类型的全局变量，则有：

（1）初始化栈。

【算法 3-7】 链栈初始化栈

```
void InitStack()
{
    top = NULL;                 /*将栈顶指针置空表示空栈*/
}
```

(2) 判栈空。

【算法 3-9】 链栈判栈空

```
int StackEmpty()
{
    if(top = =NULL) return 1;      /*如果栈为空,则返回 1*/
    else return 0;                 /*否则返回 0*/
}
```

(3) 进栈。进栈运算是在栈顶位置插入一个值为 x 的新元素。完成这一操作的基本步骤是：

① 为待进栈元素 x 动态分配一个新结点 p,并把 x 赋给新结点 p 的数据域。
② 使新结点 p 的指针域指向原栈顶结点。
③ 使 top 指向新结点 p,即使值为 x 的新结点 p 成为新的栈顶结点。
④ 函数返回新的栈顶指针。

【算法 3-9】 链栈进栈

```
void Push(ElemType x)
{
    struct node * p;
    p = (struct node *)malloc(sizeof(struct node));  /*生成新结点*/
    p -> data = x;                                    /*给新结点 p 的数据域赋
                                                       x 值*/
    p -> next = top;                                  /*新结点 p 的指针域指向
                                                       原栈顶结点*/
    top = p;                                          /*修改栈顶指针,使之指
                                                       向新结点*/
}
```

(4) 出栈。出栈运算是将栈顶元素的 data 域赋给一个变更,然后删除该栈顶结点。当栈不空时,可通过修改栈顶指针达到删除元素的目的。完成这一操作的基本步骤是：

① 检查栈是否为空,若为空,进行"下溢"处理。
② 取栈顶指针的值,并将栈顶指针暂存。
③ 删除栈顶结点,即将 top 指向原栈顶结点的直接后继,使其成为新的栈顶结点。
④ 释放原栈顶结点的存储空间。
⑤ 若出栈成功,函数返回新的栈顶指针。

【算法 3-10】 链栈出栈

```
ElemType Pop()
{
    struct node *p;              /* 定义指针变量 p */
    int x;                       /* 定义一个变量 x,用以存放出栈的元素 */
    if(top = =NULL){             /* 检查链栈是否为空 */
        printf("栈下溢错误!\n");
        exit(1);                 /* 若栈空则不能出栈,退出运行 */
    }
    p = top;                     /* 用指针变量 p 暂存栈顶指针 */
    x = p -> data;               /* 栈顶元素送 x */
    top = top -> next;           /* 栈顶指针指向下一个结点 */
    free(p);                     /* 回收原栈顶结点 */
    return x;                    /* 返回原栈顶元素 */
}
```

(5) 取栈顶元素。

【算法 3-11】 链栈取栈顶元素

```
ElemType GetTop()
{
    if((top) = =NULL){           /* 检查链栈是否为空 */
        printf("栈下溢错误! \n");
        exit(1);                 /* 若栈空则不能出栈,退出运行 */
    }
    return(top) -> data;         /* 若栈非空,则返回栈顶元素 */
}
```

3.1.5 栈的应用

栈的应用非常广泛,只要问题满足"后进先出"的特点,都可以使用栈来解决。本节介绍栈在数制转换和算术表达式求值方面的应用。

1. 数制转换

数值进位制的换算是计算机实现计算和处理的基本问题。比如,将十进制数 m 转换为 n 进制的数,最常用的算法是除 n 取余法。这种方法是将十进制数 m 每次除以 n,直到商为 0 时为止。将所得的余数依次进栈,然后按"后进先出"的次序出栈便得到转换结果。其基本原理是:

$$m = (m/n) \times n + m \% n \quad \text{(其中 "/" 为整除,"%" 为求余)}$$

例 3-1 将十进制数 1 567 转换为八进制数。

已知：m = 1 567，n = 8。按照除 8 取余法，转换方法和结果如下：

	m	m/8（整除）	m%8（求余）	
计算顺序 ↓	1 567	195	7	输出顺序 ↑
	195	24	3	
	24	3	0	
	3	0	3	

按照上述除 8 取余法，得到的余数依次是 7，3，0，3。在转换过程中每得到一个余数则进栈保存，最先得到的余数 7 在栈底，最后得到的余数 3 在栈顶，转换完毕后依次出栈，其输出顺序与计算顺序正好相反，为 3、0、3、7。数值 3 037 即为转换后的八进制数，可表示为：

$$(1\ 567)_{10} = (3\ 037)_8$$

在将十进制数转换为 n 进制数的过程中，计算顺序与输出顺序正好相反。因此，利用栈解决这个问题是很合适的。其算法的基本思想是：

（1）若 m! =0，则将 m% n 取得的余数压入栈 S 中，接着执行下一步，当 m = 0 时，将栈 S 的内容依次出栈，算法结束。

（2）用 m/n 代替 m。

（3）重复步骤（1）和（2）。

假设顺序栈的 6 种基本运算函数均放在另一个程序文件"顺序栈基本操作.c"中，那么在顺序存储方式下，利用顺序栈将任意十进制非负整数 m 转换为等价的 n 进制数输出的完整程序如下：

```
#include <stdio.h>
#include <stdlib.h>
#define MaxSize 100             /*定义顺序栈所能存储的最多的元素的个数*/
typedef int ElemType;           /*数据元素类型一般用 ElemType 表示*/
struct SeqStack {               /*顺序栈的类型定义*/
    ElemType data[MaxSize];     /*用 data 数组存储栈中所有的数据元素*/
    int top;                    /*用整型变量 top 指示栈顶元素的位置*/
};
#include "顺序栈基本操作.c"      /*顺序栈的 6 种运算包含在此文件中*/
void transform(int m,int n)     /*将一个十进制非负整数 m 转换为等价的 n
                                  进制数输出*/
{
    int k;                      /*用来保存余数*/
```

```
    int mm = m;                        /*用来保存被转换的十进制数 m*/
    struct SeqStack S;                 /*顺序栈的变量定义*/
    InitStack(&S);                     /*将顺序栈 s 初始化*/
    while(m! = 0){
      k = m%n;                         /*将十进制数 m 除以 n 进制数的余数存入 k*/
      Push(&S,k);                      /*将 k 的值压进栈 s 中*/
      m = m/n;                         /*用 m 除以 n 的整数商又赋给 m*/
    }
    printf("十进制数%d 转换为 %d 进制数为:",mm,n);
    while(!StackEmpty(&S)){            /*元素依次出栈*/
      k = Pop(&S,k);
      printf("%d",k);
    }
    printf("\n");
}  /*transform end*/
void main()
{
    printf("将十进制数转换为任意进制数实例:\n");
    transform(1567,8);      /*将十进制数转换为八进制数*/
    transform(1567,6);      /*将十进制数转换为六进制数*/
    transform(1567,4);      /*将十进制数转换为四进制数*/
    transform(1567,2);      /*将十进制数转换为二进制数*/
}
```

上机运行该程序后,得到的运行结果如下:

将十进制数转换为任意进制数实例:
十进制数 1567 转换为 8 进制数为:3037
十进制数 1567 转换为 6 进制数为:11131
十进制数 1567 转换为 4 进制数为:120133
十进制数 1567 转换为 2 进制数为:11000011111

2. 算术表达式的求值

算术表达式的求值是程序设计语言编译中的一个最基本的问题,是栈的典型应用实例。

(1) 算术表达式的表示。任何一个表达式都是由操作数(也称运算对象)、运算符和基本界限符组成的。操作数包括常量、变量、函数等;运算符按照分类方法的不同有多种类型,如双目运算符、算术运算符、关系运算符和逻辑运算符等;基本界限符有左右括号和表达式结束符等。为了简单起见,我们只讨论操作数为整数,含双目运算符加、减、乘、除和左右括号的算术表达式。

根据运算符在表达式中的位置不同，表达式有三种表示形式：

① 前缀表示（波兰式）：<运算符><操作数><操作数>，即运算符出现在两个操作数之前，如 + 3 5。

② 后缀表示（逆波兰式）：<操作数><操作数><运算符>，即运算符出现在两个操作数之后，如 4 5 8 3 2 + * -。

③ 中缀表示：<操作数><运算符><操作数>，即运算符出现在两个操作数之间，如 45 - 8 * (3 + 2)。

中缀表示存在着运算符优先级的问题，其优先级为（）、*、/、+、-，因而计算比较复杂。例如，计算机运算 45 - 8 * (3 + 2) 时，编译器并不知道先要运算 (3 + 2)，而是从左到右逐一扫描，当扫描到第一个运算符"-"号时还无法知道是否可执行，还要继续向右扫描，检查到第二个运算符"*"号时，由于"*"号的运算级别比"-"号高，故知道 45 - 8 是不能先执行的，再继续向右扫描，检查到"()"号时，由于"()"的优先级别最高，才确定应先执行 (3 + 2)。可见，用中缀表示求值，计算机要经过多次扫描，才能求得最后的结果。因此，在编译系统中，较少采用中缀表示，常见的是后缀表示。

在后缀表示中，操作数总在运算符之前，且表达式中无括号和优先级的约束，运算符在后缀表示中出现的顺序即为表达式的运算顺序，每个运算符和在它之前出现且紧靠它的两个操作数构成一个最小表达式。例如，中缀表达式 45 - 8 * (3 + 2) 对应的后缀表示为：4 5 8 3 2 + * -。对这个后缀表示进行运算时，编译器自左向右进行扫描，当遇到第一个运算符"+"时，就把紧邻"+"号前面的两个操作数取出进行计算，得到 (3 + 2) 的结果，然后继续向右扫描，遇到"*"号时，再把"*"号前后的两个操作数 8 和 5（3 + 2 的运算结果）取出来，得到 8 * 5 的值 40，之后编译器继续向右扫描，遇到"-"号，将 45 和 40 进行减法运算，得到最终计算结果 5。可见，后缀表达式比中缀表达式求值简单得多。

将中缀表示转换为对应的后缀表示的规则是：操作数的顺序不变，按照在中缀表示中运算符的优先级，将运算符移动到它的两个操作数的后面，删除所有的括号。

例如，下列各中缀表示：

① 8/5 + 4；
② 28 - 9 * (4 + 3)；
③ 3 * (x + y)/(2 - x)；
④ (16 + x) * (x * (x + y) + y)；

对应的后缀表达式分别为：

① 8 5/4 +；

② 2 8 9 4 3 + * -;
③ 3 x y + * 2 x -/;
④ 1 6 x + x x y + * y + *;

（2）后缀表示的求值算法。后缀表示的求值比较简单，扫描一遍即可完成。具体做法是：设置一个栈，开始时栈为空，当从左到右扫描表达式时，若遇到操作数，则进栈，若遇到运算符，则从栈中退出两个操作数，先退出的放在运算符的右边，后退出的放在运算符的左边，然后使运算后的结果再进栈，直到整个表示结束。此时，栈中只有一个元素，该元素即为运算结果。

例 3-2 求后缀表达式 12 3 20 4/ * 8 - 6 * + 的值。

后缀表达式求值时栈的变化情况见表 3-1。

表 3-1　后缀表达式求值时栈的变化情况

读字符	栈中元素	说　明
12 3 20 4	12 3 20 4	12、3、20、4 依次进栈
/	12 3	遇"/"，4 和 20 出栈，进行 20/4 的运算
	12 3 5	20/4 的结果 5 进栈
*	12	遇"*"，5 和 3 出栈，进行 3*5 的运算
	12 15	3*5 的结果 15 进栈
8	12 15 8	8 进栈
-	12	遇"-"，8 和 15 出栈，进行 15-8 的运算
	12 7	15-8 的结果 7 进栈
6	12 7 6	6 进栈
*	12	遇"*"，6 和 7 出栈，进行 7*6 的运算
	12 42	7*6 的结果 42 进栈
+		遇"+"，42 和 12 出栈，进行 12+42 的运算
	54	12+42 的结果 54 进栈，运算结束，结果为 54

【算法 3-12】 后缀表示的求值

```
int Compute(char * str)
    /*计算由 str 所指字符串的后缀表达式的值*/
{
  /*用顺序栈 S 存储操作数和中间计算结果,元素类型为 int */
  struct SeqStack S;
  /*定义 x 用于保存操作数,定义 i 用于扫描后缀表达式 */
    int x;
```

```c
    int i =0;
/* 初始化栈 S,预分配 5 个浮点数空间,以后自动增长 */
    InitStack(&S);
/* 扫描后缀表达式中的每个字符,并进行相应处理 */
    while(str[i]){
        /* 扫描到空格字符不做任何处理 */
        if(str[i] == ''){i ++; continue;}
        switch(str[i])
        {
            case '+':                       /* 做栈顶两个元素的加法,和赋给 x */
                x = Pop(&S) + Pop(&S);
                i ++; break;
            case '-':                       /* 做栈顶两个元素的减法,差赋给 x */
                x = Pop(&S);                /* 弹出减数 */
                x = Pop(&S) - x;            /* 弹出被减数并做减法 */
                i ++; break;
            case '*':                       /* 做栈顶两个元素的乘法,积赋给 x */
                x = Pop(&S) * Pop(&S);
                i ++; break;
            case '/':                       /* 做栈顶两个元素的除法,商赋给 x */
                x = Pop(&S);                /* 弹出除数 */
                if(x! =0.0)
                    x = Pop(&S)/x;          /* 弹出被除数并做除法 */
                else {                      /* 除数为 0 时终止运行 */
                    printf("除数为 0!\n");
                    exit(1);
                }
                i ++; break;
            default:                        /* 扫描到的是整数字符串,生成对应的
                                               整数 */
                x =0;                       /* 利用 x 保存扫描到的整数 */
                while(str[i] > =48 && str[i] < =57){
                    x =x *10 +str[i] -48; i ++;
                }
        }
        /* 把扫描转换后或进行相应运算后得到的整数压入栈 S 中 */
        Push(&S,x);
    }  /* while end */
```

```
        /*若计算结束后栈为空则中止运行 */
        if(StackEmpty(&S)){
            printf("后缀表达式格式错!\n");
            exit(1);
        }
        /*若栈中仅有一个元素,则它就是后缀表达式的值,否则为出错 */
        x = Pop(&S);
        if(StackEmpty(&S)) return x;
        else {
            printf("后缀表达式格式错!\n");
            exit(1);
        }
    }
```

（3）将中缀表示转换为后缀表示。对于表达式的求值，如果是后缀表示，可以直接采用上述算法求解；如果是中缀表示，则可以先将中缀表示转换为后缀表示，然后求解。将中缀表示转换为等价的后缀表示的转换规则是：

① 设立一个栈，用于存放运算符，初始化该栈。

② 从左到右扫描中缀表示，若遇到操作数，则直接输出，并输出一个空格作为两个操作数的分隔符；若遇到运算符，必须将之与栈顶元素比较，如果此运算符的优先级高于栈顶元素的优先级则进栈，否则退出栈顶元素并输出，直到优先级高于栈顶元素才进栈。若遇到左括号，进栈；若遇到右括号，则一直退栈输出，直至退到最近的左括号为止。

③ 当栈为空时，输出的结果即为后缀表示。

例3－3 将中缀表示 20＋(16＋9＊4)/25－8 转换为等价的后缀表示。

为了简单起见，先在栈中放入一个结束符"@"，其优先级最低。栈的变化及输出结果见表3－2。

表3－2 栈的变化及输出结果

读字符	栈中符号	输出结果	说　明
20	@	20	20 为操作数，直接输出
＋	@ ＋	20	"＋"比"@"优先级高，"＋"进栈
(	@ ＋ (	20	"("直接进栈
16	@ ＋ (	20 16	16 为操作数直接输出
＋	@ ＋ (＋	20 16	"＋"比"("的优先级高，"＋"进栈
9	@ ＋ (＋	20 16 9	9 为操作数直接输出

续表

读字符	栈中符号	输出结果	说　明
*	@ + (+ *	20 16 9	"*"号的优先级高于"+","*"进栈
4	@ + (+ *	20 16 9 4	4 为操作数直接输出
)	@ +	20 16 9 4 * +	遇右括号，依次退栈输出"*"和"+"，退到左括号，左括号退栈，但不输出
/	@ +/	20 16 9 4 * +	"/"比"+"的优先级高，"/"进栈
25	@ +/	20 16 9 4 * +25	25 为操作数直接输出
-	@ +	20 16 9 4 * +25/	"-"号的优先级比"/"低，所以"/"退栈输出
	@	20 16 9 4 * +25/ +	"-"再与栈中的"+"相比，"-"的优先级比"+"低，所以"+"退栈输出
	@ -	20 16 9 4 * +25/ +	"-"号进栈
8	@ -	20 16 9 4 * +25/ + 8	8 为操作数直接输出
@	@	20 16 9 4 * +25/ + 8 -	"-"的优先级大于"@","-"退栈输出
		20 16 9 4 * +25/ + 8 -	"@"出栈，栈空结束

转换成的后缀表示为：20 16 9 4 * +25/ + 8 - 。

算法从略。

*3.1.6　栈与递归

栈的一个重要应用是在程序设计语言中实现递归。所谓递归，是指如果一个对象部分地包括它自己，或用它自己给自己定义，则称这个对象是递归的，或定义为一个过程在进行中直接或间接地调用自己。在调用一个函数（程序）的过程中又直接或间接地调用该函数（程序）本身，称为函数的递归调用。一个递归的求解问题必然包含终止递归的条件，当满足一定条件时就终止向下递归，从而使问题得到解决。描述递归调用过程的算法称为递归算法。在递归算法中，需要根据递归条件直接或间接地调用算法本身，当满足终止条件时结束递归调用。

现实中有许多实际问题采用递归方法解决，使用递归的方法编写程序将使许多复杂的问题大大简化。例如，计算 n 的阶乘问题，可以利用阶乘的递推公式 $n! = n \times (n-1)!$，对该问题进行分解，把计算 n 的阶乘问题化为等式右边涉及规模较小的同类问题（n-1）的阶乘的计算。

例 3-4　用递归函数求解正整数 n 的阶乘（n!）。

设 f(n) = n!，则递归函数 f(n)可表示为：

$$f(n) = \begin{cases} 1, & n=0 \\ n \times f(n-1), & n>0 \end{cases} \quad (3-1)$$

式 3-1 中，n=0 为递归终止条件，使函数返回 1；当 n>0 时实现递归调用，由 n 的值乘以 f(n-1)的返回值求出 f(n)的值。

上述递归函数用 C 语言描述为：

```
int f(int n)
{
    if(n==0) return 1;
    else return n*f(n-1);
}
```

可见，递归算法设计的原则是用自身的简单情况来定义自身，使其一步比一步更简单，直至终止条件。设计递归算法的方法是：

（1）寻找递归的通式，将规模较大的原问题分解为规模较小，但具有类似于原问题特性的子问题，即较大的问题递归地用较小的子问题描述，解原问题的方法同样可用来解这些子问题，如 n! = n×(n-1)!。

（2）设置递归出口，确定递归终止条件，如求解 n!，当 n=0 时，f(0)=1。

在上述求阶乘的递归函数中，假设 n=4，递归函数 f(4)的调用和返回过程如图 3-4 所示。

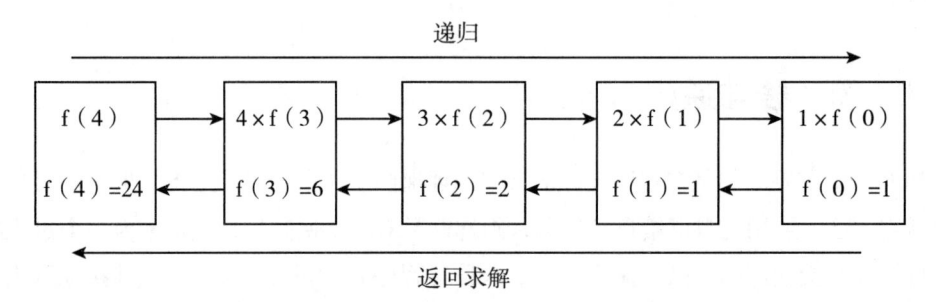

图 3-4 递归函数 f(4)的调用和返回过程

从图 3-4 可知，求解 f(4)的值分为递归和返回求解两个阶段。在递归阶段，每一次调用函数 f(n)时，并不是立即得到 f(n)的值，而是一次一次地进行递归调用，即求 f(4)需递归调用 f(3)，而 f(3)无法求得，进而需要调用 f(2)，依次类推，直到 f(0)有确定值时，递归不再进行，然后开始返回求解阶段。递归终止时，f(0)=1，由此可求出 1× f(0)=1 为 f(1)的返回值，再由 f(1)的值求出 2×f(1)=2×1=2，作为 f(2)的返回值。依次返回求解，最后递推出 f(4)=24。

在调用递归函数时，按照"后调用先返回"的原则处理调用过程，如上述求阶乘的递归函数调用，最后调用的是 f(0)，因而最先返回 f(0) 的值。因此执行递归函数是通过具有后进先出性质的栈实现的。系统将整个程序运行时所需的数据空间安排在一个栈中，每当调用一个函数时就为它在栈顶分配一个存储空间，而每当从一个函数退出时，就释放它的存储区。

例 3-5 试编写一个递归函数，以正整数 n 为参数，该函数所实现的功能为：在第 1 行打印出 1 个 1，在第 2 行打印出 2 个 2，在第 3 行打印出 3 个 3……在第 n-1 行打印出 n-1 个 n-1，在第 n 行打印出 n 个 n。例如，当 n=5 时，调用该函数的输出结果为：

```
1
2 2
3 3 3
4 4 4 4
5 5 5 5 5
```

分析：假设该函数采用 print(n) 表示。显然 print(n) 所实现的功能只需在 print(n-1) 所实现功能的基础上，再在第 n 行打印输出 n 个 n；而实现 print(n-1) 的过程与实现 print(n) 的过程完全相同，只是参数不同而已，因而可以通过递归方式加以解决。在递归执行过程中，当 n=0 时，递归应该终止。算法如下：

【算法 3-13】递归

```
print(int n)
{ int i;
    if(n! =0)        /*最小尺度当 n≤0 时,数组 a 中无元素,和为 0*/
    { print(n-1);
        for(i =1;i < =n;i ++);
          printf("%d",n);
        print("\n");
    }
}
```

3.2 队列

3.2.1 队列的定义

队列（queue）也是一种运算受限的线性表。它只允许在表的一端进行插入，而在另一端进行删除。允许删除的一端称为队头（front），允许插入的一端称为队尾（rear）。不含元素的队列称为空队列。

如果元素按照 a_1，a_2，a_3，…，a_n 的顺序入队，则 a_1 为队头元素，a_n 为队尾元素。出队时，其顺序与入队顺序相同，即按 a_1，a_2，a_3，…，a_{n-1}，a_n 的顺序出队，如图 3-5 所示。可见队列是一种先进先出（first in first out）的线性表，简称 FIFO 表。

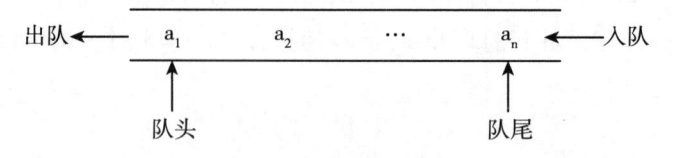

图 3-5 队列示意图

在日常生活中队列的例子很多，如排队买票，排在队头的买完后离开（出队），后来的排在队尾（入队）。又如，计算机处理文件打印时，为了解决高速的 CPU 与低速的打印机之间的矛盾，对于多个打印请求，操作系统按照"先进先出"的原则形成打印队列。

3.2.2 队列的基本运算

队列的基本运算有以下几种：

（1）初始化队列 InitQueue（Q）。

① 初始条件：队列 Q 不存在。

② 操作结果：置空队列，构造一个空队列 Q。

（2）入队 InQueue（Q，x）。

① 初始条件：队列 Q 已存在且非满。

② 操作结果：输入一个元素 x 到队尾，长度加 1。

（3）出队 OutQueue（Q，x）。

① 初始条件：队列 Q 已存在且非空。

② 操作结果：删除队头元素，长度减 1。

（4）读队头元素 ReadFront（Q，x）。

① 初始条件：队列 Q 已存在且非空。

② 操作结果：读队头元素，但队列中元素不变。

（5）判队空 QEmpty（Q）。

① 初始条件：队列 Q 已存在。

② 操作结果：若队列空则返回 1，否则返回 0。

（6）判队满 Qfull（Q）。

① 初始条件：队列 Q 已存在。

② 操作结果：若队列满则返回 1，否则返回 0。

3.2.3 队列的顺序存储结构及基本操作

1. 队列的顺序存储结构

与线性表、栈类似，队列也有顺序存储和链式存储两种存储方式。

队列的顺序存储结构称为顺序队列。顺序队列可利用一个一维数组和两个指针实现。一维数组用于存储当前队列中的所有元素，其最大存储空间为 MaxSize，两个指针 front 和 rear 分别指示队列的队头元素和队尾元素。front 指针称为队头指针，rear 指针称为队尾指针。顺序队列的顺序存储结构为：

```
struct SeqQueue {                /*顺序队列的类型定义*/
    ElemType data[MaxSize];      /*用一维数组存储队列中的元素*/
    int front,rear;              /*队头、队尾指针*/
};
struct SeqQueue * sq;            /*sq 是指向顺序队列类型的指针变量*/
```

其中，ElemType 为队列中元素的数据类型，可根据需要指定其具体的类型，如整型 int、字符型 char 等。data 是一维数组，用于存储队列中所有的数据元素，MaxSize 为一维数组的长度，即顺序队列的最大存储容量，sq 是指向顺序队列的指针变量。

2. 顺序队列的基本操作

和顺序栈一样，顺序队列也有空队、满队和非空非满三种状态。由于队头指针和队尾指针所指元素的规定不同，表示方法也不同。因此，我们约定，在队列初始化时，两个指针均置 0。队头指针 front 指向队头元素，队尾指针 rear 指向队尾元素的下一个位置。入队时，将新元素插入 rear 所指位置后，再将 rear 的值加 1；出队时，删除（取出）front 所指位置的元素后，再将 front 的值加 1 并返回被删除元素。由此可知，若顺序队列为空时，front 等于 rear；顺序队列为满时 rear 等于 MaxSize。

假设队列的最大存储空间 MaxSize =5，则顺序队列出队和入队时，队头和队尾指针的变化情况如图 3-6 所示。

(1) 入队（插入）。入队是将新元素插入 rear 所指的位置后，再将 rear 的值加 1。顺序队列的入队过程如下：

① 检查队列是否已满，若队满，则进行"溢出"处理。

② 否则，将元素值 x 赋给队尾指针所指向的数据单元。

③ 将队尾指针加 1。

```
         0  1  2  3  4                          0  1  2  3  4
        ┌──┬──┬──┬──┬──┐                      ┌──┬──┬──┬──┬──┐
        │  │  │  │  │  │                      │ A│ B│  │  │  │
        └──┴──┴──┴──┴──┘                      └──┴──┴──┴──┴──┘
         ↑front                                 ↑front ↑rear
          rear
              (a)                                      (b)

         0  1  2  3  4                          0  1  2  3  4
        ┌──┬──┬──┬──┬──┐                      ┌──┬──┬──┬──┬──┐
        │ A│ B│ C│ D│ E│                      │  │ B│ C│ D│ E│
        └──┴──┴──┴──┴──┘                      └──┴──┴──┴──┴──┘
         ↑front       ↑rear                      ↑front    ↑rear
              (c)                                      (d)

         0  1  2  3  4                          0  1  2  3  4
        ┌──┬──┬──┬──┬──┐                      ┌──┬──┬──┬──┬──┐
        │  │  │ C│ D│ E│                      │  │  │  │  │  │
        └──┴──┴──┴──┴──┘                      └──┴──┴──┴──┴──┘
                 ↑front ↑rear                              ↑rear
                                                            front
              (e)                                      (f)
```

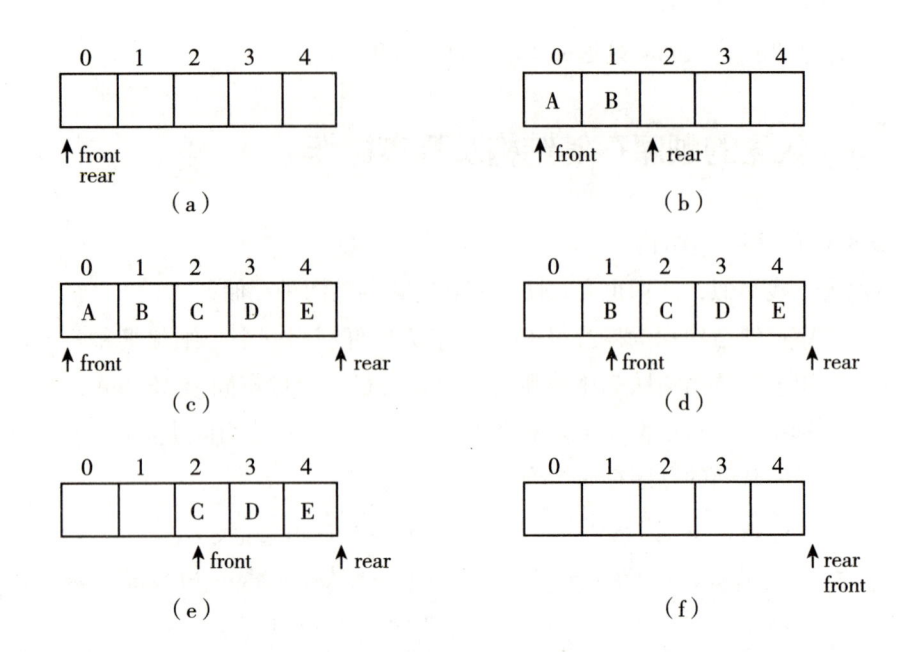

图 3-6　顺序队列操作示意图

(a) 空队列；(b) A、B 入队；(c) C、D、E 入队；(d) A 出队；(e) B 出队；(f) C、D、E 出队，队列空

【算法 3-14】顺序队列入队

```
void InQueue(struct SeqQueue * sq,int x)
{
    if(sq->rear = =MaxSize){             /*判断队列是否已满*/
        printf("队列已满\n");
        exit(1);                         /*入队失败,退出函数运行*/
    }
    sq->data[sq->rear]=x;                /*数据送给队尾指针所指单元*/
    sq->rear ++;                         /*将队尾指针加1*/
}
```

图 3-6（b）是插入两个元素的队列状况。图 3-6（c）为队列已满，此时队尾指针已超越存储空间的上界，如果再进行入队操作，则会产生"上溢"错误。

（2）出队（删除）。出队是删除 front 所指位置的元素后，再将 front 的值加 1 并返回被删元素。顺序队列的出队过程如下：

① 检查队列是否为空队列，若队空，则进行"下溢"处理。

② 将队头指针加 1。

③ 返回 front 所指位置的元素。

【算法3-15】 顺序队列出队

```
ElemType OutQueue(struct SeqQueue * sq)
{
    if(sq->rear = = sq->front){              /*判断队列是否为空*/
        printf("队列已空,不能进行出队操作\n");
        exit(1);                              /*出队失败,退出函数运行*/
    }
    sq->front ++;
    return sq->data[sq->front -1];           /*返回 front 所指位置的元
                                                素*/
}
```

图 3-6（d）是删除元素 A 后的队列状况，图 3-6（e）是继续删除元素 B 后的队列状况。每删除一个元素，front 指针加 1（后移），以保证 front 始终指向新的队头元素。在如图 3-6（d）、图 3-6（e）所示的状态下，如果有新元素请求入队，此时队列的实际可用空间虽然没有被占满，但队尾指针已超越存储空间的上界，因此不能进行入队操作。事实上队列中还有空位置，也就是说，队列的存储空间并没有满，但队列却发生了"上溢"错误，称这种现象称为"假上溢"。

在如图 3-6（f）所示的状态下，队列已空，队列的头指针和尾指针均已超越存储空间的上界，此时如果仍要进行出队操作，就会产生"下溢"错误。

从图 3-6 可以看出，在非空队列里，front 指针始终指向队头元素，而 rear 指针始终指向队尾元素的下一位置。当 front 指针和 rear 指针的值相等时，队列为空。

3. 循环队列及其运算

为了克服顺序队列的"假上溢"现象，应充分利用队列的存储空间，可以把队列想象成一个首尾相接的圆环，即将队列中的第一个元素接在最后一个元素的后面，我们称这样的队列为循环队列（circular queue），如图 3-7 所示。

图 3-7（a）为队列初始状态，front = 0，rear = 0。在图 3-7（b）中，A、B、C、D、E 5 个元素依次入队，front = 0，rear = 5。如果元素 F 继续入队，则队列空间就会被占满，变成如图 3-7（c）所示的状态，此时 front = rear。若 A、B、C、D、E、F 相继出队，则队空，如图 3-7（d）所示，此时 front = rear。因此，在循环队列中，仅根据头尾指针相等无法有效地判断队空还是队满。通常的解决方法有两种：一种是在定义结构体时，附设一个存储循环队列中元素个数的变量，如 n，当 n = 0 时，队空，当 n = MaxSize 时为队满。另一种方法是少用一个元素空间，约定当尾指针加1等于头指针时，认为队满，可用求模运算实现，即当 front = rear 时，称为队空，当 (rear + 1)% MaxSize = front 时，称为队满，此时循环队列能装入的元素个数为 MaxSize - 1。

现采用第二种方法来实现循环队列的几种基本运算。

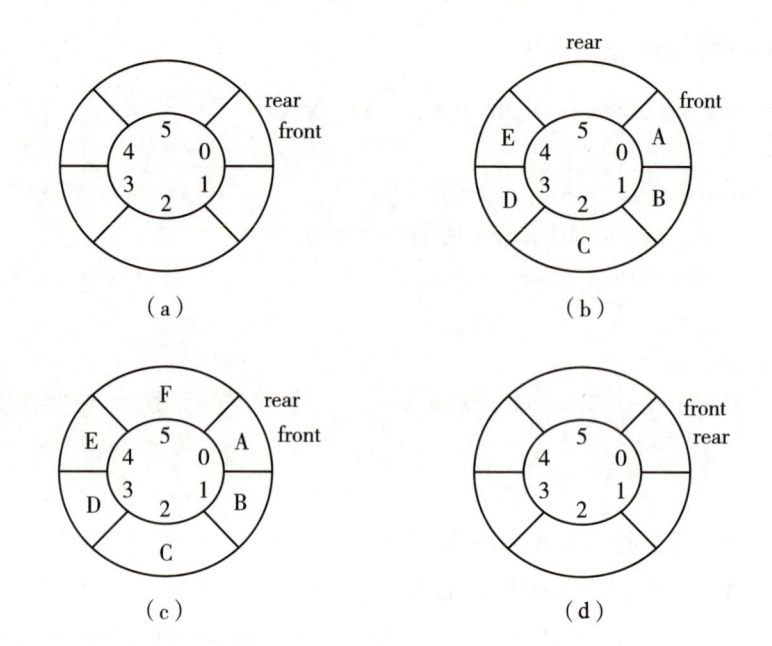

图 3-7 循环队列的插入、删除

(a) 队列初始状态；(b) A、B、C、D、E 5 个元素入队；(c) 元素 F 继续入队；(d) 空队列

(1) 判队空。

【算法 3-16】循环队列判队空

```
int QueueEmpty(struct SeqQueue * sq)
{
    if(sq->rear = = sq->front) return 1; else return 0;
}
```

(2) 入队。循环队列入队的过程如下：

① 判断循环队列是否已满，若队满，则进行"溢出"处理。

② 当循环队列不满时，将元素 x 赋给队尾指针指向的单元。

③ 利用模运算，将队尾指针加 1。

【算法 3-17】循环队列入队

```
void InQueue(struct SeqQueue * sq,int x)
{
    if((sq->rear +1)%MaxSize = = sq->front){    /* 判断循环队列是否已满 */
        printf("循环队列已满\n");
        exit(1);                                  /* 入队失败,退出函数运行 */
    }
```

```
        sq->data[sq->rear] = x;                    /*数据送给队尾指针所指
                                                     单元*/
        sq->rear = (sq->rear +1)%MaxSize;          /*利用模运算将队尾指针
                                                     加1*/
    }
```

(3) 出队。循环队列出队的过程如下：

① 判断循环队列是否已空，若队空，则进行"下溢"处理。

② 否则暂存队头元素。

③ 将队头指针加1。

④ 返回原队头元素的值。

【算法 3-18】 循环队列出队

```
    void OutQueue(struct SeqQueue * sq)
    {
        if(sq->rear = = sq->front){                /*判断循环队列是否为空*/
            printf("循环队列已空,不能进行出队操作\n");
            exit(1);                                /*出队失败,退出函数运行*/
        }
        else {
            x = sq->data[sq->front];               /*暂存队头元素以便返回*/
            sq->front = (sq->front +1)%MaxSize;    /*将队头指针加1*/
            return x;                               /*返回原队头元素的值*/
        }
    }
```

(4) 取队头元素。循环队列取队头元素的过程如下：

① 判断循环队列是否已空，若队空，则进行"下溢"处理。

② 否则，返回原队头元素的值。

【算法 3-19】 循环队列取队头元素

```
    void GetQueue(struct SeqQueue * sq,int x)
    {
        if(sq->rear = = sq->front){                /*判断循环队列是否为空*/
            printf("队列已空,不能进行出队操作\n");
            exit(1);                                /*出队失败,退出函数运行*/
        }
        return sq->data[sq->front];                /*返回队头元素的值*/
    }
```

3.2.4 队列的链式存储结构及基本操作

1. 队列的链式存储结构

队列的链式存储结构称为链队列,它是一个仅在表头删除结点和在表尾插入结点的单向链表。因此,在链队列中需要使用两个指针:头指针 front 和尾指针 rear。用 front 指向链队列的队头,用 rear 指向链队列的队尾,如图 3-8 所示。

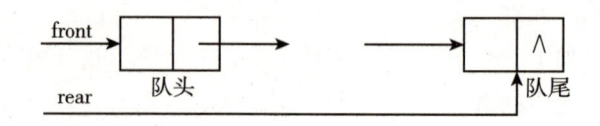

图 3-8 链队列

为了操作方便,在链队列中添加一个头结点,该结点不存储任何元素,并让头指针指向头结点。可见,空的链队列的判定条件是头指针和尾指针均指向头结点,如图 3-9(a)所示。链队列的入队和出队操作只需要修改头指针和尾指针即可,如图 3-9(b)、图 3-9(c)、图 3-9(d)所示。

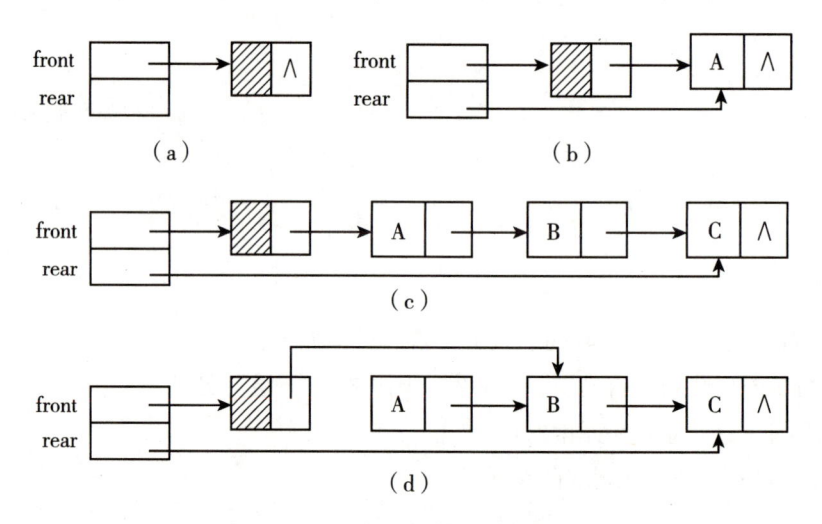

图 3-9 链队列的插入和删除

(a) 空队列;(b) A 入队列;(c) B、C 继续入队;(d) A 出队

链队列的类型 LinkQueue 可定义如下:

```
struct node {                /*链队列的结点类型*/
    ElemType data;           /*链队列结点的数据域*/
    struct node * next;      /*链队列结点的指针域*/
};
```

```
        struct node *front,*rear;      /* front 和 rear 分别为链队列的头指针
                                           和尾指针 */
```

2. 链队列的基本操作

假设在链队列中，front、rear 均为 node 类型的全局变量。

（1）链队列的初始化。链队列的初始化过程如下：

① 产生一个头结点，将其后继指针设置为空。

② 将队头和队尾指针均指向该结点。

【算法 3-20】链队列初始化

```
    void InitQueue()                        /* 初始化链队列 */
    {
        struct node *p=malloc(sizeof(struct node));  /* 生成新结点 p */
        p->next=NULL;                       /* 使新结点的指针域
                                                为空 */

        front=rear=p;                       /* 队头和队尾指针均
                                                指向新结点 */

    }
```

（2）判队空。判断队列是否为空，也就是判断队头、队尾指针是否相等。

【算法 3-21】链队列判队空

```
    int QueueEmpty()
    {
        if(front==rear) return 1;           /* 如果链队列为空,则返回 1 */
        else return 0;                      /* 否则返回 0 */
    }
```

（3）入队。链队列的入队过程如下：

① 生成一个新结点 p，给新结点的数据域和指针域分别赋值。

② 使新结点成为新的队尾结点。

③ 修改队尾指针 rear，使 rear 指向新的队尾结点。

【算法 3-22】链队列入队

```
    void InQueue(ElemType x)
    {
        struct node *p;
        p=malloc(sizeof(struct node));      /* 生成新结点 p */
        p->data=x;                          /* 给新结点的数据域赋值 */
        p->next=NULL;                       /* 给新结点的指针域赋值 */
```

```
        rear->next=p;              /*新结点成为新的队尾结点*/
        rear=p;                    /*让队尾指针指向新的队尾结点*/
    }
```

(4) 出队。链队列的出队过程如下：

① 检查链队列是否为空，若为空队列，则进行"下溢"处理。
② 保存队头结点的值。
③ 修改队头指针，使其指向队列的第二个结点，建立新的链接队列。
④ 删除原队头结点。
⑤ 返回原队头结点的信息。

【算法 3-23】链队列出队

```
ElemType OutQueue()
{
    int x;
    if(front = = rear){                      /*检查链队列是否为空*/
        printf("队列下溢错误！\n");
        exit(1);                             /*若队空不能出队,则退出运行*/
    }
    else {
        struct node *p=front->next;          /*用指针变量 p 指向队列的第
                                                一个结点*/
        x=p->data;                           /*用 x 暂存第一个结点数据域*/
        front->next=p->next;                 /*修改队头指针,指向下一个结
                                                点*/
        if(p->next = =NULL)rear=front;       /*若队列已空则修改队尾指针*/
        free(p);                             /*回收原队头结点*/
        return x;                            /*返回原队头元素的值*/
    }
}
```

可以用下面的完整程序调试上面介绍的链队列基本运算的算法。

```
#include<stdio.h>
#include<stdlib.h>
typedef int ElemType;          /*把元素类型定义为整型*/
struct node {                  /*链队列的结点类型*/
    ElemType data;             /*链队列结点的数据域*/
    struct node *next;         /*链队列结点的指针域*/
};
```

```
          struct node * front, * rear;          /* front 和 rear 分别为链队列
                                                    的头指针和尾指针 */
          #include"链队列基本操作.c"              /* 此程序文件保存链队列的基本
                                                    运算的函数定义 */
          void main()
          {
             int i;
             InitQueue();
             for(i = 0; i < 6; i ++) InQueue(i * i);
             while(!QueueEmpty()) printf("%d",OutQueue());
             printf("\n");
          }
```

此程序的运行结果为：0 1 4 9 16 25。

*3.2.5　队列的简单应用举例

队列是一种应用广泛的数据结构，凡具有"先进先出"特性的问题，都可以使用队列解决。

例 3 - 6　解决主机和打印机之间速度不匹配的问题。

主机输出数据给打印机打印，输出数据的速度比打印的速度要快得多，如果直接把输出的数据送给打印机打印，由于两者的速度不匹配，显然会出现问题。解决的方法是设置一个打印数据缓冲区进行缓冲，主机把要打印输出的数据依次写到这个缓冲区中，写满后就暂停写入，转去做其他事情。打印机从缓冲区中按照"先进先出"的原则依次取出数据并打印，打印完成后再向主机发出申请。主机接到请求后再向缓冲区写入打印数据。这样既保证了打印数据的正确性，又提高了主机的运行效率。

例 3 - 7　对 CPU 的分配管理问题。

一般的计算机系统只有一个 CPU，如果在系统中有多个进程满足运行条件，则要用一个就绪队列进行管理。当某个进程需要运行时，它的进程名被插入就绪队列的尾端。如果此队列是空的，CPU 立即执行该进程；如果此队列非空，则该进程排在队尾等待。CPU 总是首先执行排在队首的进程，一个进程分配的一段时间执行完了，又将它插入队尾等待，CPU 转而为下一个出现在队首的进程服务。如此，按"先进先出"的原则一直进行下去，直到执行完的进程从队列中被逐个删除为止。

习题

一、单项选择题

1. 栈的插入和删除操作在（　　）进行。
   A. 栈底　　　　B. 栈顶　　　　C. 任意位置　　　D. 指定位置

2. 一个栈的进栈序列是 2，4，6，8，10，则栈不可能输出的序列是（　　）（进栈出栈可以交替进行）。
   A. 2，4，6，8，10　　　　　　B. 8，10，6，4，2
   C. 8，6，10，2，4　　　　　　D. 10，8，6，4，2

3. 一个队列的入队序列是 a，b，c，d，按该队列的可能输出序列使各元素依次入栈，该栈的可能输出序列是（　　）（进栈出栈可以交替进行）。
   A. d，c，b，a　　　　　　　　B. c，a，b，d
   C. d，b，a，c　　　　　　　　D. d，a，b，c

4. 在一个链队中，假设 f 和 r 分别为队头和队尾指针，p 指向一个已生成的结点，为该结点的数据域赋值 e，并使结点入队的运算为 "p -> data = e; p -> next = NULL;" 和（　　）。
   A. f -> next = p; f = p;　　　B. r -> next = p; r = p;
   C. p -> next = r; r = p;　　　D. p -> next = f; f = p;

5. 对不带头结点的单向链表，判断其是否为空的条件是（　　）（设头指针为 head）。
   A. head == NULL　　　　　　　B. head -> next == NULL
   C. head -> next == head　　　D. head = NULL

6. 从一个栈顶指针为 top 的链栈中取栈顶元素，用变量 x 保存该元素的值，则执行（　　）。
   A. x = top -> data; top = top→next;　　B. x = top -> data;
   C. top = top -> next; x = top -> data;　　D. top = top -> next; x = data;

7. 假定一个链栈的栈顶指针用 top 表示，每个结点的结构由一个数据域 data 和一个指针域 next 组成，当 p 指向的结点进栈时，执行的操作为（　　）。
   A. p -> next = top;
   B. top = p; p -> next = top;
   C. p -> next = top -> next; top -> next = p;
   D. p -> next = top; top = p;

8. 以下说法错误的是（　　）。
   A. 栈的特点是后进先出

B. 队列的特点是先进先出

C. 栈的删除操作在栈底进行，插入操作在栈顶进行

D. 队列的插入操作在队尾进行，删除操作在队头进行

9. 一个递归算法必须包括（　　）。

　　A. 递归部分　　　　　　　　B. 终止条件和迭代部分

　　C. 迭代部分　　　　　　　　D. 终止条件和递归部分

10. 在一个尾指针为 rear 的不带头结点的单循环链表中，插入一个 s 所指的结点，并将之作为第一个结点，可执行（　　）。

　　A. rear –> next = s；s –> next = rear –> next

　　B. rear –> next = s –> next；

　　C. rear = s –> next

　　D. s –> next = rear –> next；rear –> next = s；

二、填空题

1. 栈的操作特点是_____。

2. 一个顺序循环队列存于一维数组 a［Max］中，假设队头指针和队尾指针分别为 front 和 rear，则判断队空的条件为_____，判断队满的条件为_____。

3. 一个顺序栈存储于一维数组 a［0…N–1］中，栈顶指针用 top 表示，当栈顶指针等于_____时，则为空栈；当栈顶指针等于_____时，则为栈满。

4. 在一个链队中，设 front 和 rear 分别为队头和队尾指针，则 s 所指结点（数据域已赋值）的入队操作为 s –> next = NULL；_____和 rear = s；

5. 假设一个链栈的栈顶指针为 top，每个结点包含值域 data 和指针域 next，则当 p 所指向的结点进栈时，则首先执行_____，然后执行_____。

6. 在一个空队列中，假定队头指针和队尾指针分别为 front 和 rear，当向其插入一个新结点 *p 时，则首先执行_____操作，然后执行_____操作。

7. 在一个容量为 15 的循环队列中，若头指针 front = 5，尾指针 rear = 9，则该循环队列中共有_____个元素。

8. 引入循环队列的目的是克服_____。

三、问答题

1. 一个栈的输入序列为 A，B，C，若输出序列由 A，B，C 构成，试给出全部可能的输出序列。

2. 用栈实现将中缀表达式 8 –（3 + 5）*（5 – 6/2）转换成后缀表达式，画出栈的变化过程图。

3. 什么情况下可以利用递归来解决问题？在写递归程序时应注意什么？

4. 简述在栈的栈顶插入一个元素的操作过程。

5. 简述在链栈中插入一个元素的操作过程。

6. 在循环队列中，仅依据头尾指针相等，无法判断队列是"空"还是"满"，解决此问题的两种方法是什么？

四、算法设计题

1. 编写将十进制正整数转换为十六进制数输出的算法。

2. 在栈顶指针为 HS 的链栈中，写出计算该链栈中结点个数的函数。

3. 在 HQ 的链队中，编写算法求链队中的结点个数。

4. 设从键盘输入一个整数的序列：a_1，a_2，a_3，…，a_n。试编写算法，要求用栈结构存储输入的数据，当 $a_i \neq -1$ 时，将 a_i 进栈；当 $a_i = -1$ 时，输出栈顶整数并出栈。算法应对异常情况（如栈满）等给出相应的信息。

5. 斐波那契数列的定义为：它的第 1 项和第 2 项均为 1，以后各项为其前两项之和。若斐波那契数列中的第 n 项用 Fib(n) 表示，则计算公式为：

$$\text{Fib}(n) = \begin{cases} 1, & n=1 \text{ 或 } 2 \\ \text{Fib}(n-1) + \text{Fib}(n-2), & n>2 \end{cases}$$

试编写计算 Fib(n) 的递归算法。

6. 如果希望循环队列中的元素都能得到利用，则需要设置一个标志域 tag，并以 tag 的值为 0 或 1 来区分尾指针和头指针值相同的队列的状态是"空"还是"满"，试编写与此结构相应的入队和出队的算法。

第4章 字符串

在计算机非数值处理领域，字符串几乎无处不在。字符串的相关算法在计算机信息管理、信息处理、模式识别、信息安全的内容监控和入侵检测等领域有着广泛的应用。

在C语言课程中着重介绍了字符串的语法和相关操作。在此基础上，本章将从数据结构的角度对字符串做进一步讨论，包括：字符串的逻辑结构、存储结构、基本操作和相关算法等，并着重程序的分析、实现和演示，以提高实际应用能力。

通过本章的学习，要求：
(1) 了解字符串的定义。
(2) 掌握字符串的逻辑结构和基本操作。
(3) 掌握C语言中字符串的特点、存储结构。
(4) 掌握C语言中字符串的访问方式、相关操作、算法示例和实现步骤。
(5) 了解模式匹配的概念；掌握简单的模式匹配方法；理解KMP算法的原理和实现步骤。

4.1 字符串的定义和相关概念

4.1.1 字符串的定义

字符串是由零个或多个字符组成的有限序列，通常记为：

$$s = "a_1 a_2 \cdots a_n" (n \geq 0)$$

字符串又简称串，s是串名；一对双引号中的字符序列是串的值，双引号不属于串，它只是定界符（串的起、止的标志）；串中字符的个数称为串的长度。

串中的字符可以是字母、数字字符或其他字符；包含零个字符的串称为空串；空格串是由一个或多个空格（字符）组成的串，其长度为空格的个数。

4.1.2 字符串的相关概念

1. 子串、主串

串中任意个连续的字符组成的子序列称为子串,包含子串的串称为主串。

2. 字符和子串在主串中的位置

字符在主串中的序号称为该字符在串中的位置。子串的第 1 个字符在主串中的序号,是该子串在主串中的位置。

例 4 – 1

> a ="BEIJING",b ="BEI JING",c ="EIJ"。

其中,a 的长度为 7,b 的长度为 8,c 是 a 的子串,c 在 a 中的位置是 2,c 不是 b 的子串,空格在 b 中的位置是 4。

3. 字符串的大小比较

两个字符的比较是它们的 ASCII 码的比较。两个字符串 s_1 和 s_2 在比较时,采用从第一个字符开始,逐个字符对应比较的方法。比较中若字符相同,则继续下一个字符的比较。当在某个位置字符不同时,则该位置字符大的那个字符串大。若直到某一个字符串已结束,还未出现不同,则长的字符串大。若两个字符串长度也相同,则两个字符串相等。

例 4 – 2 将以下字符串 a_1 ="BEIJING", a_2 ="BEF", a_3 ="BEFANG", a_4 ="BEI",按由小到大的顺序排列。

逐个字符比较:a_1、a_4 与 a_2、a_3,在第 3 个字符出现不同,a_2、a_3 小于 a_1、a_4。而在 a_2、a_3 中,a_2 较 a_3 短。在 a_1、a_4 中,a_4 较 a_1 短。

按由小到大的顺序排列的结果为:a_2,a_3,a_4,a_1。

4. 字符串的逻辑结构和基本操作

字符串与线性表类似,都属于同一个数据对象的数据元素的有限序列,在逻辑上存在一对一的线性关系。其区别是:串的数据元素被限定为字符。串的基本操作主要包括:求串长、串的复制、串的连接、串的比较、在主串中查找子串、获取某个子串、插入或删除某个子串等。

4.2 C 语言中字符串的特点、存储结构和访问方式

4.2.1 C 语言中字符串的特点

C 语言中的字符串(可简称 C 字符串)常量是用一对双引号括起来的字符序列,规定在

字符串结尾处由系统自动加一个字符串的结束标志'\0'。'\0'是一个ASCⅡ码为0的字符，是空操作，不可显示也不引起任何动作。而字符常量是用单引号括起来的单个字符。例如，'a'表示字符，在计算机内存中占1个字节。"a"表示字符串，占2个字节，如图4-1所示。

a		a	\0
（a）		（b）	

图4-1　字符和字符串在计算机内存中的存储比较
（a）字符；（b）字符串

4.2.2　C 字符串的存储结构和访问方式

1. C 字符串的顺序存储

由于串是线性结构，类似线性表，故可以用一组地址连续的存储单元依次存放串中的字符。C语言中无字符串变量，所以通常用一维字符数组存储和处理字符串。每个数组元素中存放一个字符，字符串按顺序依次存放到数组元素中。

例4-3　在 a 数组中存入字符串"English"。

```
char a[8];
a[0]='E';a[1]='n';a[2]='g';a[3]='l';
a[4]='i';a[5]='s';a[6]='h';
```

按上述赋值方法逐个存储字符，最后要加上'\0'，也即 a[7]='\0'，如图4-2所示。

E	n	g	l	i	s	h	\0
a[0]	a[1]	……					a[7]

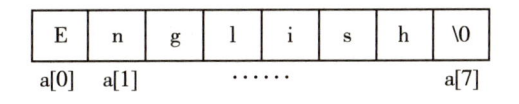

图4-2　字符串的顺序存储

例4-4　通过数组的初始化（在说明数组的同时给数组赋值），在 a 数组中存入字符串"English"。

```
char a[ ]="English";
```

结果与例4-3的赋值语句等价，从 a[0] 开始，数组 a 中存储了一个字符串。不同的是，不需再加'\0'，因为赋值号右边是字符串常量，系统自动加'\0'。

2. 顺序存储的 C 字符串的访问方式

（1）用字符指针处理字符串。由于指针可以用来处理数组，当然字符型的指针也可用来处理字符型的数组，而字符型的数组可以处理字符串，所以可以用字符型的指针来处理字符串。

例 4-5 用字符指针处理字符串（图 4-3）。

```
char * str;
char a[ ] ="Good Bye!";
str = a;
```

G	o	o	d	␣	B	y	e	!	\0

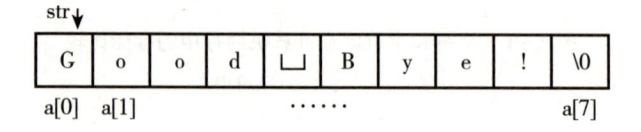

a[0]　a[1]　　……　　　　　　　a[7]

str↓

图 4-3　用字符指针处理字符串

赋值语句 str = a；把数组 a 的首地址赋给了字符指针变量 str，所以 str 指向了字符串，也即 str 指向字符 G，str 的目标 * str 为字符'G'。

例 4-5 与下述程序语句的结果是等价的，因为 C 语言中对字符串常量是按字符数组处理的。

```
char * str ="Good Bye!";
```

该语句定义了一个字符指针变量 str，用字符串常量对它初始化。

（2）用二维字符数组处理多个字符串。

例 4-6 用二维字符数组处理多个字符串。

```
char a[3][6]={"red","blue","white"};
```

存储结构如图 4-4 所示。

a[0]	r	e	d	\0	\0	\0
a[1]	b	l	u	e	\0	\0
a[2]	w	h	i	t	e	\0

图 4-4　用二维字符数组处理多个字符串

a[0][0]中存放字符 'r'，a[1][2]中存放字符'u'，a[2][3]中存放字符't'……

（3）用字符指针数组处理多个字符串。

例 4-7 用字符指针数组处理多个字符串。

```
char * a[3];
a[0]="red"; a[1] = "blue"; a[2] = "white";
```

存储结构如图 4-5 所示。

第 4 章　字符串

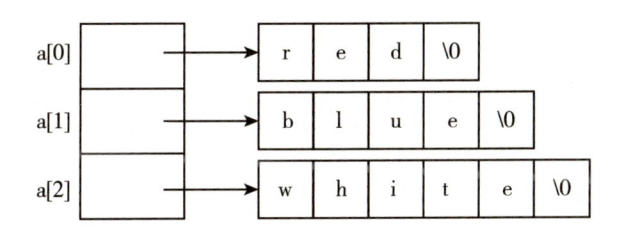

图 4-5　用字符指针数组处理多个字符串

a 是指针数组，有 3 个元素，可以分别存放字符型的指针。a[0]指向″red ″，a[1]指向″blue ″，a［2］指向″white ″。

3. C 字符串的链式存储

串的链式存储中最简单的就是采用单向链表的方式存储字符串，链表中每个结点的数据域依次存储字符串的字符，头指针指向第一个结点，结点中的指针域把相邻结点链接起来。如图 4-6 所示，以 head 为头指针的单向链表中存放的是字符串″hello ″。

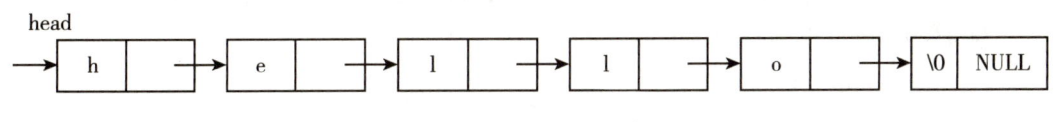

图 4-6　字符串的链式存储

4.2.3　程序举例

例 4-8　设有一个不带头结点的单向链表，头指针为 head，p、prep 是指向结点类型的指针。用该链表存储字符串，但在输入信息时不慎把相邻两个结点的信息重复输入。以下程序段是在该单向链表中查找这相邻的两个结点，把重复结点的数据域 data 打印出来，并把其中之一从链表中删除。

填写程序中的空格。如图 4-7 所示，每个结点的数据域是一个字符。

```
prep = head;  p = prep -> next;
    while(p -> data! = prep -> data)
    { prep = p;
        ____(1)____;
    }
printf("data = %d",____(2)____);
prep -> next = ____(3)____;
```

分析：令 prep 指向第 1 个结点，p 指向 prep 的后继结点。判断 p 指向的结点与 prep 指向的结点的数据域是否相等，若不相等，指针 p 和 prep 各向右移一个结点，继续循环；若相等，则找到了重复输入的结点，输出重复输入结点的信息，把 p 的指针域赋给

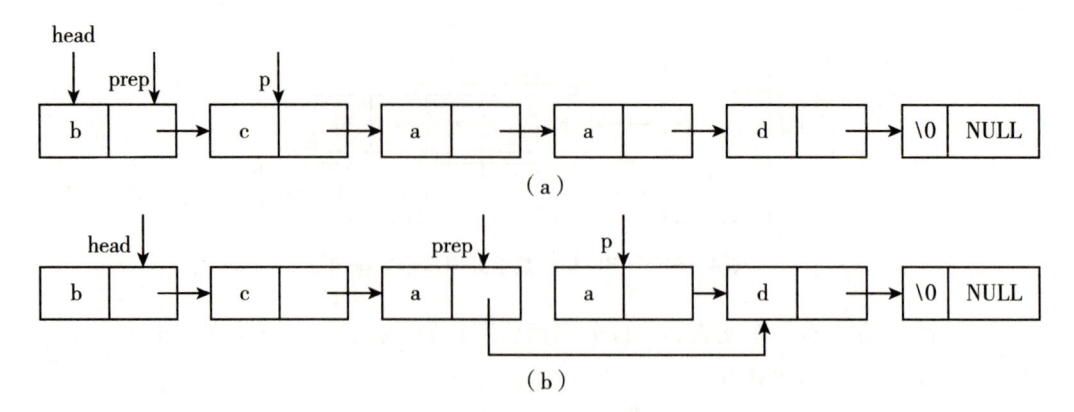

```
           head
            ↓    prep↓       p↓
          ┌─┬─┐ ┌─┬─┐ ┌─┬─┐ ┌─┬─┐ ┌─┬─┐ ┌──┬────┐
          │b│→│ │c│→│ │a│→│ │a│→│ │d│→│ │\0│NULL│
          └─┴─┘ └─┴─┘ └─┴─┘ └─┴─┘ └─┴─┘ └──┴────┘
                          (a)

           head              prep↓     p↓
            ↓
          ┌─┬─┐ ┌─┬─┐ ┌─┬─┐ ┌─┬─┐ ┌─┬─┐ ┌──┬────┐
          │b│→│ │c│→│ │a│→│ │a│ │ │d│→│ │\0│NULL│
          └─┴─┘ └─┴─┘ └─┴─┘ └─┴─┘ └─┴─┘ └──┴────┘
                              └──────────↑
                          (b)
```

图 4-7 链式存储的字符串的查找和删除操作

（a）操作前；（b）操作后

prep 的指针域，从而删除了重复输入的结点。

答案：(1) p = p -> next；(2) p -> data 或 prep -> data；(3) p -> next。

例 4-9 以下程序段的结果是：c 的值为（　　）。

```
char * a[5] = {"12","1237","13","1237","127"};
int i,c = 0;
for(i = 0;i < 5;i ++)
    if(StrCmp(a[i],"1237") = = 0)c ++;
```

A. 2　　　　　　B. 5　　　　　　C. 0　　　　　　D. 1237

分析：如图 4-8 所示，a 是字符型的指针数组，经初始化，a[0]，…，a[4] 分别指向 5 个字符串。字符串比较函数 StrCmp（a[i]，"1237"）的功能是比较 a[i] 所指向的字符串与字符串"1237"的大小，若相等则结果为 0，程序段利用循环语句使 a[0]，…，a[4] 指向的字符串分别与字符串"1237"比较，若相等，计数变量 c 增 1。结果为 2。

答案：A。

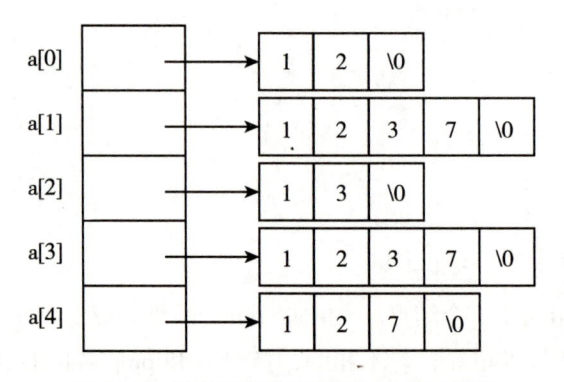

```
a[0] ┌─┐→┌─┬─┬──┐
     │ │  │1│2│\0│
     └─┘  └─┴─┴──┘
a[1] ┌─┐→┌─┬─┬─┬─┬──┐
     │ │  │1│2│3│7│\0│
     └─┘  └─┴─┴─┴─┴──┘
a[2] ┌─┐→┌─┬─┬──┐
     │ │  │1│3│\0│
     └─┘  └─┴─┴──┘
a[3] ┌─┐→┌─┬─┬─┬─┬──┐
     │ │  │1│2│3│7│\0│
     └─┘  └─┴─┴─┴─┴──┘
a[4] ┌─┐→┌─┬─┬─┬──┐
     │ │  │1│2│7│\0│
     └─┘  └─┴─┴─┴──┘
```

图 4-8 用字符指针数组处理多个字符串

例 4-10 设计一个函数，使输入的句子（字符串）按如下方式改造后输出：

（1）单词之间只留一个空格作间隔。

（2）设输入的句子未带句号，改造后的句子结束后必须紧跟句号。

```
#include <stdio.h>
#include <malloc.h>
#include <string.h>
   char * func(char * s1)
   { char * s2 = (char *)malloc(sizeof(s1) +1);          /*(1)*/
     char * p = s2;
     int first =1;
     while( * s1! ='\0'&& * s1 = =' ')s1 ++;              /*(2)*/
       while( * s1! ='\0')
       { if( * s1! =' '){ * s2 ++ = * s1 ++ ; first =1;}  /*(3)*/
         else if(first = =1){ * s2 ++ = * s1 ++;first =0;}/*(4)*/
         else   s1 ++;}                                    /*(5)*/
         s2 --;                                            /*(6)*/
         if( * s2 =' ')   * s2 ='.';                       /*(7)*/
         else if  ( * s2! =' ' )( ++s2) ='.';              /*(8)*/
         * ( ++s2) ='\0';    return  p;                    /*(9)*/
   }
```

对例 4-10 中相关语句的说明如下，处理前后的效果如图 4-9 所示（形参 s1 接受主函数中要处理的字符串的首地址）。

s1											
	l	e	t			i	t		g	o	\0

(a)

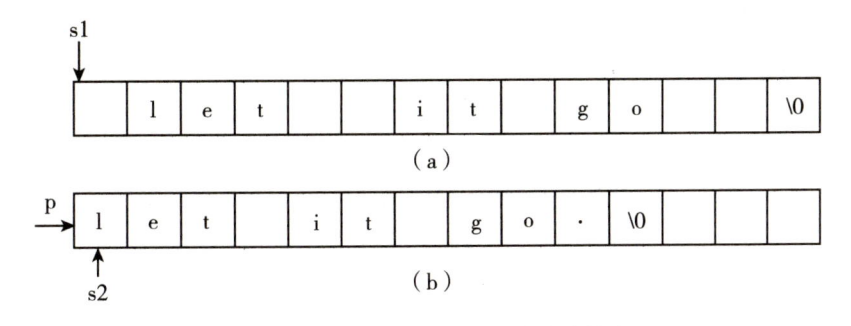

p										
	l	e	t		i	t	g	o	.	\0
	s2									

(b)

图 4-9 用指针处理顺序存储的字符串

(a) 处理前；(b) 处理后

（1）开辟存储单元，该区域比 s1 多 1 个字节，由指针 s2 指向它。

（2）s1 跳过前面的空格，指向第一个非空字符。

（3）如 s1 指向的不是空格，把 s1 所指字符复制到 s2，并令 first =1，令 s1、s2 右移一位。first 为标志变量，表明 s1 前是非空字符。

(4) 如 s1 指向的是空格，但 first 为 1，把 s1 所指字符（空格）复制到 s2，并令 first＝0。令 s1、s2 右移一位。当 first 为 0 时，表明 s1 前是空格。

(5) 如 s1 指向的是空格，且 first 为 0 时不执行复制，s1 右移一位，跳过空格。

(6) s2 向左回退一步，指向最后复制来的字符。

(7) s2 指向的如果是空格，换成句点。

(8) s2 指向的如果不是空格，在其后加句点。

(9) 在句尾加字符串结束符，返回指针。

例 4－11　设有一个头指针为 head 的不带头结点的单向链表。p、q 是指向结点类型的指针变量，p 指向链表中结点 a。如图 4－10 所示，链表在存放字符串"today"时，漏输入了字符'd'，现要纠正，按下述要求完成程序段中的相关语句（图中结点 s 的数据域为字符'd'）。

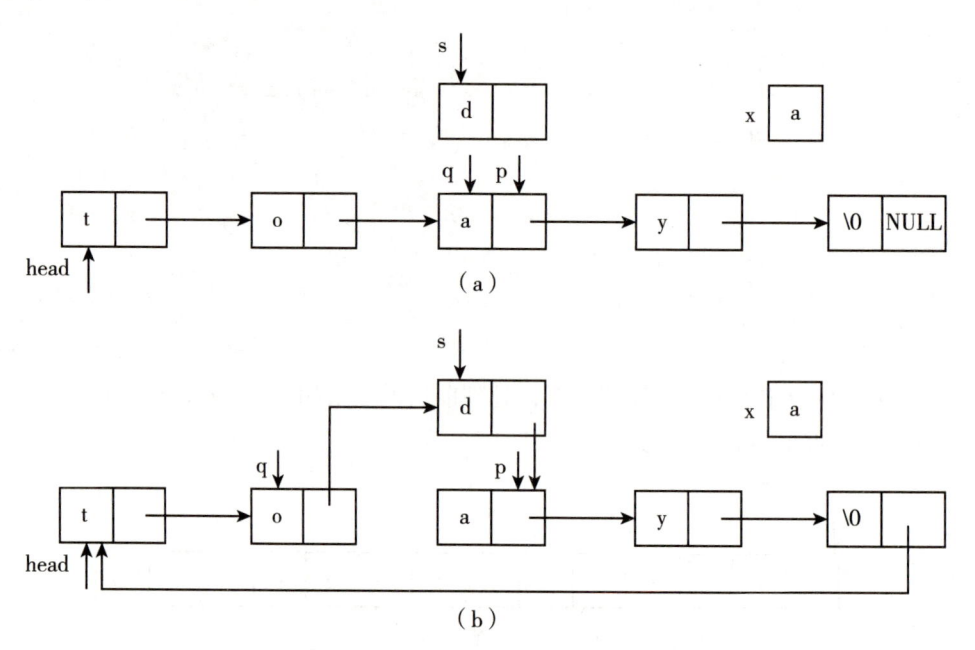

图 4－10　单向链表改为循环链表及字符串的查找和插入操作

(a) 操作前；(b) 操作后

(1) 使该单向链表成为单向循环链表。

(2) 插入结点 s，使它成为 a 结点的直接前驱。

```
q＝p; x＝p->data; while (__(1)__)q＝q->next;      /*(1)*/
q->next＝head;                                    /*(2)*/
q＝p; p＝p->next;
while(p->data!＝x)                                /*(3)*/
{ q＝p;
```

```
        ____(2)____;
    }
        s->next=p;                                    /*(4)*/
    ____(3)____;
```

分析：

（1）当 q->next!=NULL 时，指针 q 右移，直至 q->next==NULL，使指针 q 指向尾结点。

（2）使该单向链表成为单向循环链表。

（3）在循环链表中利用指针 p 逐步右移，直至查到 a 结点。q 始终指向 p 的直接前驱。

（4）在 q、p 所指结点间插入结点 s。

答案：（1） q->next!=NULL；（2） p=p->next；（3） q->next=s。

4.2.4 基本函数

1. 计算字符串的长度

```
int strlen(char * str)
{   int n=0;
    while(*str!='\0') {n++;str++;}
    return n;
}
```

分析：如图 4-11 所示，每执行一次循环，指针 str 向右移一位，n 的值增加 1，直到 str 指向 '\0'，循环结束。

n		str↓					
0		s	u	n	d	a	y	\0

(a)

n						str↓	
6		s	u	n	d	a	y	\0

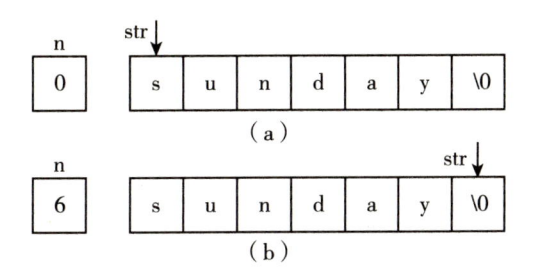

(b)

图 4-11 计算字符串的长度

(a) 操作前；(b) 操作后

调用：

```
    char a[ ]="sunday"; strlen(a);
```

2. 字符串的复制（将 s2 复制到 s1）

```
char * strcpy(char * s1,char * s2  )
{ char * p = s1;
    while( * s2 ! = '\0 ')
    { * p = * s2 ;
      s2 ++; p ++;
    }
    * p = '\0 ';
    return   s1;
}
```

分析：如图 4 - 12 所示，每执行一次循环，将 s2 箭头所指单元的内容复制到 p 所指单元，然后 p、s2 分别向右移一位，直到 s2 指向'\0 '。循环结束。p 所指单元值为'\0 '。

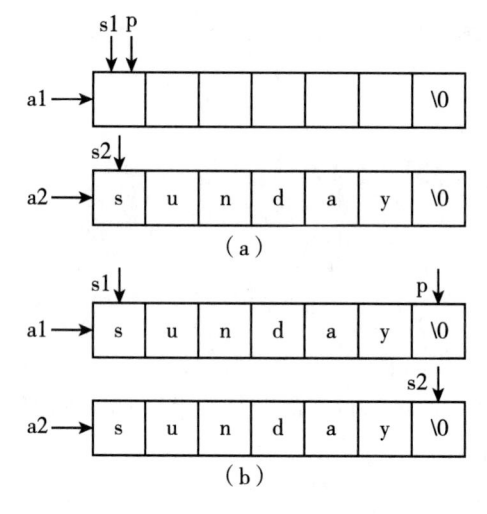

图 4 – 12　字符串的复制
（a）操作前；（b）操作后

调用：

```
char a1[7 ]; char a2[  ] ="sunday";
strcpy(a1,a2)
```

3. 字符串的连接（把 s2 连接到 s1 的后面）

```
char * strcat(char * s1,char * s2)
  { char * p = s1;
    while( * p! = '\0 ')
    p ++;
```

```
        while(*s2!='\0')
        {*p=*s2; p++; s2++;}
        *p='\0';  return s1;
    }
```

分析：如图4-13所示，第一个循环结束，p指向s1的结束符'\0'；第二个循环完成复制，循环结束时，s2指向'\0'，最后把'\0'赋给p所指单元。

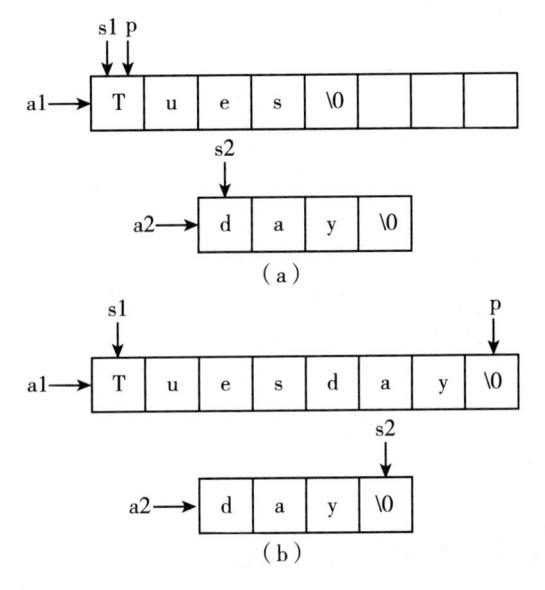

图4-13 字符串的连接
（a）操作前；（b）操作后

调用：

```
    char a2[ ]="day"; char a1[ ]="Tues";
    strcat(a1,a2);
```

4. 字符串的比较（s1与s2比较）

```
    int strcmp(char *s1,char *s2)
    { int i;
        for(i=0; s1[i]!='\0'&& s2[i]!='\0'; i++)
            if(s1[i]>s2[i])         return 1;
            else if(s1[i]<s2[i])   return -1;
        if(s1[i]=='\0'&&s2[i]=='\0')return 0;
        else if(s1[i]!='\0')  return 1;
        else                return -1;
    }
```

分析：如图 4-14 所示，通过循环语句使两个字符串逐字比较，循环条件为 s1 和 s2 同时不为结束符。如果循环比较中两个串已分出大小，则非正常脱出循环。如果正常脱出循环，且两个串的指针 s1、s2 都指向结束符，则两个字符串相等。否则，指针指向结束符的串小。

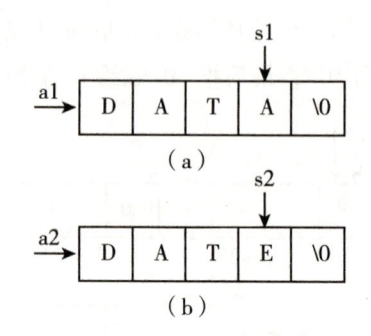

图 4-14 字符串的比较（a2 大于 a1 时）
（a）字符串 a1 操作后；（b）字符串 a2 操作后

调用：

```
char a2[ ]="DATE"; char a1[ ]="DATA";strcmp(a1,a2);
```

4.3 字符串的模式匹配

4.3.1 字符串的模式匹配的概念

设 s 和 t 是两个给定的字符串，在字符串 s 中查找是否有子串等于字符串 t 的过程，称为模式匹配。s 称为主串，t 称为子串（又称模式串）。

若在字符串 s 中找到了等于字符串 t 的子串，则匹配成功，返回子串的起始位置，否则匹配失败。

4.3.2 求子串位置的定位算法

1. 存储方式

设主串和子串分别以顺序方式存放在字符数组中，下标为零的数组元素中存放字符串的长度，从下标为 1 的数组元素开始依次存放字符串的字符，最后是字符串的结束符。

2. 算法功能

从主串 a1 中找出首次与子串（模式串）a2 相同的子串的起始位置，若找不到，则提示匹配失败。

3. 算法概要

设主函数中，主串 a1 的长度为 |a1|，模式串 a2 的长度为 |a2|，主函数把 a1、a2 的地址分别传递给子函数的相应指针 s、t。从主串的第一个字符开始，如图 4-15（a）所示（称为第一趟匹配），比较主串 s 的第 1 个字符和模式串 t 的第 1 个字符，如果相等，则继续比较各自的下一个字符。依次比较，直到模式串 t 的最后一个字符，如果都相等，则匹配成功。这说明主串中有从第 1 个字符开始的子串与模式串 a2 相等，返回主串中首次与子串相同的子串的起始位置 1，匹配过程结束。如果在逐位比较中，在模式串 t 的结束符前，某一位的字符与主串相应位的字符不相等，则停止本趟比较。

再从主串 s 的第 2 个字符开始，如图 4-15（b）所示（称为第二趟匹配），重复上述过程，判定主串是否有从第 2 个字符开的子串与模式串 a2 相等，如果有，则匹配成功，返回主串中首次与子串相同的子串的起始位置 2。

如第二趟匹配失败，则从主串 s 的第 3 个字符继续匹配，依次进行。如果直到从主串 s 的第 |a1|-|a2|+1 个字符开始与模式串匹配，如图 4-15（c）所示，都未能找到与模式串 a2 相等的字符串，则匹配失败，匹配过程结束，因为此时主串中后面的长度已小于 |a2|。

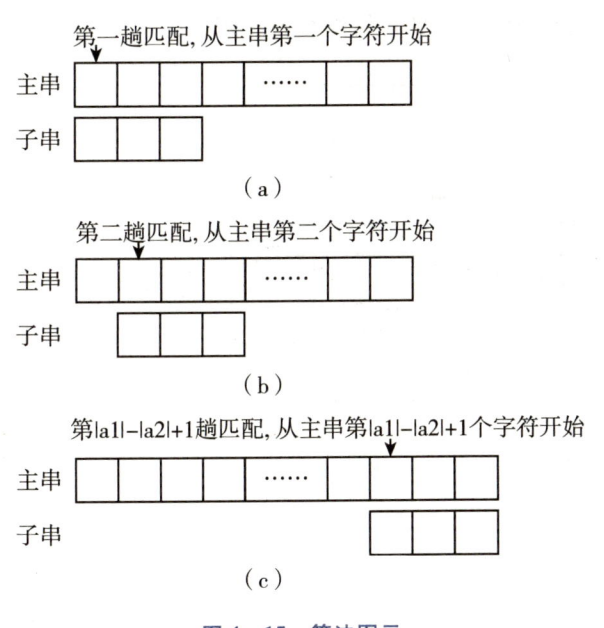

图 4-15 算法图示

4. 算法

```
int index(char *s,char *t )
{    int i,j,k ;
     for(i =1 ; i < =s[0]-t[0]+1 ; i ++)
```

```
        {  for(j=i,k=1 ; s[j]==t[k] && t[k]!='\0';  j++,k++);
           if(k-1==t[0]) return(i)
        }
           return(-1)
}
```

分析：

(1) 外循环：i 控制主串的起始位置（也即匹配的趟次），如 i>s[0]-t[0]+1，匹配失败。

(2) 内循环：j 控制主串逐次比较的位置。k 控制子串逐次比较的位置，每一轮匹配结束，也即内循环因出现主串与子串相应位置字符不等或子串遇到结束符而脱出循环，都要判断子串的当前位置是否是结束符的位置，即是否 k-1==t[0]。

5. 框图

框图流程的相关说明如下（如图 4-16 所示）：

i 为指示主串起始位置的下标（从第一趟开始，以后逐次增 1）。

判断 i 是否超过（主串长-模式串长+1），如超过，匹配不成功，返回-1；如不超过，主串从 j=i，子串从 k=1 的位置继续新一趟匹配。

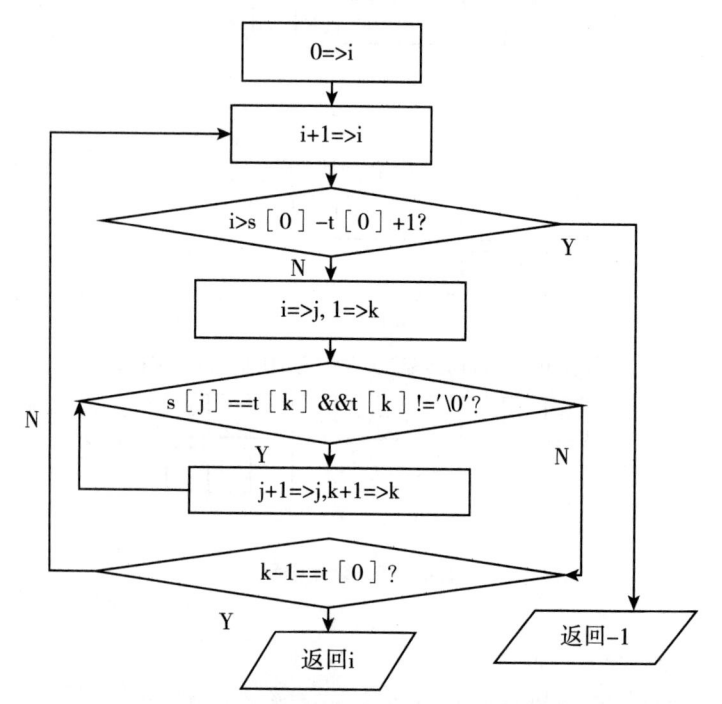

图 4-16　求模式串位置的定位算法框图流程

如相应字符相等且模式串未结束，则继续匹配，否则，判断模式串是否结束。如模式串已结束，则匹配成功，返回匹配结果。如模式串未结束，主串右移一位，并判断是否继续下一趟匹配。

6. 算法说明

求子串位置定位算法的原理简单、直观，易于用程序实现。其不足之处是，某趟匹配失败后未能有效利用已获取的信息，以致可能造成一些无效的匹配，影响算法的效率。以下将讨论定位算法的改进算法，即模式匹配的 KMP 方法。

*4.3.3 模式匹配的 KMP 方法

1. 问题的提出

以下将指出前述定位匹配算法的不足，并讨论如何根据模式串的性质对定位匹配算法改进。

在图 4-17（a）中，按简单定位匹配算法，第一趟由模式串与主串的第一个字符开始匹配，主串在第 3 个字符处与模式串失配。注意此时有信息：主串的第 2 字符与模式串的第 2 字符对应相等。在第二趟匹配中，令模式串右移一位，即模式串的第 1 个字符继续与主串的第 2 个字符匹配。而第二趟匹配若要可能成功进行，模式串的第 1 个字符应等于主串的第 2 字符。由上述信息可知，主串的第 2 个字符与模式串的第 2 个字符是相等的，由此推得模式串必须有如下性质：即第 1 个字符与第 2 个字符相等，但是它们不相等，所以本次移位匹配不可能成功，因而是多余的，如图 4-17（b）所示。

2. 改进的基本思想

针对上述问题，以下讨论如何避开定位匹配算法多余的匹配步骤。

为了避开上述多余的匹配，在第一趟匹配中，主串第 3 个字符位置与模式串失配后，保持主串失配的位置 3，使模式串的第 1 个字符与主串失配位置对位继续匹配，如图 4-17（c）所示。

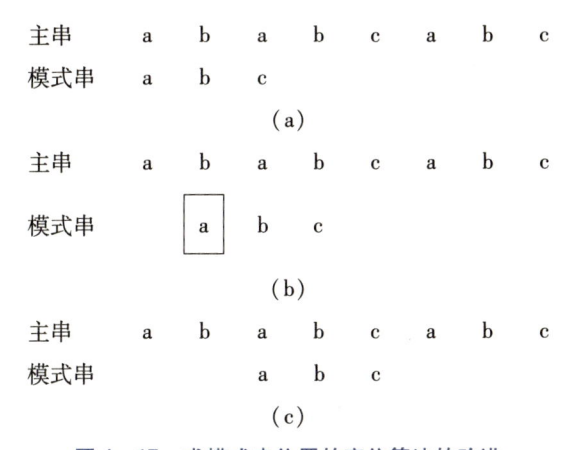

```
主串      a   b   a   b   c   a   b   c
模式串    a   b   c
                  (a)

主串      a   b   a   b   c   a   b   c
模式串        ⬚   b   c
              a
                  (b)

主串      a   b   a   b   c   a   b   c
模式串                a   b   c
                  (c)
```

图 4-17 求模式串位置的定位算法的改进

改进的基本思想是：当某趟失配后，保持主串失配的位置 i，利用模式串的固有性质，在不漏配的前提下，避开无效的匹配趟次，在下次匹配中使模式串尽可能多地向右平移，以提高匹配效率。所以关键是：如何建立模式串失配的位置和模式串滑动位置的关系。图4-18（a）描述了主串在第i个字符，模式串在第4个字符位置失配时的对位情况。显然，应该有模式串第4位前1~3位的字符与主串的对应字符相等。

设模式串右滑一位，使模式串的第3位与主串的第i位对位匹配，若要能继续匹配，必有模式串的第1~2位与主串第i位的前两位对应相等，由此推得模式串的第1~2位与第2~3位对应相等，也就是模式串第4个字符前、后各有长度为2的子串对应相等，此时模式串的第3位，即第（2+1）位的字符与主串第i位的字符对位继续匹配，才有匹配成功的可能，如图4-18（b）所示。

设模式串右滑两位，使模式串的第2位与主串的第i位对位匹配。同样，若要能继续匹配，必有模式串的第1位与模式串的第3位对应相等。也就是有1位对应相等，则模式串的第2位，也即（1+1）位与主串的第i位对位匹配，才有继续匹配成功的可能，如图4-18（c）所示。

最后一种情况，子串右滑3位，使模式串的第1位与主串的第i位对位匹配，可理解为模式串失配位置4前面的字符间不存在上述相等关系，也就是有0位对应相等，所以模式串的第1位，即第（0+1）位与主串的第i位对位匹配才有继续匹配成功的可能，如图4-18（d）所示。

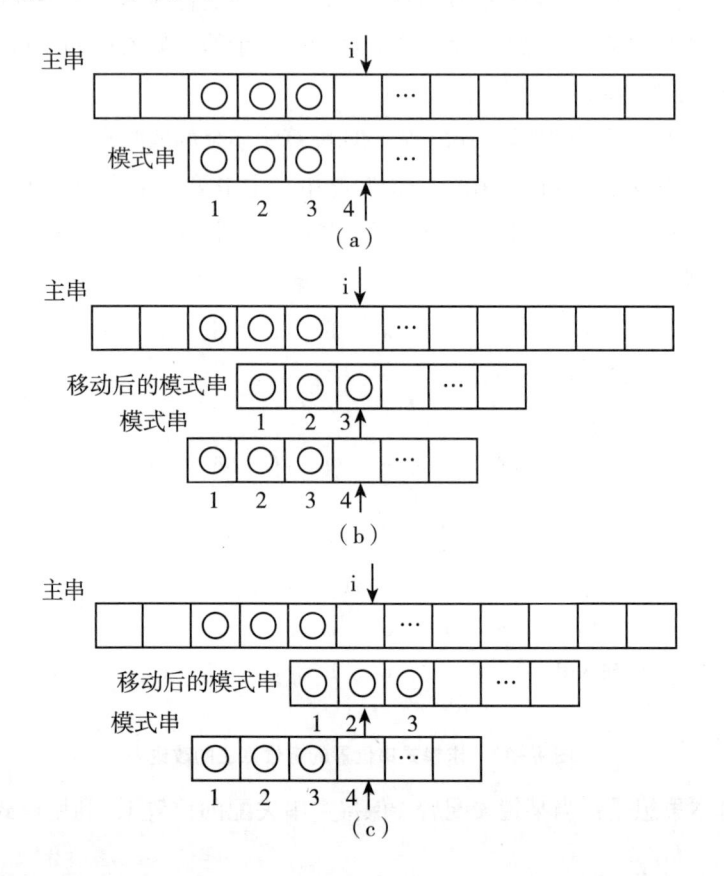

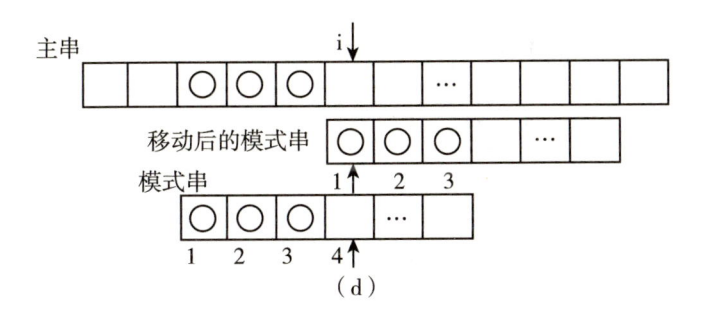

图 4-18 求模式串 next 函数的示意图

综上所述，模式串与主串失配后，下一趟比较时，模式串向右滑动的位置（重新匹配时，模式串的第几个字符与主串的失配位置对位）仅与模式串本身有关。上述示例表明：模式串失配位置前的特定位置处的两个对应相等的子串的长度决定了其继续匹配的字符位置。

一般情况下，设模式串与主串失配的位置为 j，逐次比较模式串中的字符：若第 1 位与失配位置 j 的前 1 位（第 j-1 位）相等则记为 1；若第 1 位开始的两位与失配位置 j 的前 2 位（第 j-2 位到第 j-1 位）相等记为 2；……；若第 1 位开始的第 j-2 位与第 j 位前的 j-2 位相等记为 j-2。若上述比较中某次结果不相等，说明是无效的匹配，则忽略不计。在所有记数中选出最大的数，把该数加 1，作为模式串在位置 j 与主串失配时，下一趟与主串失配位置 i 对位的下标。这样选出的位置既排除了无效的匹配，又由于选出的是各种可能中最大的数作为下标，所以避免了漏配。上述结果可以用以下的 next 函数描述。

3. next 函数的概念

以模式串的字符位置 j 作为自变量，设函数 next(j) 的值为 k，其含意是：当模式串在位置 j 与主串在位置 i 的字符失配时，在下一趟匹配中，以模式串的第 k 个字符与主串的第 i 个字符对位开始匹配。

$$\text{next}(j) = \begin{cases} 0, j=1 \\ \text{Max}\{k | 1 < k < j \text{ 且 } 'p_1 \cdots p_{k-1}' = 'p_{j-k+1} \cdots p_{j-1}'\} + 1, \text{其他情况} \end{cases}$$

当 j=1 时失配，next 函数值为 0，意味为着模式串的第 1 个字符与主串失配处的下一字符对位（与简单匹配相同）。

其他情况：模式串失配字符前的字符中只有 0 个字符满足 $'p_1 \cdots p_{k-1}' = 'p_{j-k+1} \cdots p_{j-1}'$，所以模式串的第 1 个字符与主串失配处的字符对位，如图 4-18（d）所示。

公式中的第二行就是上例所描述的情况。

4. 根据定义求 next 函数值

图 4-19 给出按照 next 函数的定义，求 next（7）的示意图，图中上、下是同一个模式串。

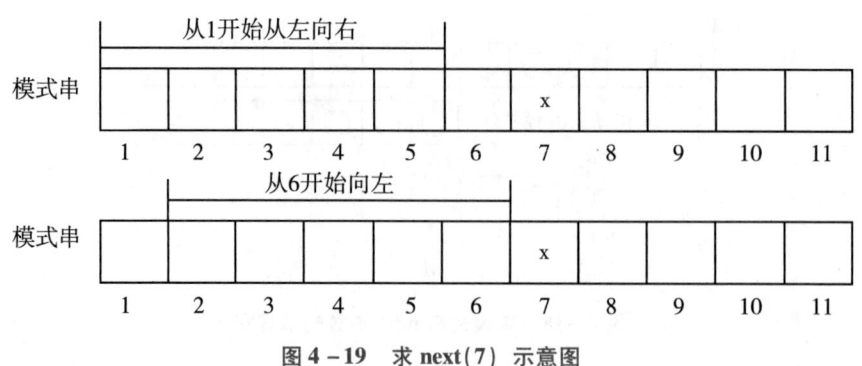

```
                    从1开始从左向右
模式串  ┌───┬───┬───┬───┬───┬───┬───┬───┬───┬───┬───┐
        │   │   │   │   │   │   │ x │   │   │   │   │
        └───┴───┴───┴───┴───┴───┴───┴───┴───┴───┴───┘
          1   2   3   4   5   6   7   8   9  10  11

                        从6开始向左
模式串  ┌───┬───┬───┬───┬───┬───┬───┬───┬───┬───┬───┐
        │   │   │   │   │   │   │ x │   │   │   │   │
        └───┴───┴───┴───┴───┴───┴───┴───┴───┴───┴───┘
          1   2   3   4   5   6   7   8   9  10  11
```

图 4-19　求 next(7) 示意图

说明：

1 号与 6 号位置的子串比较。

1~2 号与 5~6 号位置的子串比较。

1~3 号与 4~6 号位置的子串比较。

1~4 号与 3~6 号位置的子串比较。

1~5 号与 2~6 号位置的子串比较。

每次比较中，若相等则记下子串的字符个数，取所有记数中的最大者，加 1 后得到 next(7) 的值。

例 4-12　已知字符串"abaabcac"，根据定义求 next(6)，next(5)。

（1）求 next(6)，如图 4-20 所示。

1 号与 5 号比，a，b 不等。

1~2 号与 4~5 号比，(a, b)，(a, b) 相等，子串长度为 2。

1~3 号与 3~5 号比，(a, b, a)，(a, a, b) 不等。

1~4 号与 2~5 号比（a, b, a, a,），(b, a, a, b) 不等。

最长子串的字符个数为 2，得到 next(6) = 3。

```
   a   b   a   a   b   c   a   c
                           ↑
   1   2   3   4   5   6   7   8
```

图 4-20　求 next(6) 示意图

（2）求 next(5)，如图 4-21 所示。

1 号与 4 号比，a，a 相等，长度为 1。

1~2 号与 3~4 号比，(a, b)，(a, a) 不等。

1~3 号与 2~4 号比，(a, b, a)，(b, a, a) 不等。

最长子串的字符个数为 1，得到 next(5) = 2。

第4章 字符串

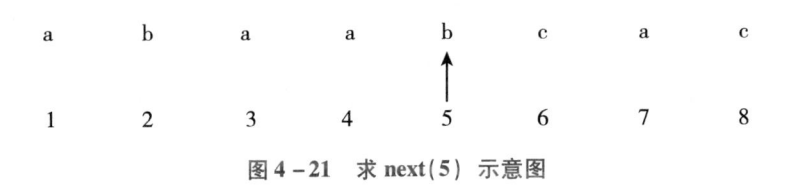

```
a    b    a    a    b    c    a    c
                    ↑
1    2    3    4    5    6    7    8
```

图 4-21 求 next(5) 示意图

5. 用递推法求 next 函数值的基本思想

上述按定义求模式串 next 函数值的方法，原理直观，计算方法简单，但计算量过大，且不宜用程序实现。以下讨论用递推法求 next 函数值的方法。递推法的基本思想是：导出由已知字符串 s 的第 j-1 个字符处的 next 函数值，求第 j 个字符处的 next 函数值的递推关系，即由 next(j-1) 的值开始，通过逐步迭代和比较求得 next(j) 的值。递推开始时，根据定义有 next(1) = 0，将之作为初值，依次按迭代公式和逐次比较得到第 2，第 3，…，第 n 位置处的 next 函数值。

以下通过具体实例导出递推模型。不失一般性，设 j = 10，并已知 next(9) = 4，求 next(10) 的值。

因为 next(9) = 4，据 next 函数的定义，在串 s 的第 9 个字符前面，前后各有最长的长度为 3 的子串对应相等，如图 4-22（a）所示。现以图中第 4 个字符与第 9 个字符比较 [也就是第 next(9) 个字符与第 9 个字符比较]，若相等，在串 s 的第 10 个字符前面，各有长度为 4 的子串对应相等，如图 4-22（b）所示，据 next 函数的定义得到：

next(10) = 4 + 1，即 next(10) = next(9) + 1。

一般情况下，同理可推出：若 next (j-1) = k，将第 k 个字符与第 j-1 个字符比较，若相等，有 next (j) = next (j-1) + 1 = k + 1。

上述讨论中，有可能第 4 个字符与第 9 个字符不相等 [也就是第 next(9) 个字符与第 9 个字符不相等]，如图 4-22（c）所示。

因为模式串的 next 函数是与主串无关的，不妨把主串、模式串都设为串 s，可将其视为如图 4-22（d）所示的匹配模型。第 4 个字符与第 9 个字符不相等，也就是第 next(9) 个字符与第 9 个字符不相等。子串在第 4 个字符位置出现了失配。

下一趟匹配应继续求得 next(4) 的值，设为 k_1，并以第 k_1 位的字符继续与第 j-1 位的字符比较。与前述步骤一样，如相等则 next(j) = k_1 + 1，若不等，继续求 next(k_1)，重复上述过程，直到求得 next(j)，或用 next 函数得到的用于确定匹配位置的 k_i 为 0。此时令 next(j) = 1。

综上所述，设字符串 s，用 j 表示其字符所在位置，由定义可知，j = 1 时有初值 next(1) = 0，按上述过程，因为 next(1) = 0，求得 next(2) = 0 + 1 = 1，再由 next(2)，求得 next(3)，……，按 j 由小到大依次求得 next(j)。

(a)

(b)

(c)

主串

模式串

(d)

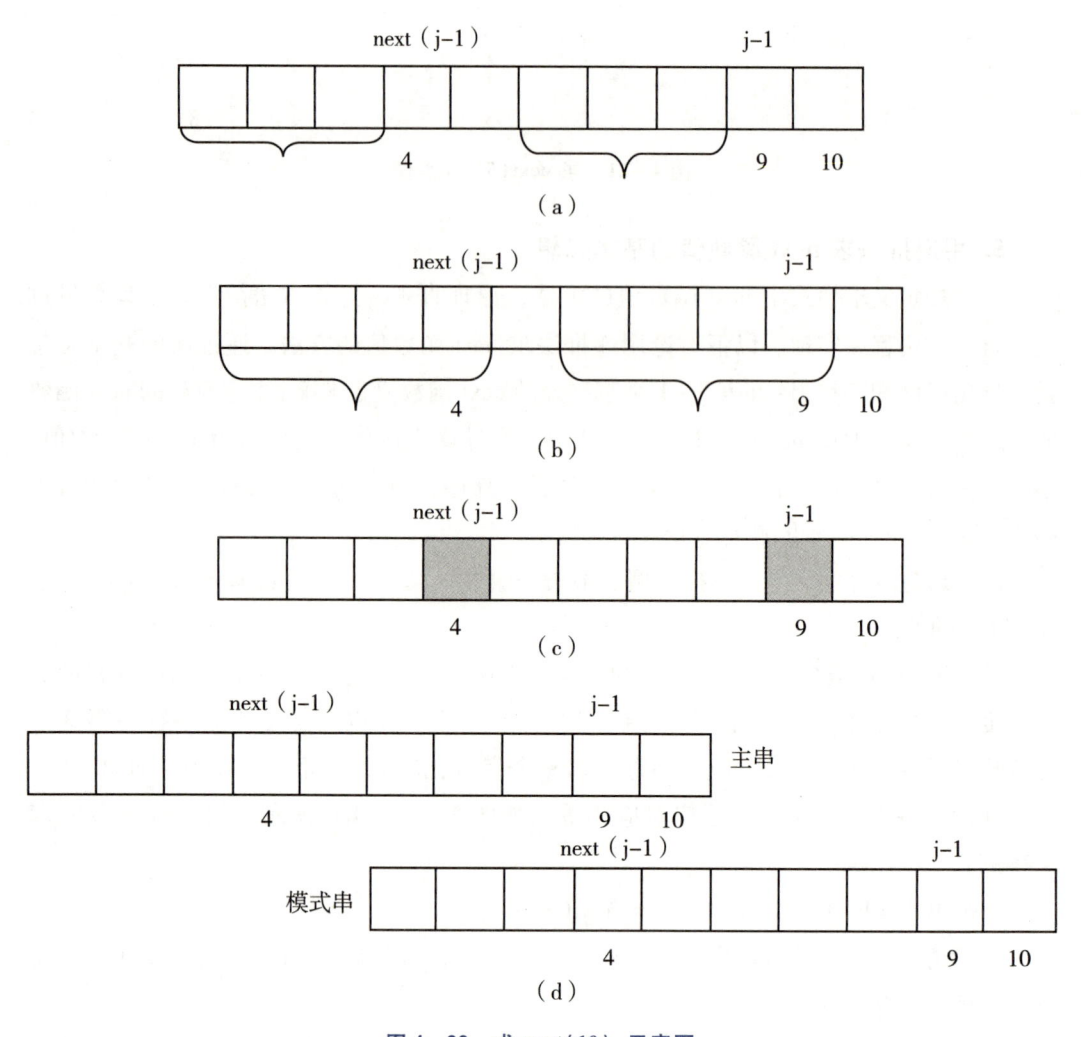

图 4-22 求 next(10) 示意图

6. 用递推法求 next 函数值的流程

| j = 1 | 从第 1 个字符位开始 |
| next(1) = 0 | next 函数的定义 |

步骤（1）：j = j + 1，下一个字符的位置 j。
k = next(j-1)，j 的前一个位置的 next 函数值。

步骤（2）：如果 k = 0，则 next(j) = 1，转步骤（1），继续下一个位置的求值；否则将第 j-1 个字符与第 k 个字符比较，若相等，则 next(j) = k + 1，转步骤（1）；若不等，则令 k = next(k)，转步骤（2），继续判断或比较。

上述过程可用自然语言简单描述如下：

设字符串 $a_1 a_2 \cdots a_{j-1} a_j \cdots a_n$，已知该串在位置 1，2，…，j-1 的 next 函数值，求

next(j)。其基本操作是字符的比较，比较的对象是 a_{j-1}。设逐次与 a_{j-1} 比较的字符的下标为 k，第一次 k = next(j-1)，此后 k 由迭代式 k = next(k) 得到。若 k = 0，则不进行比较，并令 next(j) = 1；若 k ≠ 0，则进行比较，若 $a_{j-1} = a_k$，则令 next(j) = k + 1，结束。若不等，由迭代式求得 k，继续下一次比较，直到相等或 k = 0，求得 next(j)。

例 4 – 13 用递推法求字符串"abaabc"各位字符的 next 函数。

解：j = 1，next(1) = 0。

j = 2，因为 k = next(2 - 1) = 0，所以 next(2) = 1。

j = 3，k = next(3 - 1) = 1，比较第 2 个和第 1 个字符，不等；k = next(1) = 0, next(3) = 1。

j = 4，k = next(4 - 1) = 1，比较第 3 个和第 1 个字符，相等，next(4) = k + 1 = 2。

j = 5，k = next(5 - 1) = 2，比较第 4 个和第 2 个字符，不等；k = next(2) = 1，比较第 4 个和第 1 个字符，相等，next(5) = k + 1 = 2。

j = 6，k = next(6 - 1) = 2，比较第 5 个和第 2 个字符，相等，next(6) = k + 1 = 3。

7. next 函数值的递推求解算法

```
void get_next(char t[ ],int next[ ])
{
    i = 1;  next[1] = 0 ; j = 0 ;
        while(i < t[0])                    /*循环到最后一个字符的前一个位
                                             置*/

        {
        if(j = = 0 ||t[i] = =t[j])         /*第一次循环求得 next(2) = 1*/
        {++i;   ++j; next[ i ] = j ;}
        else   j = next[ j ];
        }
}
```

分析：t 数组为模式串，t[0] 中存放模式串的长度。next 数组存放函数值。i 在循环开始时，其值为所求 next 函数值的字符位置的前一个位置，每次循环中，满足相关条件，则 i 为所求 next 函数值的字符的位置。j 为要与第 i 个字符比较的字符位置（由 next 函数逐次迭代得到）。

8. 利用模式串 next 函数的 KMP 匹配算法

模式串的 next 函数给出了模式串与主串失配时，模式串与主串继续匹配的对位关系。KMP 匹配算法利用模式串的 next 函数的性质，避开了简单定位算法中可能出现的无效的匹配环节。与简单定位法相比，其特点是当模式串与主串失配时主串保持失配位置，不再回溯。而与主串失配位置对位的子串的字符位置由 next 函数求得。以下是 KMP 算法，其功能是：利用模式串 t 的 next 函数，求 t 在主串 s 中第 pos 个字符之后的位置。

KMP 算法如下：

```
int index_kmp(char s[],char t[],int pos)
{  /*利用模式串 t 的 next 函数,求 t 在主串 s 中第 pos 个字符之后的位置*/
   i = pos;j =1;
   while(i < = s[0] &&  j < = t[0])
   { if(j = = 0 ||s[i] = = t[j])   {i ++ ;j ++; }
       else j = next[j];
   }
   if(j >t[0])   return i - t[0]; else return 0;
}
```

分析：程序中的 i 指向主串中待比较的字符，j 指向模式串中待比较的字符，主串从第 pos 个字符，模式串从第 1 个字符开始第一轮匹配。通过循环语句进行匹配，循环继续的条件是子串和主串都不为结束符。当 s[i] = t[j] 或 j = 0 时，则 i 和 j 分别增加 1，各指向下一个字符继续匹配，否则 i 不变，即主串保持失配位置，而 j 的值由 next(j) 求得。以 j 确定模式串匹配的位置，继续匹配。当循环结束时，如果 j 指向子串的结束符，则匹配成功，返回匹配位置；否则，匹配失败。

实际计算表明，next 函数仍有不足，所以人们又给出了 next 函数的修正函数 nextval，有兴趣的读者可参看有关书籍。

习题

一、单项选择题

1. 以下程序段的结果是：c 的值为（   ）。

```
char * a[5] ={"12378 ","1237 ","1236789 ","1237 ","123708 "};
int i,c =0;
for(i =0;i <5:i ++)
if(StrCmp(a[i],"1237 ") = =0)c ++;
```

  A. 2　　　　　　　B. 5　　　　　　　C. 0　　　　　　　D. 1237

2. 以下程序段的结果是：c 的值为（   ）。

```
char a[8] ="1236789 ",int * p =a,int c =0;
while(* p ++)c ++;
```

  A. 8　　　　　　　B. 7　　　　　　　C. 10　　　　　　　D. 12

3. 在 C 语言中，分别存储"S "和's '，各需要占用（   ）字节。

  A. 一个和两个　　　　　　　　　　B. 两个

  C. 一个　　　　　　　　　　　　　D. 两个和一个

4. （　　）是字符串"abcd321ABCD"的子串。

　A. "21ABC"　　　　　　　　　B. "abcABCD"

　C. "abcD"　　　　　　　　　　D. "321a"

5. 以下程序段的结果中，p 指向（　　）。

```
char a[ ]="English"; char *p=a;int n=0;
while(*p!='\0'){ n++; p++;}
```

　A. 字符串的结束符　　　　　　B. a

　C. 字符 h　　　　　　　　　　D. 7

二、填空题

1. 字符串 a1 = "BEIJING"，a2 = "BEI"，a3 = "BEFANG"，a4 = "BEFI"中最大的是_____。

2. 数组 a 经初始化，char a [ ] = "English"；a [7] 中存放的是_____。

3. 串函数 StrCmp（"abA"，"aba"）的值为_____。

4. 设模式串 a1 = "aBc"，a2 = "BCd"，a3 = "ABC"，a4 = "Abc"，主串为"ABcCDABcdEFaBc"，能与主串成功匹配的模式串是_____。

三、算法分析题

1. 下列程序用来判断字符串是否对称，若对称则返回 1，否则返回 0，如 f ("abba")返回 1，f ("abab") 返回 0。完成程序中的空格，并说明理由。

```
int(char *s)
{ int i=0,j=0;
  while(s[j])_____;
  for(j--;i<j&&s[i]==_____;i++,j-- );
    return(i<j? _____);
}
```

2. 阅读下面的程序，做出简单分析，并说明其功能。

```
typedef struct
{
  char  data[MaxSise];      /*存储串的最大长度为MaxSize*/
  int  len;;                /*串的实际长度   */
}SString;
int  scount(SString *subs,SString *s)
{ int i=0,j,k,count=0;
  for(i=0; s->data[i];i++)
    { for(j=i,k=0;(s->data[j]==suds->data[k]);j++,k++);
```

```
            if(k = = subs ->len -1)
                count ++;
        }
    return(count);
}
```

四、计算题

1. 设模式串 t = "ABAABC"，j 为 t 中字符的位置，利用 next 函数的定义，试求 t 中第 j 个字符的 next 函数值，填于表 4-1。

表 4-1 计算题 1 表

j	1	2	3	4	5	6
模式（t）	A	B	A	A	B	C
next（j）						

2. 设模式串 t = "BCBBC"，j 为 t 中字符的位置，利用求 next 函数值的递推算法求 t 中第 j 个字符的 next 函数值，填于表 4-2。

表 4-2 计算题 2 表

j	1	2	3	4	5
模式（t）	B	C	B	B	C
next（j）					

第 5 章 数组和广义表

数组是程序设计中最常用的数据类型，数组的使用使程序更简洁、灵活。没有数组，较大型的、复杂的程序设计中的相关功能、设计要求和算法几乎无法实现。

数组和广义表是线性表的拓展，特别是广义表，它既具有线性表操作简单、明了的基本特点，在结构上又较线性表灵活。它使一类较为复杂的数据模型在计算机上得以实现和处理，在相关领域中有重要应用。

通过本章学习，要求：

(1) 理解数组的定义、逻辑结构、特点和基本操作。

(2) 从数据结构的角度进一步掌握 C 语言中数组的定义、特点、存储结构、基本操作和算法。

(3) 了解几种特殊矩阵的特点。

(4) 掌握对称矩阵的压缩存储方法。

(5) 掌握稀疏矩阵的压缩存储模式和简单算法。

(6) 掌握广义表的定义、结构特点和存储方法。

5.1 数组的定义、逻辑结构和特点

5.1.1 一维数组的概念

1. 定义

一维数组是属于同一种数据类型的元素（变量）的有限序列，其元素称为数组元素，每个元素都有统一的名称（数组名），有按序编号的唯一的下标。序列中元素的个数称为数组的长度。

例如，$A = a_0, a_1, a_2, \cdots, a_{n-1}$。

其中，A 是数组名；a_i是数组元素；i 是下标（i = 0, 1, $\cdots$, n - 1）；a_i 表示同一

种数据类型的数据元素,数组的长度为 n。

2. 逻辑结构

由定义可知,数组的逻辑结构类似线性表,也即数组元素间存在一对一的线性关系,是特殊的线性表。

3. 特点

与线性表不同的是,一旦定义了数组,其结构就固定了,即结构中元素的个数及元素间的位置关系不能再发生变动。因此,不能对数组元素进行插入、删除、交换等改变结构的操作,但能对元素(数组元素)的值进行读、取等相关操作。

在程序设计语言中,通常把数组视作一种数据类型,数组元素是属于同一种数据类型的变量。

例 5-1 有一个实型的一维数组 a_1,a_2,…,a_{50},可以用数组元素表示班级中某位学生各科目的平均成绩,下标表示学生的序号。

$$a_1 = 70, a_2 = 80, \cdots, a_{50} = 100$$

同样用下标表示学生的序号,也可以用数组元素表示班级中某位学生某一科目的成绩:

$$a_1 = 75, a_2 = 85, \cdots, a_{50} = 98$$

5.1.2 二维数组的概念

1. 定义

设有一个长度为 n 的一维数组 $A = a_0$,a_1,a_2,…,a_{n-1},其中每一个元素又是同类型的一维数组,如图 5-1 所示。

$$a_i = \begin{pmatrix} a_{0,i} \\ a_{1,i} \\ \cdots \\ a_{m-1,i} \end{pmatrix} \quad A = \begin{pmatrix} a_{0,0} & a_{0,1} & \cdots & a_{0,n-1} \\ a_{1,0} & a_{1,1} & \cdots & a_{1,n-1} \\ & \cdots & \cdots & \\ a_{m-1,0} & a_{m-1,1} & \cdots & a_{m-1,n-1} \end{pmatrix}$$

$$i = 0, 1, \cdots, n-1$$

(a)

$$a_i = (a_{i,0} \quad a_{i,1} \quad \cdots \quad a_{i,n-1}) \quad i = 0, 1, \cdots, m-1$$

$$A = \begin{pmatrix} a_{0,0} & a_{0,1} & \cdots & a_{0,n-1} \\ a_{1,0} & a_{1,1} & \cdots & a_{1,n-1} \\ & \cdots & \cdots & \\ a_{m-1,0} & a_{m-1,1} & \cdots & a_{m-1,n-1} \end{pmatrix}$$

(b)

图 5-1 二维数组

(a) n 个长度为 m 的列向量;(b) m 个长度为 n 的行向量

称 A 为 m 行 n 列的二维数组，$a_{i,j}$为数组元素，i 是行下标，j 是列下标。

2. 特点

与一维数组相同，一旦建立了二维数组，其结构就固定了，数组名和两个下标确定了唯一的数组元素。通常只能对数组元素的值进行存取和修改等操作，不能对数组元素进行插入、删除等操作。

例 5 – 2　对二维实型数组 A，用行下标表示学生的学号，用列下标表示科目的编号，数组元素 $a_{i,j}$表示第 i 号学生第 j 门科目的成绩（设左上角的元素所在位置为第 1 行第 1 列）。对数组 A 赋值后，则第一号学生的第一门科目的成绩为 98 分，如图 5 – 2 所示。

$$A = \begin{pmatrix} 98 & 80 & 95 & 75 \\ 99 & 100 & 93 & 90 \\ 75 & 80 & 78 & 60 \end{pmatrix}$$

图 5 – 2　用二维数组表示学生的成绩

5.1.3　数组的存储

数组结构一旦建立，元素个数和元素间的关系就不再变动了，所以通常采用顺序存储结构存储数组。二维数组的存储需要一维化，有关数组的存储方法将结合程序设计语言在下节中进行讨论。

5.2　C 语言中数组的定义、存储结构

5.2.1　一维数组

在计算机程序设计语言中，具有相同名称、下标连续的相同类型的变量称为数组。其中的变量为数组元素，它们占用连续的存储空间。数组元素（变量）的个数为数组的长度。

数组的顺序存储结构体现了数组元素间一对一的逻辑关系。

例 5 – 3　int a [6]；

它定义了一个整型数组，数组名为 a，长度为 6，有 6 个数组元素，下标从 0 到 5，相应元素为 a[0]，a[1]，…，a[5]，占用 12 个字节的连续的内存空间，如图 5 – 3 所示。

|a[0]|a[1]|a[2]|a[3]|a[4]|a[5]|

图 5-3 一维数组的存储

5.2.2 二维数组

例 5-4 int a[3][3];

它定义了一个整型的二维数组，数组名为 a，有 3 行、3 列，共 9 个元素，占有 18 个字节的内存空间，行、列下标都从 0 开始，如图 5-4（a）所示。

由于计算机的内存空间是一维结构，二维数组在存储时必须按一维结构存储，在程序设计语言中，这种存储转换由计算机自动完成。

二维数组有以行序为主序的存储方式和以列序为主序的存储方式。C 语言中以行序为主序存储。

$$a = \begin{pmatrix} a[0][0] & a[0][1] & a[0][2] \\ a[1][0] & a[1][1] & a[1][2] \\ a[2][0] & a[2][1] & a[2][2] \end{pmatrix} \begin{matrix} 第1行 \\ 第2行 \\ 第3行 \end{matrix}$$

(a)

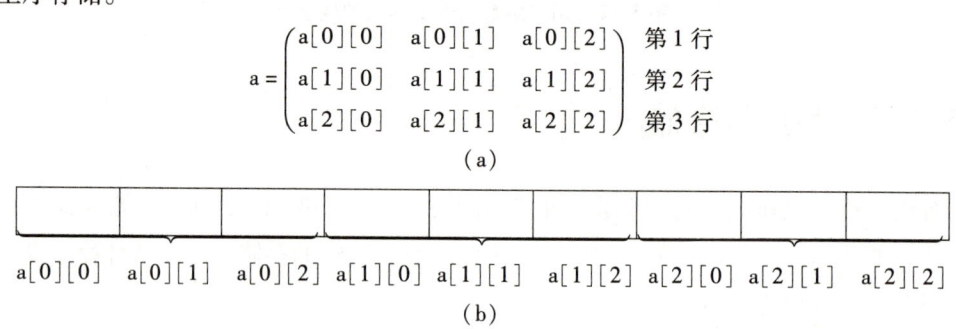

|a[0][0]|a[0][1]|a[0][2]|a[1][0]|a[1][1]|a[1][2]|a[2][0]|a[2][1]|a[2][2]|

(b)

图 5-4 以行序为主序存储二维数组

如图 5-4（b）所示，C 语言中数组 a 以行序为主序存储，从第一行开始依次存入一维数组。但在编程时，通常仍按二维数组访问，若无特殊要求，可不必关心其存储方式。

5.3 特殊矩阵的压缩存储

矩阵在描述数学模型和科学计算中有广泛应用，如何合理、有效地把矩阵存储到计算机中，对节约存储空间和提高运行效率有重要意义。以下仅就两种有一定代表意义的特殊矩阵，介绍相关的压缩存储方法。

5.3.1 对称矩阵

1. 对称矩阵的特点

n 阶对称矩阵的行数等于列数，即它是一个方阵，且第 i 行第 j 列的元素与第 j 行第

i 列的元素对应相等，即 $a_{i,j} = a_{j,i}$（$1 \leq i, j \leq n$）。

例 5-5 图 5-5 是一个 4 阶的对称矩阵，虚线所示部分称为对称矩阵的下三角部分（包括对角线元素），显然对下三角部分的数组元素 $a_{i,j}$，一定有 $i \geq j$。

$$A = \begin{bmatrix} 9 & 1 & 3 & 5 \\ 1 & 6 & 8 & 17 \\ 3 & 8 & 19 & 11 \\ 5 & 17 & 11 & 12 \end{bmatrix}$$

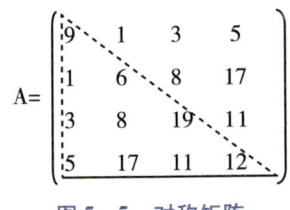

图 5-5 对称矩阵

2. 对称矩阵的压缩存储原理

根据对称矩阵的特点（$a_{i,j} = a_{j,i}$），行数 = 列数，所以只要存储下三角部分的矩阵元素，其他矩阵元素可根据对称矩阵的特性得到。

3. 存储方法

定义一个一维数组，其数据类型与对称矩阵相同，长度大于或等于对称矩阵的下三角部分的元素个数。确定在一维数组中存储的起始点，以行序为主，依次存储下三角部分的矩阵元素到一维数组中。

例 5-6 对称矩阵的压缩存储。

用对称矩阵的压缩存储方法，把如图 5-5 所示的矩阵 A 存储到一维数组 b 中，一维数组存储的起始下标为零，如图 5-6 所示。

9	1	6	3	8	19	5	17	11	12
b[0]	b[1]	b[2]	b[3]	b[4]	b[5]	b[6]	b[7]	b[8]	b[9]

图 5-6 对称矩阵的压缩存储

例 5-7 在例 5-6 中，求矩阵元素 $a_{4,2}$ 对应一维数组 b 中的数组元素。设矩阵在存放时，从一维数组的第一个元素 b[0] 开始。

分析：矩阵元素 $a_{4,2}$ 在第 4 行第 2 列，而下三角部分的前 3 行的元素个数为：1 + 2 + 3 = 6，第 4 行从第 1 列到第 2 列有两个元素，共有 6 + 2 = 8（个）元素。

由此，$a_{4,2}$ 是下三角部分的第 8 号元素。存放时从元素 b[0] 开始，所以矩阵元素 $a_{4,2}$ 对应一维数组中的数组元素为 b[7]。

一般情况下，如何把对称矩阵的元素存入一维数组，又如何从数组中获得相应的矩阵元素，这就是一维数组与矩阵元素的对应关系。

图 5-7 中设 $a_{i,j}$ 是对称矩阵的下三角部分的元素，从第 1 行到第 n 行的元素个数分别为 1，2，…，n，是一个等差数列。前 n 项和的公式为：$s_n = n * $（首项 + 末项）/2。元素 $a_{i,j}$ 的前面有 i−1 行，共有 1 + 2 + ⋯ + (i−1) = (i−1)(1 + i−1)/2 = i(i−1)/2 个

元素。而 $a_{i,j}$ 又是第 i 行中第 j 个元素,所以 $a_{i,j}$ 是下三角矩阵的第 i(i-1)/2+j 个元素。

设存放时从元素 b[0] 开始,则 $a_{i,j}$ 对应一维数组中的数组元素的下标是 i(i-1)/2+j-1。

$$A = \begin{pmatrix} a_{11} & a_{1,2} & \cdots & & & & a_{1,n} \\ a_{21} & a_{2,2} & \cdots & & & & a_{2,n} \\ \vdots & \vdots & & & & & \vdots \\ a_{i-1,1} & a_{i-1,2} & \cdots & & & & a_{i-1,n} \\ a_{i,1} & a_{i,2} & \cdots & a_{i,j} \cdots & a_{i,i} \cdots & & a_{i,n} \\ \vdots & \vdots & & \vdots & \vdots & & \vdots \\ a_{n,1} & a_{n,3} & & a_{n,j} \cdots & & & a_{n,n} \\ & & & j & & & \end{pmatrix} \begin{matrix} 1 \\ 2 \\ \vdots \\ i-1 \\ i \\ \vdots \\ n \end{matrix}$$

图 5-7 对称矩阵的压缩存储

4. 对称矩阵压缩存储的关系式

设有对称矩阵 A,一维数组 b,把矩阵 A 的下三角部分压缩存储到一维数组 b 中。矩阵元素 $a_{i,j}$ (i≥j),对应于 b[k],则有:

$$\begin{cases} k = i(i-1)/2 + j - 1, & \text{从 b[0] 开始存储} \\ k = i(i-1)/2 + j, & \text{从 b[1] 开始存储} \end{cases}$$

注:当 i≤j 时,因为 $a_{i,j} = a_{j,i}$,只要按 $a_{j,i}$ 计算即可。

5.3.2 稀疏矩阵

在工程设计和科学计算领域,经常遇到一类大型矩阵,其中的矩阵元素大部分为零。研究这类矩阵的压缩存储方法对于提高运算效率有重要意义。

1. 稀疏矩阵的特点

在一个 m×n 的矩阵中,设矩阵中有 i 个元素不为零,并令 △=i/(m×n),称 △ 为稀疏因子。通常当 △≤0.05 时,认为该矩阵为稀疏矩阵。

对这类矩阵,实现压缩存储的基本思路是只需要存储其非零元素,但由于稀疏矩阵中非零元素的分布没有一定规律,所以必须同时记下非零元素所在的行和列,才能对矩阵进行有效的压缩,并能正确地对其进行恢复。

2. 稀疏矩阵的压缩存储原理

只存储非零元素 $a_{i,j}$ 和相应的行、列序号 i、j。具体方法为:对稀疏矩阵中每一个非零元素设定一个三元组 (i, j, $a_{i,j}$),将所有三元组按行优先排列,组成一个三元组表(线性表)。由此,只要存储三元组表和该矩阵的行数、列数,就能唯一确定该矩阵。

例 5-8 如图 5-8 所示,按稀疏矩阵的压缩存储方法,求矩阵 A 的存储信息。

$$A = \begin{pmatrix} 0 & 12 & 9 & 0 & 0 & 0 \\ 0 & 0 & 0 & 0 & 0 & 0 \\ 3 & 0 & 0 & 0 & 0 & 14 \\ 0 & 0 & 4 & 0 & 0 & 0 \\ 0 & 16 & 0 & 0 & 0 & 0 \end{pmatrix}$$

图 5-8 稀疏矩阵 A

分析：设左上角的元素所在位置为第 1 行第 1 列，矩阵的行、列及非零元素的个数为：(5,6,6)。

相应的三元组表为：(1,2,12) (1,3,9) (3,1,3) (3,6,14) (4,3,4) (5,2,16)。

3. 存储方法

通过上述转换，对稀疏矩阵的压缩存储，化为对其三元组表和相关信息的存储。

(1) 用结构体类型描述三元组。

```
typedef struct
{   int i,j;
    datatype e;
}triple;                                /*三元组类型*/
```

结构体 triple 的成员 i, j 分别是非零元素的行、列下标，成员 e 是矩阵中的非零元素。

triple d; 说明了 triple 类型的结构体变量 d，并分配了存储单元，如图 5-9 (a) 所示。triple data [10]; 说明了 triple 类型的有 10 个数组元素的结构体数组，如图 5-9 (b) 所示。

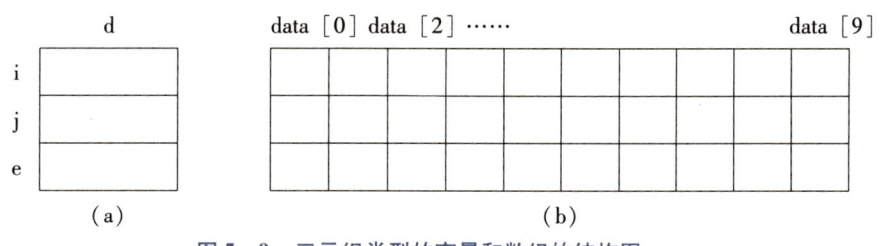

图 5-9 三元组类型的变量和数组的结构图
(a) 三元组；(b) 三元组数组

(2) 用结构体类型描述三元组表和相关信息。

```
typedef struct
{   int mu,nu,tu;
    triple  data[ max +1];              /*max +1 是最多的元素个数*/
}triplegrupe;                           /*三元组表类型*/
triplegrupe a;
```

说明了三元组表类型的变量 a，有 4 个成员项，mu、nu 分别表示稀疏矩阵的行、列数；tu 表示稀疏矩阵中的非零元素的个数；data 表示非零元素的三元组表。

例 5-9 如图 5-10 所示的矩阵程序可按以下方式赋值：

$$A = \begin{pmatrix} 12 & 0 & 0 \\ 0 & 0 & 9 \\ 5 & 0 & 0 \\ 0 & 0 & 6 \end{pmatrix}$$

图 5-10 例 5-9 矩阵

```
a.mu=4; a.nu=3; a.tu=4;
a.data[1].i=1;  a.data[1].j=1;  a.data[1].e=12;
a.data[2].i=2;  a.data[2].j=3;  a.data[2].e=9;
a.data[3].i=3;  a.data[3].j=1;  a.data[3].e=5;
a.data[4].i=4;  a.data[4].j=3;  a.data[4].e=6;
```

内存分配如图 5-11 所示。

mu	4
nu	3
tu	4

(a)

data	0	1	2	3	4	……
i		1	2	3	4	
j		1	3	1	3	
e		12	9	5	6	

(b)

图 5-11 稀疏矩阵 A 的存储结构

（a）相关信息；（b）三元组表

注：为了便于理解，本例所列出的矩阵的行、列数及非零元素的个数并不符合稀疏矩阵的条件。

4. 算法举例

例 5-10 如图 5-12 所示，求压缩存储的稀疏矩阵 A 的转置矩阵 A^T。

$$A = \begin{pmatrix} 1 & 0 & 5 & 0 & 2 & 0 & 0 & 0 \\ 7 & 0 & 0 & 0 & 0 & 0 & 0 & 0 \\ 3 & 0 & 6 & 0 & 0 & 0 & 0 & 0 \end{pmatrix}$$

(a)

$$A^T = \begin{pmatrix} 1 & 7 & 3 \\ 0 & 0 & 0 \\ 5 & 0 & 6 \\ 0 & 0 & 0 \\ 2 & 0 & 0 \\ 0 & 0 & 0 \\ 0 & 0 & 0 \\ 0 & 0 & 0 \end{pmatrix}$$

(b)

图 5-12 稀疏矩阵 A 与其转置矩阵 A^T

(1) 分析。

由 A 得到三元组表为：

$$((1，1，1)，(1，3，5)，(1，5，2)，$$
$$(2，1，7)，(3，1，3)，(3，3，6))$$

把上述三元组表中各三元组的行、列互换得到的 A^T 的三元组表为：

$$((1，1，1)，(3，1，5)，(5，1，2)，$$
$$(1，2，7)，(1，3，3)，(3，3，6))$$

存在的问题是：按上述方法得到的转置矩阵 A^T 的新三元组表没有按行序为主序存储。

为了使新三元组表按行序为主序存储，要按原表的列序为主序排列，而原三元组表是按行序为主存储的，所以同一列中的各行已按行序由小到大的顺序排列。

方法如下：

按第 1，2，3，…，n 列的顺序，逐次扫描 A 相应的三元组表，依次把得到的第 1，2，…，n 列的三元组中的行、列互换，存入新三元组表。每次扫描中，将相同列的三元组按扫描的先后顺序存入。这样就保证了新三元组表以行序为主。

针对 A 的三元组表：

以第 1 列扫描，找到：(1，1，1)，(2，1，7)，(3，1，3)。

交换行和列的坐标存入新表。

以第 2 列扫描，未找到。

以第 3 列扫描，找到：(1，3，5)，(3，3，6)。

交换行和列的坐标存入新表。

以第 4 列扫描，未找到。

以第 5 列扫描，找到：(1，5，2)。

交换行和列的坐标存入新表。

新表为：

$$((1，1，1)，(1，2，7)，(1，3，3)，$$
$$(3，1，5)，(3，3，6)，(5，1，2))$$

(2) 程序。

```
void transpose(triplegrupe a,triplegrupe b)
{ int  p,q,col;
  b.mu=a.nu;
  b.nu=a.mu;
  b.tu=a.tu;
  if(b.tu)
```

```
    { q=1;
      for(col=1; col<=a.nu;  col++)
       for(p=1 ; p<=a.tu;p++)
         if(a.data[p].j==col)
          { b.data[q].i=a.data[p].j;
            b.data[q].j=a.data[p].i;
            b.data[q].v=a.data[p].e;
            q++;
          }
    }
  }
```

其中，a 是稀疏矩阵的三元组表，b 是转置矩阵的三元组表。a.mu 是稀疏矩阵的行数，a.nu 是稀疏矩阵的列数，a.tu 是稀疏矩阵的三元组元素的个数。p 是稀疏矩阵的三元组数组的下标，q 是转置矩阵的三元组数组的下标。col 是循环变量。在稀疏矩阵三元组中从第 1 列扫描到第 a.nu 列，若找到相应列的三元组，则把行、列互换存入转置矩阵的三元组。

（3）存储变化。

转置前如图 5-13（a）、图 5-13（b）、图 5-13（c）所示。

转置后如图 5-13（d）、图 5-13（e）、图 5-13（f）所示。

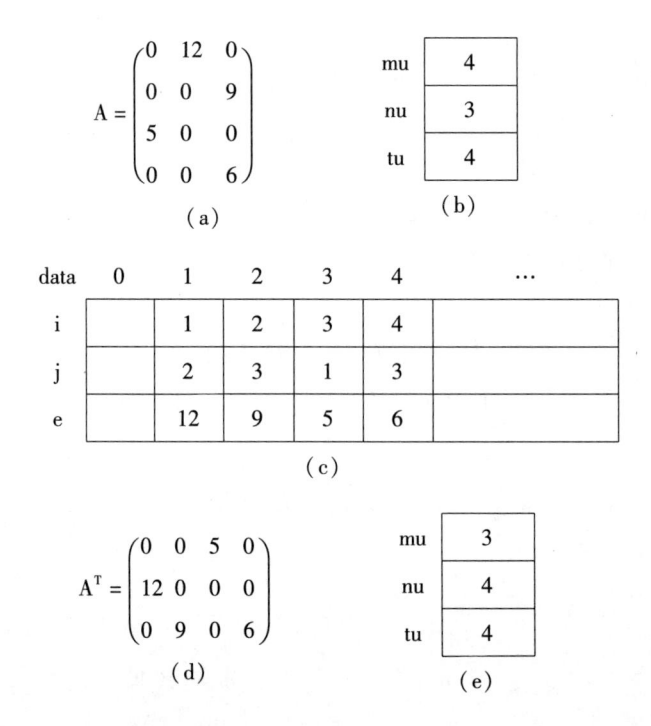

$$A = \begin{pmatrix} 0 & 12 & 0 \\ 0 & 0 & 9 \\ 5 & 0 & 0 \\ 0 & 0 & 6 \end{pmatrix}$$

mu	4
nu	3
tu	4

(a)   (b)

data	0	1	2	3	4	...
i		1	2	3	4	
j		2	3	1	3	
e		12	9	5	6	

(c)

$$A^T = \begin{pmatrix} 0 & 0 & 5 & 0 \\ 12 & 0 & 0 & 0 \\ 0 & 9 & 0 & 6 \end{pmatrix}$$

mu	3
nu	4
tu	4

(d)   (e)

data	0	1	2	3	4	……
i		1	2	3	3	
j		3	1	2	4	
e		5	12	9	6	

(f)

图 5-13　程序运行前后存储变化

（a）矩阵 A；（b）矩阵 A 的行、列信息；（c）矩阵 A 的三元组数组；
（d）转置矩阵 A^T；（e）转置矩阵 A^T 的行、列信息；（f）转置矩阵 A^T 的三元组数组

5.4　广义表

广义表是线性表的拓展，它既具有线性表操作简单、明了的基本特点，结构上又较线性表灵活、复杂。其最大的特点是广义表中的元素既可以是单个的数据元素，也可以是广义表。这就使一类较为复杂的数据模型在计算机上得以实现和处理，因此它在相关领域有重要应用。

5.4.1　广义表的定义

广义表又称为列表，是线性表的推广。一般记为：

$$LS = (a_1, a_2, \cdots, a_n)$$

其中，LS 是广义表 $(a_1, a_2, \cdots, a_n)$ 的名称，$a_i(i=1, 2, \cdots, n)$ 是表的元素。与线性表的区别是：其中的表元素 a_i 可以是单个的数据元素（称为表 LS 的原子），也可以是广义表（称为子表）。

5.4.2　广义表的相关概念

设广义表 $LS = (a_1, a_2, \cdots, a_n)$，当广义表非空时，$a_1$ 称为广义表 LS 的表头，其余元素组成的表 $(a_2, a_3, \cdots, a_n)$ 是 LS 的表尾。广义表中元素的个数为表的长度。广义表的深度是指表中所包含的括号的重数（层数），最里层的括号是最底层，最外层的括号是最高层。广义表的定义可以是传递的递归的定义。

(1) A = ( )，空表，长度为零。

(2) B = (e)，含一个原子，长度为1，表头为原子 e，表尾为空。

(3) C = (a, (b, c, d))，含一个原子 a 和子表 (b, c, d)，C 的长度为2。

(4) D = (A, B, C)，长度为3，3个元素都为列表。

(5) E = (a, E)，长度为2，是一个递归的表，相当于一个无限的列表 E = (a, (a, (a, …)))。

例 5-11 广义表 E = (a, (a, b), d, e, ((i, j), k)) 的表头为_____，表尾为_____，长度为_____，深度为_____。

解：表头为a，表尾为((a, b), d, e, ((i, j), k))，长度为5，深度为3。

*5.4.3 广义表（列表）的图形表示

列表的元素可以是子表，所以列表是一个多层次的嵌套结构。有时为了使列表的层次更为清晰形象，可以将其用图形表示。图中以圆圈表示列表，以方块表示原子。

例 5-12 如图 5-14 所示，D = (A, B, C)，A = ( )，B = (e)，C = (a, (b, c, d))。

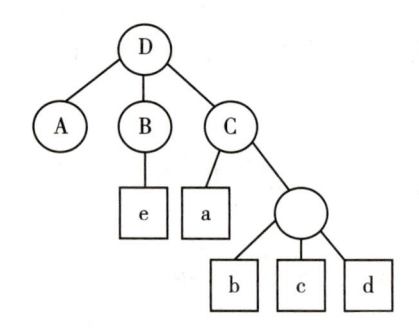

图 5-14 广义表（列表）的图形表示

*5.4.4 广义表的存储结构

广义表相对于线性表、数组、串等线性结构是较为复杂的结构，其元素可以具有不同的结构（可以是原子，也可以是列表），通常采用链式结构存储广义表。

以下介绍两种存储方法，在具体应用中可灵活采用或按照本书的思路自行设计存储方法。

1. 表头、表尾链式存储（第一种存储方式）

链式结构中用结点储存列表中的数据元素，用指针的链接体现数据元素间的关系。由于数据元素可能是列表或原子，所以必须设置两类结点。

(1) 表头、表尾链式存储结构的结点表示，如图 5-15 所示。

表结点包含3个域：

① 标志域：tag = 1，表明该结点是表结点。
② 表头指针域：hp，指向该结点表示的子表的表头。
③ 表尾指针域：tp，指向该结点表示的子表的表尾。

原子结点包含 2 个域：
① 标志域：tag = 0，表明该结点是原子结点。
② 值域：atom，存放原子的值。

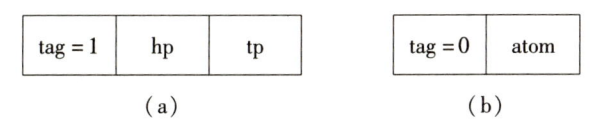

| tag = 1 | hp | tp |

| tag = 0 | atom |

(a)　　　　　　　　　　　(b)

图 5-15　列表的第一种链式结构的结点
(a) 表结点；(b) 原子结点

其表示方法为：任意广义表由表头和表尾组成，所以都能用一个表结点表示。表头可能是原子，也可能是广义表。表尾一定是广义表或空表，所以能用一个表结点表示或表明其是空表。

（2）广义表的头尾链式存储的结点的类型定义。

```
typedef struct GLNode
{
  int  tag;                    /*广义表结点的成员,用于区分原子结
                                 点、表结点 */
  union
    { atomtype  atom;          /* atom 是广义表原子结点的成员 */
      struct {
        struct GLNode * hp, * tp;
      }ptr;                    /* ptr 是广义表表结点的成员,它包含
                                 两个指向广义表结点类型的指针
                                 hp、tp */
    }qf;                       /* qf 是联合体,是广义表表结点的成
                                 员。当 tag = 1 时,其成员项为 ptr；
                                 当 tag = 0,其成员项为 atom */
} * Glist;                     /* Glist 是指向广义表结点类型的指
                                 针类型,用于说明广义表结点类型的
                                 指针变量 */
```

例 5-13　设广义表 C =（a,（b, c, d）, e），用第一种表头、表尾存储法画出结构图。

分析：如图 5-16 所示，广义表 C 由表头（原子 a）和表尾广义表（(b, c, d), e）组成；表((b, c, d), e) 由表头广义表 (b, c, d)和表尾广义表(e)组成；(e) 由

表头 e（原子）和空表组成；(b, c, d) 由表头原子 b 和表尾 (c, d) 组成；(c, d) 由表头 c（原子）和表尾 (d) 组成；(d) 由表头 d（原子）和空表组成。

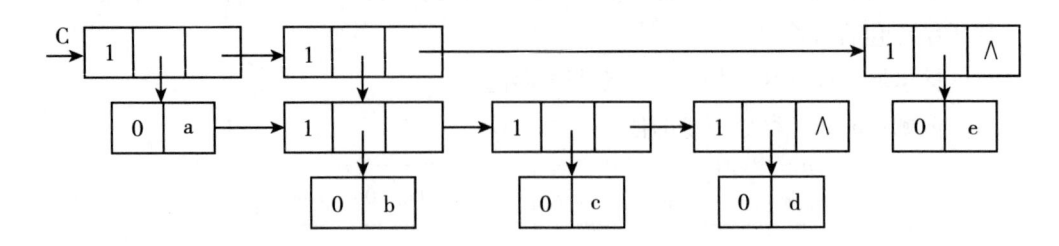

图 5-16 广义表的表头、表尾链式存储结构

2. 同层存储所有兄弟的扩展链式存储（第二种存储方式）

在第二种存储方式中，同样设置两类结点：表结点和原子结点。与第一种方式不同的是，该种存储方式中的表结点和原子结点都有一个指向同一层中下一个元素结点的指针。该指针类似单向链表中的 next 指针，把同一层的元素结点链接到一起。

（1）同层存储所有兄弟的扩展链式存储的结点表示，如图 5-17 所示。

表结点含 3 个域：

① 标志域：tag = 1，表明该结点是表结点。

② 指针域 hp：指向该结点表示的子表的表头。

③ 指针域 tp：指示同层下一个元素结点。

原子结点包含 3 个域：

① 标志域：tag = 0，表明该结点是原子结点。

② 原子结点的值域：atom。

③ 指针域 tp：指示同层下一个元素结点。

图 5-17 列表的第二种链式结构的结点

(a) 表结点；(b) 原子结点

其表示方法为：表头可能是原子，也可能是表。表结点和原子结点的指针域 tp 都指示同一层的下一个元素结点。

例 5-14 设广义表 C = (a, (b, c, d))，用第二种（同层存储所有兄弟的扩展链式）存储结构画出结构图，如图 5-18 所示。

分析：C 是一个列表，其表头为原子 a，与 a 同层的下一个元素结点为列表 (b, c, d)。列表 (b, c, d) 的表头为原子 b，原子 b 的同层元素为原子 c 和原子 d。

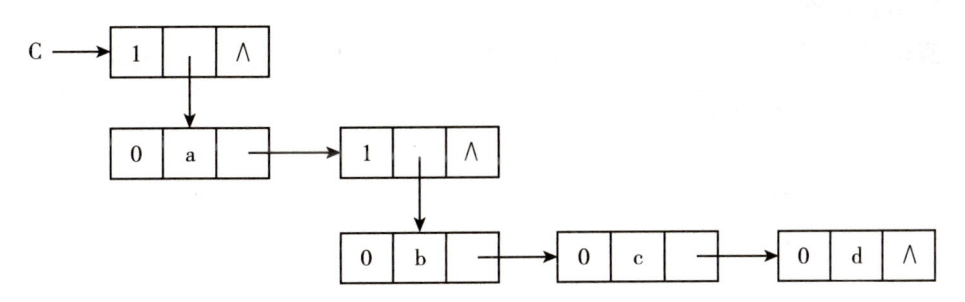

图 5-18　同层存储所有兄弟的扩展链式存储结构

例 5-15　设广义表 D =（A，B，C），A =（　），B =（e），C =（a，(b，c)）。用第二种存储结构画出结构图，如图 5-19 所示。

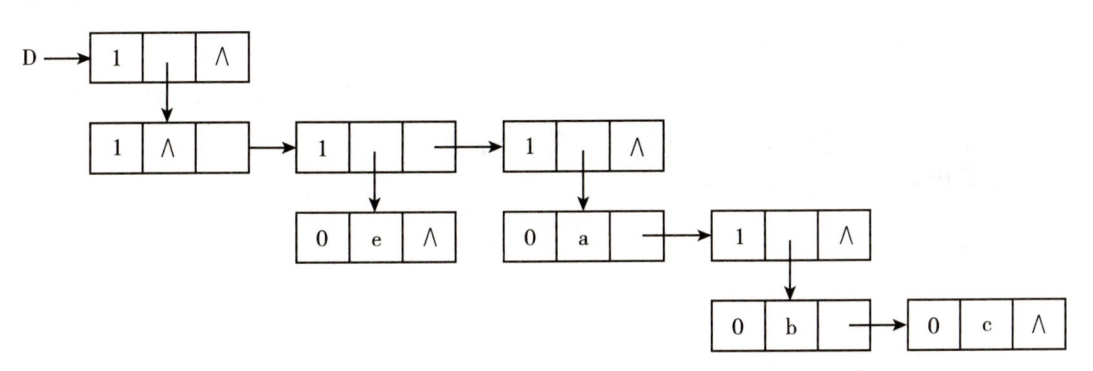

图 5-19　例 5-15 示意图

分析：D 是列表，D 的表头是列表 A。A 的表头是空，列表 A 的下一个元素结点为列表 B。B 的表头是原子 e，列表 B 的下一个元素结点为列表 C。C 的表头是原子 a，a 的下一个元素结点为列表 (b，c)。列表 (b，c) 的表头是原子 b，(b，c) 的下一个元素结点为空。原子 b 的下一个元素结点为原子 c，c 的下一个元素结点为空。

（2）同层存储所有兄弟的扩展链式存储的结点类型定义。

```
typedef struct lnode
 { int tag;                   /*广义表结点的成员,用于区分原子结点、表
                                结点*/
   union
    { elemtype data;          /*原子结点的值域*/
      struct lnode * hp;      /*指向表结点表头的指针*/
    }val;                     /*联合体,当 tag =0 时,其成员项为 data;
                                当 tag =1 时,其成员项为表头指针*/
   struct lnode * link;       /*指向同层相邻元素的指针*/
 }gnode
```

3. 算法举例

例 5 – 16　求广义表的长度（以第二种方式存储，即同层存储所有兄弟）。

```
int length(gnode * h)
{ int n = 0; gnode * h1;
    h1 = h -> val.hp;
    while(h1 ! = NULL)
    {   n+ +;
        h1 = h1 -> link ;
    }
    return  n;
}
```

程序中，h 是广义表的头指针，语句 h1 = h -> val. hp；的功能是把广义表的表头指针赋给 h1，h1 指向表结点的表头，通过循环语句遍历单向链表。n 作为计数器，每遍历一个结点加 1，直到 h1 为空。n 中是广义表的长度。

实例图示　如图 5 – 20 所示，设有广义表 D = (A, B, C, d, f)，A = ( )，B = (e)，C = (a, (b, c))，以第二种方式同层存储所有元素。运行结果为 n = 5。

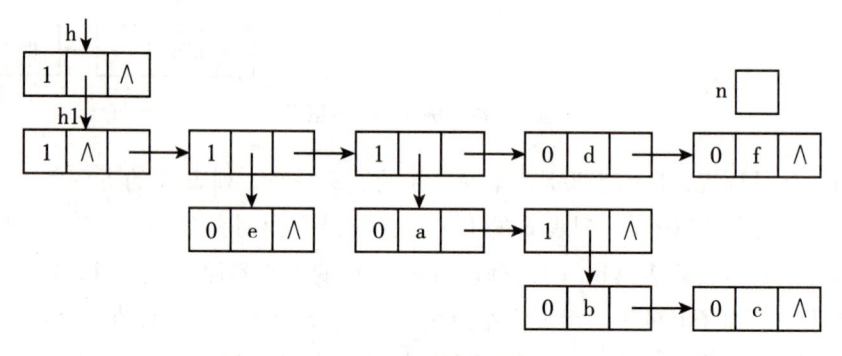

图 5 – 20　实例图示

习题

一、单项选择题

1. 广义表 (a, a, b, d, e, ((i, j), k)) 的表头是（　　）。
   A. (a)　　　　　B. a　　　　　C. a, (a, b)　　　　　D. (a, a, b)

2. 广义表 (a, d, e, (i, j), k) 的表尾是（　　）。
   A. k　　　　　　　　　　　　　B. (d, e, (i, j), k)
   C. (k)　　　　　　　　　　　　D. ((i, j), k)

3. 设有一个 10 阶的对称矩阵 A，采用压缩存储的方式，将其下三角部分以行序为主序存储到一维数组 b 中（数组下标从 1 开始），则矩阵中的元素 $a_{8,5}$ 在一维数组 b 中的下标是（　　）。

　　A. 33　　　　B. 32　　　　C. 85　　　　D. 41

4. 设有一个对称矩阵 A，采用压缩存储的方式，将其下三角部分以行序为主序存储到一维数组 b 中（数组下标从 1 开始），b 数组共有 55 个元素，则矩阵 A 是（　　）阶的对称矩阵。

　　A. 5　　　　B. 20　　　　C. 10　　　　D. 15

5. 设有一个 18 阶的对称矩阵 A，采用压缩存储的方式，将其下三角部分以行序为主序存储到一维数组 b 中（数组下标从 1 开始），则数组中第 53 号元素对应于矩阵 A 中的元素是（　　）。

　　A. $a_{8,5}$　　B. $a_{10,8}$　　C. $a_{8,1}$　　D. $a_{7,6}$

二、填空题

1. 对稀疏矩阵进行压缩存储，可采用三元组表，一个 6 行 7 列的稀疏矩阵 A 共有 39 个零元素，其相应的三元组表共有_____个元素。

2. 对稀疏矩阵进行压缩存储，可采用三元组表，非零矩阵元素 $a_{3,4}$ 对应的三元组为_____。

3. 对稀疏矩阵进行压缩存储，可采用三元组表，设 a 是稀疏矩阵 A 相应的三元组表类型的（结构体类型）变量，a 中的一个成员项是三元组类型的结构体数组 data，按书中定义，若稀疏矩阵 A 中的元素 $a_{8,5}=36$，且它是三元组表中第 10 号元素，则程序中可用以下语句为其赋值：a.data [_____] .i=8; _____; _____。

4. 广义表 (a, (a, b), d, e, ((i, j), k)) 的长度是_____。

5. 广义表 (a, (a, b), d, e, ((i, j), k)) 的深度是_____。

三、问答题

1. 已知矩阵 A，写出它的三元组表，简述利用 A 的三元组表求 A^T 的三元组表的算法步骤，并给出 A^T 的三元组表。

$$A = \begin{pmatrix} 0 & 12 & 0 \\ 0 & 0 & 9 \\ 5 & 0 & 0 \\ 0 & 0 & 6 \end{pmatrix}$$

2. 已知矩阵 A 的三元组表为 (1, 2, 12), (2, 3, 9), (3, 1, 5), (4, 3, 6), 求 A^T 的三元组表。

3. 已知广义表 D = (b, (c, d, e))，用广义表的第一种存储结构，画出广义表的头尾存储结构示意图。

4. 已知广义表 E = (B, C, D), B = (g), C = (f), C = (b, (c, d, e))，用广义表的第二种存储结构，画出同层存储所有元素的存储结构示意图。

5. 广义表的第一种表头、表尾链式存储法的结构如图 5-21 所示,给出广义表 C。

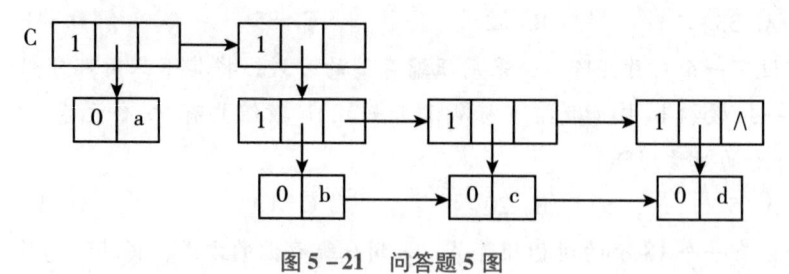

图 5-21 问答题 5 图

C = (a, (b, c, d))

第 6 章　树和二叉树

树和二叉树在计算机领域有着广泛的应用，几乎后续的每门课程都要用到树和二叉树结构来构造数据模型或进行数据处理。本章主要介绍树和二叉树的概念、二叉树的存储结构和运算、哈夫曼树和哈夫曼编码等内容。

通过本章的学习，要求：
(1) 理解树和二叉树的定义、表示方法和性质。
(2) 理解二叉树的顺序和链接存储结构及结点类型定义。
(3) 掌握对二叉树进行遍历运算的方法和算法描述，以及相关算法。
(4) 掌握哈夫曼树的定义、构造方法和哈夫曼编码。

6.1　树的概念

6.1.1　树的定义

树（tree）是树形结构的简称。它是一种重要的非线性数据结构。树或者是一棵**空树**，即不含有任何结点（元素），或者是一棵**非空树**，即至少含有一个结点。在一棵非空树中，它有且仅有一个被称作**树根**（tree root）结点，其余所有结点分属于 m 个（m≥0）互不相交的集合中，每个集合又构成一棵树，被称为树根结点的**子树**（subtree），并且树根结点是每棵子树根结点的**前驱**。相反，每棵子树的根结点是树根结点的**后继**。每棵子树又同样是一棵树，同样符合上述树的定义。显然，树是一种递归的数据结构。

如图 6-1 所示就是一棵树 T，它由树根结点 A 和两棵子树 T_1 和 T_2 组成。T_1 和 T_2 分别位于 A 结点

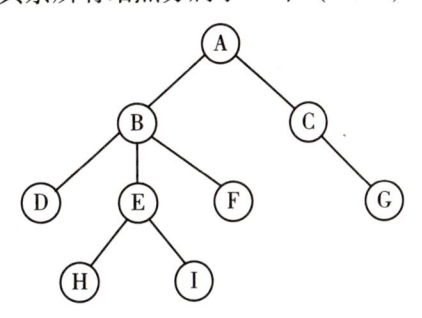

图 6-1　树的结构

的左下部和右下部，其中树根结点 A 是两棵子树的根结点 B 和 C 的前驱，相反，B 和 C 是 A 的后继；T_1 又由它的根结点 B 和三棵子树 T_{11}、T_{12} 和 T_{13} 组成，这三棵子树分别位于 B 结点的左下部、中下部和右下部，其中 B 结点是这三棵子树的根结点 D、E 和 F 的前驱，相反它们都是 B 的后继；T_{11} 和 T_{13} 只含有根结点，不含有子树（或者说子树为空树），不可再分；T_{12} 又由它的根结点 E 和两棵只含有根结点的子树组成，每棵子树的根结点分别为 H 和 I，E 是 H 和 I 的前驱，而 H 和 I 均是 E 的后继；T_2 由它的根结点 C 和一棵子树组成，该子树也只含有一个根结点 G，不可再分。

对于如图 6-1 所示的树 T，若采用二元组表示，则结点的集合 K 和 K 上二元关系 R 分别为：

K = {A,B,C,D,E,F,G,H,I}
R = { <A,B>,<A,C>,<B,D>,<B,E>,<B,F>,<C,G>,<E,H>,<E,I>}

其中，A 结点无前驱结点，被称为树根结点，其余每个结点有且仅有一个前驱结点。在所有结点中，B 结点有三个后继结点，A 结点和 E 结点分别有两个后继结点，C 结点有一个后继结点，其余结点均没有后继结点。

6.1.2 树的日常应用举例

在日常生活中，树结构广泛存在。

例 6-1 可把一个家族看作一棵树，树中的结点为家族成员的姓名及相关信息，树中的关系为父子关系，即父亲是儿子的前驱，儿子是父亲的后继。图 6-2（a）就是一棵家族树，王庭贵有两个儿子王万胜和王万利，王万胜又有三个儿子王家新、王家中和王家国。

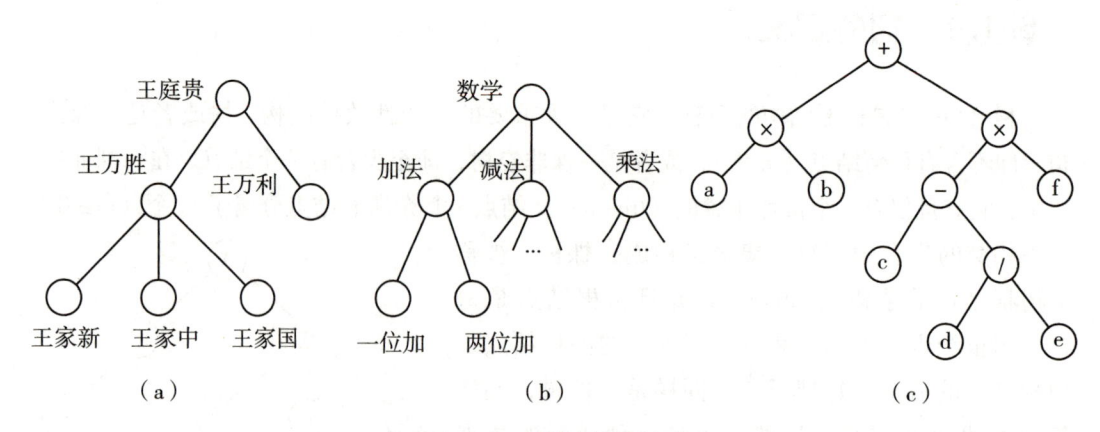

图 6-2 树的应用的例子
(a) 家族树；(b)《数学》目录树；(c) 算术表达式树

例 6-2 可把一本书的结构看作一棵树，树中的结点为书的章、节的名称及相关信息，树中的关系为包含关系。图 6-2（b）是一本书的结构，根结点为书的名称《数学》，它包含三章，每章名称分别为加法、减法和乘法，加法一章又包含两节，分别为一位加和两位加，减法和乘法也分别包含若干节。

例 6-3 可把一个算术表达式表示成一棵树，运算符作为根结点，它的前后两个运算对象分别作为根的左、右两棵子树，如把算术表达式 a×b+(c-d/e)×f 表示成树，则如图 6-2（c）所示。

6.1.3 树的表示

树的表示方法有多种。图 6-1 和图 6-2 中的树形表示法是其中的一种，也是最常用的一种。在树形表示法中，结点之间的关系是通过连线表示的，虽然每条连线都不带有箭头，但它并不是无向的，而是有向的，其方向隐含为从上向下，即连线的上方结点是下方结点的前驱，下方结点是上方结点的后继。树的另一种表示法是上面介绍的二元组表示法。除这两种方法之外，通常还使用广义表表示法，即将每棵树的根作为由子树构成的表的名字被放在表的前面，图 6-1 中树的广义表表示为：

$$A(B(D,E(H,I),F),C(G))$$

6.1.4 树的基本术语

1. 结点的度和树的度

树中每个结点所具有的非空子树数或者说后继结点数被定义为该结点的**度**（degree）。树中所有结点的度的最大值被定义为该树的度。在如图 6-1 所示的树中，B 结点的度为 3，A、E 结点的度均为 2，C 结点的度为 1，其余结点的度均为 0。因为所有结点最大的度为 3，所以该树的度为 3。

2. 分支结点和叶子结点

在一棵树中，度等于 0 的结点称作**叶子结点**或**终端结点**，度大于 0 的结点称作**分支结点**或**非终端结点**。在分支结点中，每个结点的分支数就是该结点的度数，如对于度为 1 的结点，其分支数为 1，又称为单分支结点；对于度为 2 的结点，其分支数为 2，又称为双分支结点，其余类推。在如图 6-1 所示的树中，D、H、I、F、G 为叶子结点；A、B、C、E 为分支结点，其中 C 为单分支结点，A 和 E 为双分支结点，B 为三分支结点。

3. 孩子结点、双亲结点和兄弟结点

在一棵树中，每个结点的子树的根，或者说每个结点的后继，被习惯地称为**孩子**、**儿子**或**子女**（children），相应的，把该结点称为孩子结点的**双亲**、**父亲**或**父母**（parent）。具有同一双亲的孩子之间互称为**兄弟**（sibling）。每个结点的所有子树中的结点被称为该结点的**子孙**。每个结点的**祖先**则被定义为从整棵树的根结点到达该结点的路径上所经过的全部分支结点。在如图 6-1 所示的树中，B 结点的孩子为 D、E、F 结点，双亲为 A 结点，D、E、F 结点互为兄弟，B 结点的子孙为 D、E、H、I、F 结点，I 结点的祖先为 A、B、E 结点。对于图 6-1 树中的其他结点亦可进行类似的分析。

由孩子结点和双亲结点的定义可知：在一棵树中，根结点没有双亲结点，叶子结点没有孩子结点，其余结点既有双亲结点也有孩子结点。在如图 6-1 所示的树中，树根结点 A 没有双亲，叶子结点 D、H、I、F、G 没有孩子，或者说孩子均为空。

4. 结点的层数和树的深度

树既是一种递归结构，也是一种层次结构，树中的每个结点都处在一定的层次上。结点的**层数**（level）从树根开始定义，根结点为第 1 层，它的孩子结点为第 2 层，以此类推。树中结点的最大层数被称为树的**深度**（depth）或**高度**（height）。在图 6-1 树中，A 结点处于第 1 层，B、C 结点处于第 2 层，D、E、F、G 结点处于第 3 层，H、I 结点处于第 4 层。H、I 结点所处的第 4 层为图 6-1 所示树中结点的最大层数，所以此树的深度为 4。

5. 有序树和无序树

若树中各结点的子树是按照一定的次序从左向右安排的，则称该树为**有序树**，否则称之为**无序树**。对于如图 6-3 所示的两棵树，若将其看作无序树，则是相同的；若将其看作有序树，则不同，因为根结点 A 的两棵子树的次序不同。又如，对于一棵反映父子关系的家族树，兄弟结点之间是按照大小有序排行的，所以它是

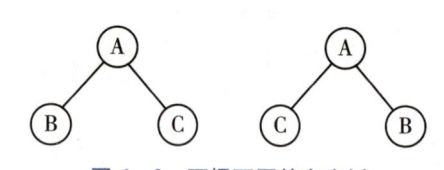

图 6-3　两棵不同的有序树

一棵有序树。再如，对于一个机关或单位的机构设置树，若各层机构是按照一定的次序排列的，则为一棵有序树，否则为一棵无序树。因为任何无序树都可以被当作任意指定次序的有序树来处理，所以以后若不特别指明，均认为树是有序的。

6. 森林

森林是 m(m≥0) 棵互不相交的树的集合。例如，对于树中每个分支结点来说，其子树的集合就是森林。在如图 6-1 所示的树中，由 A 结点的子树所构成的森林为 $\{T_1, T_2\}$，由 B 结点的子树所构成的森林为 $\{T_{11}, T_{12}, T_{13}\}$ 等。

6.1.5　树的性质

性质 1：树中的结点数等于所有结点的度加 1。

证明：根据树的定义，在一棵树中，除树根结点外，每个结点有且仅有一个前驱结点，也就是说，每个结点与指向它的一个分支一一对应，所以除树根结点之外的结点数等

于所有结点的分支数（度数），从而可得树中的结点数等于所有结点的度加 1，此处加 1 就是树根结点。

性质 2：度为 k 的树中第 i 层上至多有 k^{i-1} 个结点（i≥1）。

下面用数学归纳法证明：

对于第 1 层显然是成立的，因为树中的第 1 层只有 1 个结点，即整棵树的根结点，而由 i = 1 代入 k^{i-1} 计算，也同样得到只有一个结点，即 $k^{i-1} = k^{1-1} = k^0 = 1$。假设对于第 i - 1 层（i > 1）命题成立，即度为 k 的树中第 i - 1 层至多有 $k^{(i-1)-1} = k^{i-2}$ 个结点，则根据树的度的定义，度为 k 的树中每个结点至多有 k 个孩子，所以第 i 层的结点数至多为第 i - 1 层结点数的 k 倍，即至多为 $k^{i-2} \times k = k^{i-1}$ 个，这与命题相同，故命题成立。

性质 3：深度为 h 的 k 叉树至多有 $(k^h - 1)/(k - 1)$ 个结点。

证明：显然当深度为 h 的 k 叉树（度为 k 的树）上每一层都达到最多结点数时，所有结点的总和才能最大，此时整个 k 叉树具有最多的结点数。根据性质 2 有：

$$\sum_{i=1}^{h} k^{i-1} = k^0 + k^1 + k^2 + \cdots + k^{h-1} = \frac{k^h - 1}{k - 1}$$

当一棵 k 叉树上的结点数等于 $(k^h - 1)/(k - 1)$ 时，则称该树为**满 k 叉树**。例如，对于一棵深度为 4 的满二叉树，其结点数为 $2^4 - 1$，即 15；对于一棵深度为 4 的满三叉树，其结点数为 $(3^4 - 1)/2$，即 40。

性质 4：具有 n 个结点的 k 叉树的最小深度为 $\lceil \log_k(n(k-1)+1) \rceil$。

证明：设具有 n 个结点的 k 叉树的深度为 h，若在该树中前 h - 1 层都是满的，即每一层的结点数都等于 k^{i-1} 个（1≤i≤h - 1），第 h 层（最后一层）的结点数可能满，也可能不满，则该树具有最小的深度。根据性质 3，该树的结点数 n 必然小于或等于高度为 h 的满 k 叉树的结点数，同时必然大于高度为 h - 1 的满 k 叉树的结点数，则深度 h 与 n 之间的关系为：

$$\frac{k^{h-1} - 1}{k - 1} < n \leq \frac{k^h - 1}{k - 1}$$

可变换为

$$k^{h-1} < n(k-1) + 1 \leq k^h$$

以 k 为底取对数后得

$$h - 1 < \log_k(n(k-1)+1) \leq h$$

即

$$\log_k(n(k-1)+1) \leq h < \log_k(n(k-1)+1) + 1$$

因 h 只能是整数，所以

$$h = \lceil \log_k(n(k-1)+1) \rceil$$

因此得到具有 n 个结点的一般 k 叉树的最小深度为 $\lceil \log_k(n(k-1)+1) \rceil$。

注：$\lceil x \rceil$ 表示对 x 进行向上取整，其值为大于或等于 x 值的最小整数，如 x 的值为 4

和 4.3 时，向上取整结果分别为 4 和 5。与此相反，$\lfloor x \rfloor$ 表示对 x 进行向下取整，其值为小于或等于 x 值的最大整数，如 x 的值为 4.6 和 5 时，向下取整结果分别为 4 和 5。

例如，对于二叉树，求最小深度的计算公式为 $\lceil \log_2(n+1) \rceil$，若 n = 20，则最小深度为 5；对于三叉树，求最小深度的计算公式为 $\lceil \log_3(2n+1) \rceil$，若 n = 20，则最小深度为 4。

6.2 二叉树的概念

6.2.1 二叉树的定义

二叉树（binary tree）是指度为 2 的有序树。二叉树的递归定义为：二叉树或者是一棵**空树**，或者是一棵由一个**根结点**和两棵互不相交的分别称作根的**左子树**和**右子树**组成的**非空树**，左子树和右子树又同样都是一棵二叉树。

如图 6-4 所示就是一棵二叉树 BT，它由根结点 A 和左子树 BT_1 及右子树 BT_2 组成，BT_1 位于 A 结点的左下部，BT_2 位于 A 结点的右下部；BT_1 又由根结点 B 和左子树 BT_{11}（它只含有根结点 D）、右子树 BT_{12}（此为空树）组成；对于 BT_2 树也可进行类似的分析。

在二叉树中，每个结点的左子树的根结点被称为该结点的**左孩子**（left child），右子树的根结点被称为该结点的**右孩子**（right child）。在如图 6-4 所示的二叉树 BT 中，A 结点的左孩子为 B 结点，右孩子为 C 结点；B 结点的左孩子为 D 结点，右孩子为空，或者说没有右孩子；C 结点的左孩子为 E 结点，右孩子为 F 结点；F 结点没有左孩子，右孩子为 G 结点。

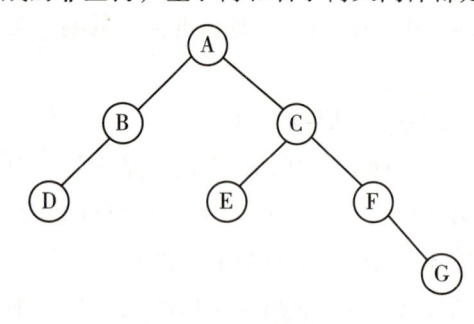

图 6-4 二叉树 BT

6.2.2 二叉树的性质

二叉树具有下列一些重要性质。

性质 1：二叉树上的终端结点数等于双分支结点数加 1。

证明：设二叉树上的终端结点数用 n_0 表示，单分支结点数用 n_1 表示，双分支结点数用 n_2 表示，则总结点数为 $n_0 + n_1 + n_2$；另外，在一棵二叉树中，所有结点的分支数（度数）应等于单分支结点数加上两倍的双分支结点数，即等于 $n_1 + 2n_2$。由树的性质 1

可得：
$$n_0 + n_1 + n_2 = n_1 + 2n_2 + 1$$
即 $n_0 = n_2 + 1$。

例如，在如图6-4所示的二叉树 BT 中，度为2的结点数为2个，即 A 和 C，度为0的结点数为3个，即 D、E、G，它比度为2的结点数正好多1个。

性质2：二叉树上第 i 层至多有 2^{i-1} 个结点（$i \geq 1$）。

证明：由树的性质2可知，度为 k 的树中第 i 层至多有 k^{i-1} 个结点。对于二叉树，树的度为2，将 k = 2 代入 k^{i-1}，即可得到此性质。

性质3：深度为 h 的二叉树至多有 $2^h - 1$ 个结点。

证明：由树的性质3可知，深度为 h 的 k 叉树至多有 $(k^h - 1)/(k - 1)$ 个结点。对于二叉树，树的度为2，将 k = 2 代入 $(k^h - 1)/(k - 1)$，即可得到此性质。

在一棵二叉树中，当第 i 层的结点数为 2^{i-1} 时，则称此层的结点数是满的，当树中的每一层都满时，则称此树为**满二叉树**。由性质3可知，深度为 h 的满二叉树中的结点数为 $2^h - 1$。图6-5（a）为一棵深度为4的满二叉树，其结点数为15。图中每个结点的值是用该结点的编号来表示的。对于一棵二叉树，其结点的顺序编号规则为：树根结点的编号为1，然后按照层数从小到大，同一层从左到右的次序对每个结点进行编号，若双亲结点的编号为 i，则左、右孩子结点的编号分别为 2i 和 2i + 1。

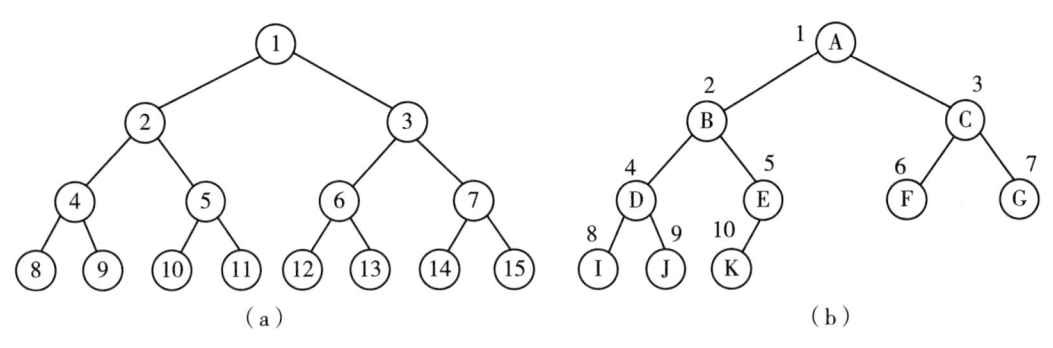

图6-5 满二叉树和完全二叉树
（a）满二叉树；（b）完全二叉树

在一棵二叉树中，除最后一层外，若其余层都是满的，并且最后一层或者是满的，或者在最右边缺少连续若干个结点，则称此树为**完全二叉树**。由此可知，满二叉树是完全二叉树的特例。图6-5（b）为一棵完全二叉树，它与等高度的满二叉树相比，在最后一层的右边缺少了5个结点。该树中每个结点上面的数字为该结点的编号。

性质4：对一棵二叉树中顺序编号为 i 的结点，若它存在左孩子，则左孩子结点的编号为 2i；若它存在右孩子，则右孩子结点的编号为 2i + 1；若它存在双亲结点（编号不等于1），则双亲结点的编号为 $\lfloor i/2 \rfloor$。

例如，在如图6-5（b）所示的完全二叉树中，对于编号为2的结点，其左孩子结点的编号为 4，右孩子结点的编号为 5，双亲结点的编号为 1。对于树中的其他结点也可进行类似的分析。由于该树的结点的最大编号为 10，所以分支结点的最大编号为 5。

性质 5：具有 n 个结点的理想二叉树的深度为 $\lceil \log_2(n+1) \rceil$ 或 $\lfloor \log_2 n \rfloor + 1$。

证明：此性质可以从树的相应性质中直接导出，也可以进行如下证明。

设所求理想二叉树的深度为 h，由理想二叉树的定义可知，它的前 h − 1 层都是满的，最后一层可以满，也可以不满，由此得到如下不等式：

$$2^{h-1} - 1 < n \leqslant 2^h - 1$$

它可变换为

$$2^{h-1} < n + 1 \leqslant 2^h$$

取对数后得：

$$h - 1 < \log_2(n+1) \leqslant h$$

即

$$\log_2(n+1) \leqslant h < \log_2(n+1) + 1$$

因 h 只能取整数，所以：

$$h = \lceil \log_2(n+1) \rceil$$

完全二叉树的深度 h 和结点数 n 的关系，还可表示为

$$2^{h-1} \leqslant n < 2^h$$

取对数后得：

$$h - 1 \leqslant \log_2 n < h$$

即

$$\log_2 n < h \leqslant \log_2 n + 1$$

因 h 只能取整数，所以：

$$h = \lfloor \log_2 n \rfloor + 1$$

对于如图 6-5（b）所示的完全二叉树，n = 10，$\lceil \log_2 11 \rceil$ 等于 $\lfloor \log_2 10 \rfloor + 1$，其值为 4。

6.3 二叉树的存储结构

6.3.1 顺序存储结构

在顺序存储一棵二叉树时，首先对该树中的每个结点进行顺序编号，然后以各结点的编号为下标，把各结点的值对应存储到一个一维数组中。在如图 6-6（a）和图 6-6（b）所示的二叉树中，各结点上方的数字就是该结点的编号。

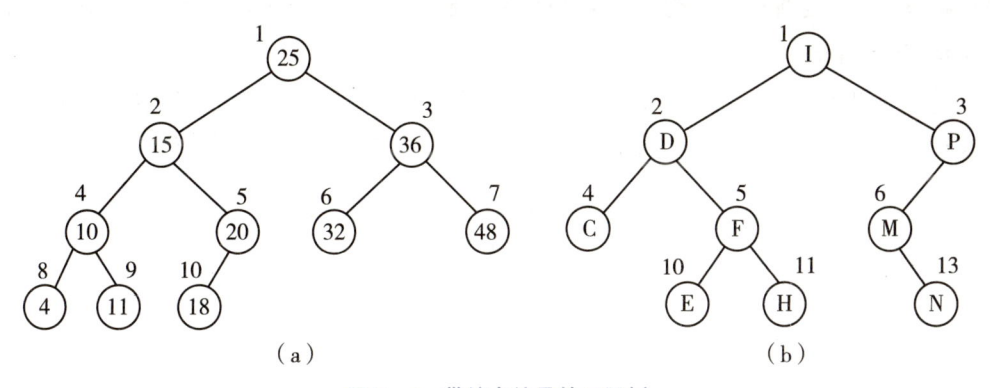

图 6-6 带结点编号的二叉树
(a) 完全二叉树；(b) 一般二叉树

假定分别采用一维数组 data1 和 data2 顺序存储如图 6-6（a）和图 6-6（b）所示的二叉树，则两数组中各元素的值如图 6-7 所示。

	0	1	2	3	4	5	6	7	8	9	10
data1		25	15	36	10	20	32	48	4	11	18

	0	1	2	3	4	5	6	7	8	9	10	11	12	13
data2		I	D	P	C	F	M				E	H		N

图 6-7 二叉树的顺序存储结构

在二叉树的顺序存储结构中，各结点之间的关系是通过下标计算出来的，因此访问每个结点的双亲和左、右孩子（若有的话）都非常方便。

二叉树的顺序存储结构对于存储完全二叉树是合适的，它能够充分利用存储空间。但对于一般二叉树，特别是对于那些单支结点较多的二叉树来说是很不合适的，因为可能只有少数存储位置被利用，而多数或绝大多数的存储位置空闲着。因此，对于一般二叉树通常采用下面介绍的链接存储结构。

6.3.2 链接存储结构

在二叉树的链接存储中，通常采用的方法是：在每个结点中设置三个域，即值域、左指针域和右指针域，其结点结构如图 6-8 所示。

| left | data | right |

图 6-8 二叉树的链接存储结点结构

其中，data 表示值域，用于存储对应的数据元素，left 和 right 分别表示左指针域和右指针域，用以存储左孩子和右孩子结点的存储位置（指针）。

链接存储的另一种方法是：在上面的结点结构中再增加一个 parent 指针域，用来指向其双亲结点。这种存储结构既便于访问孩子结点,也便于访问双亲结点,当然它也带来存储空间的相应增加。

对于如图6-9(a)所示的二叉树,它的不带双亲指针的链接存储结构(称作二叉链表)如图6-9(b)所示,其中f为指向树根结点的指针,简称树根指针或根指针。

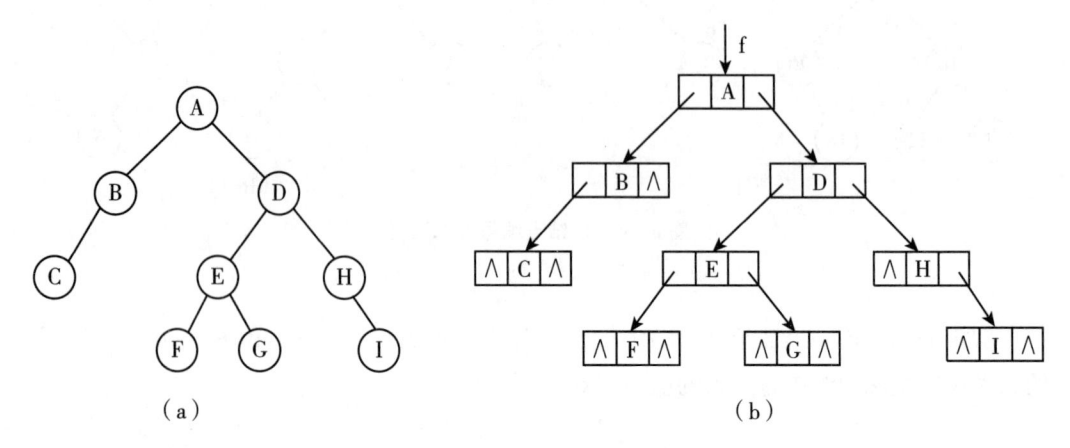

图6-9 二叉树的链接存储结构
(a) 一般二叉树;(b) 链接存储结构

同单向链表相同,二叉链表既可由独立分配的结点链接而成,也可由数组中的元素结点链接而成。若采用独立结点,则结点类型可定义为:

```
struct BTreeNode {
    char data;                      //结点值可以为任何类型,这里假定为字符型
    struct BTreeNode * left;
    struct BTreeNode * right;
};
```

或者采用如下定义:

```
typedef struct BTreeNode {          //在定义结构类型的同时,定义别名BTreeNode
    char data;
    struct BTreeNode * left;
    struct BTreeNode * right;
} BTreeNode;
```

采用上述第1种定义格式时,引用的结点类型为 struct BTreeNode,采用第2种格式时,引用的结点类型可以为 struct BTreeNode,也可以为别名 BTreeNode。

对于一棵二叉树,若其具有n个结点,则对应的二叉链表共包含2n个指针域,其中有n-1个指针域用来指向n-1个结点,另有n+1个指针域为空。对于如图6-9(b)所示的二叉链表,共有9个结点和18个指针域,其中8个指针域非空,即指向对应结点,10个指针域为空。

6.4 二叉树遍历

6.4.1 二叉树遍历的概念

假定二叉树由具有 BTreeNode 类型的、通过动态分配产生的独立结点链接而成，并假定 BT 为指向树根结点的指针，从树根指针出发可以访问树中的每一个结点，所以可以用树根指针来指定一棵二叉树。

二叉树的遍历是二叉树中最重要的运算。二叉树的遍历是指按照一定次序访问树中所有结点，并且每个结点的值仅被访问一次的过程。根据二叉树的递归定义，一棵非空二叉树由根结点、左子树和右子树组成，因此，遍历一棵非空二叉树的问题可分解为三个子问题：访问根结点、遍历左子树和遍历右子树。若分别用 D、L 和 R 表示上述三个子问题，则有 DLR、LDR、LRD、DRL、RDL、RLD 六种次序的遍历方案。其中，前三种方案都是先遍历左子树，后遍历右子树，而后三种则相反，都是先遍历右子树，后遍历左子树，由于二者对称，故只讨论前三种次序的遍历方案。熟悉了前三种方案，后三种方案也就迎刃而解了。

在遍历方案 DLR 中，因为访问根结点的操作在遍历左、右子树之前，故称之为**前序**、**先序**或**先根**（preorder）遍历。类似的，在 LDR 方案中，访问根结点的操作在遍历左子树之后和遍历右子树之前，故称之为**中序**或**中根**（inorder）遍历。在 LRD 方案中，访问根结点的操作在遍历左、右子树之后，故称之为**后序**或**后根**（postorder）遍历。显然，遍历左、右子树的问题仍然是遍历二叉树的问题，当二叉树为空时递归结束，所以很容易给出这三种遍历的递归算法。

6.4.2 二叉树的递归遍历算法

1. 先序遍历算法

【算法 6-1】先序遍历算法

```
void Preorder(struct BTreeNode * BT)
{
    if(BT! = NULL){
        printf("%c ",BT -> data);        /* 访问根结点 */
        Preorder(BT -> left);            /* 先序遍历左子树 */
```

```
        Preorder(BT->right);        /*先序遍历右子树*/
    }
}
```

2. 中序遍历算法

【算法 6-2】 中序遍历算法

```
void Inorder(struct BTreeNode * BT)
{
    if(BT!=NULL){
        Inorder(BT->left);          /*中序遍历左子树*/
        printf("%c",BT->data);      /*访问根结点*/
        Inorder(BT->right);         /*中序遍历右子树*/
    }
}
```

3. 后序遍历算法

【算法 6-3】 后序遍历算法

```
void Postorder(struct BTreeNode * BT)
{
    if(BT!=NULL){
        Postorder(BT->left);        /*后序遍历左子树*/
        Postorder(BT->right);       /*后序遍历右子树*/
        printf("%c",BT->data);      /*访问根结点*/
    }
}
```

在这三种遍历算法中，访问根结点进行何种操作可视具体应用情况而定，这里暂以打印根结点的值代之。当然，若结点的值为用户定义的记录类型，则还必须依次输出结点值对象中每个域的值。

4. 递归遍历算法的执行过程

下面以中序递归遍历算法为例，结合如图 6-10 所示的二叉树，分析其执行过程。

当从其他函数调用（此次称为第 0 次递归调用）中序遍历算法时，需要以指向树根结点 A 的指针 A_p 作为实参，把它传递给算法中的值参 BT，调用递归算法时系统自动建立的工作栈应包括 BT 域和返回地址 r 域，假定进行第 0 次递归调用后的返回地址为 r_0，中序遍历左子树后的返回地址（printf 语句的开始地址）为 r_1，中序遍历右子树后的返回地址（算法结束的地址）为 r_2，并假定指向每个结点的指针用该结点的值加后缀小写字母 p 表示，如指向结点 B 的指针就用 B_p 表示，则每次进行递归调用时工作栈中的数据变化情况如图 6-11 所示。

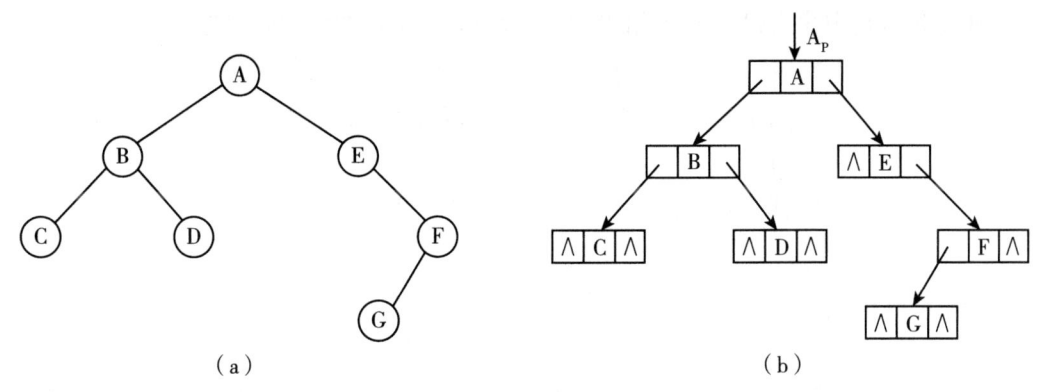

图 6-10 二叉树递归遍历举例
（a）一棵二叉树；（b）二叉链表

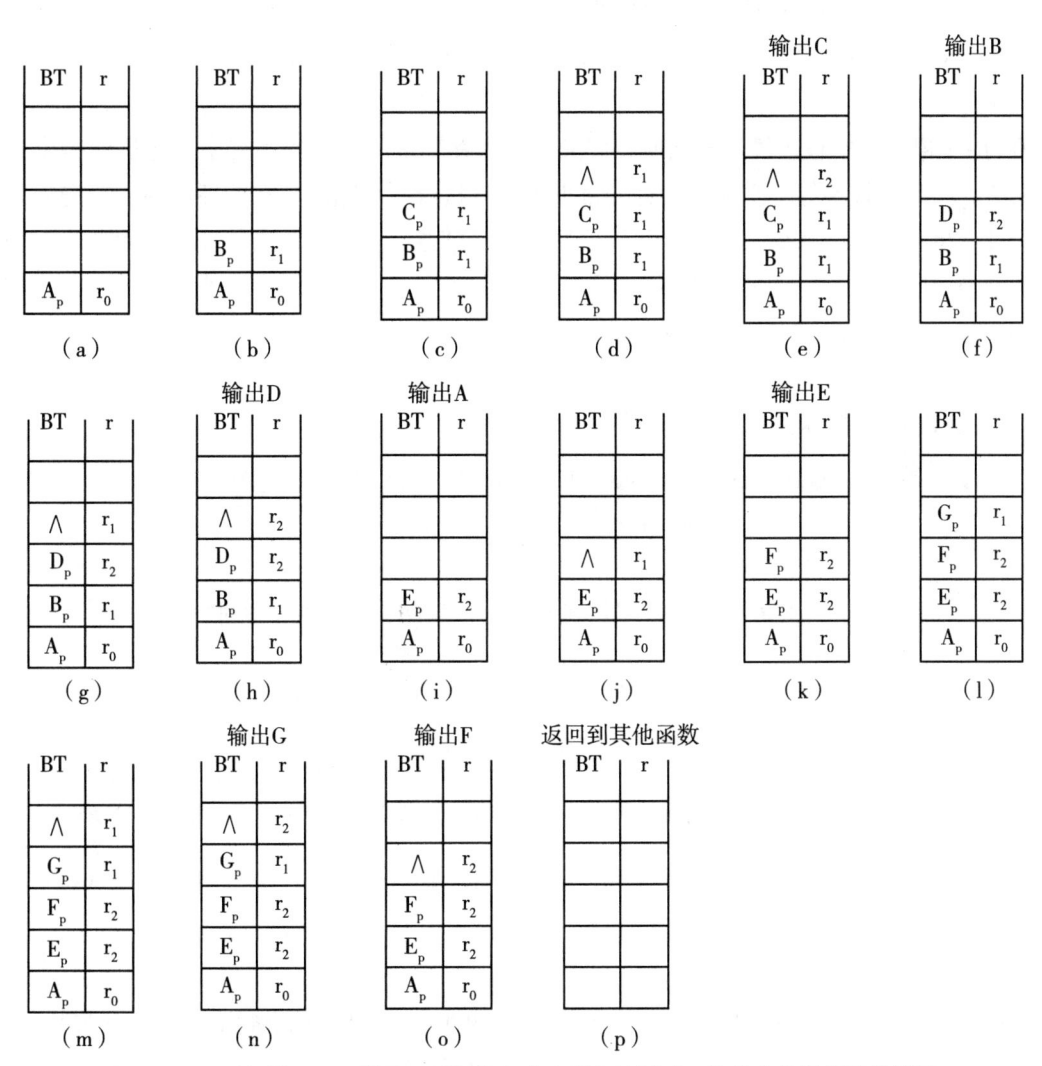

图 6-11 对如图 6-10 所示二叉树进行中序递归遍历时工作栈中的数据变化情况

由上述分析中序递归遍历算法的执行过程可知，结点的访问序列为：

C，B，D，A，E，G，F

类似的，若按照先序递归遍历算法和后序递归遍历算法遍历图 6-10 的二叉树，则结点的访问序列分别为：

A，B，C，D，E，F，G 和 C，D，B，G，F，E，A

*6.4.3　二叉树的非递归遍历算法

二叉树的遍历算法也可以被编写为非递归的形式，这需要在算法中使用栈结构，利用栈的后进先出的特性保存稍后待访问的每个子树的根指针。下面以中序遍历为例，讨论二叉树的非递归算法。在此算法中需要首先定义一个元素类型为结点指针类型（struct BTreeNode *）的数组，当作保存树根指针的栈使用，该栈的最大深度（数组长度）要大于待遍历的整个二叉树的深度；同时要定义一个整型变量当作栈顶指针使用，并赋初值为 -1 以表示空栈。算法开始时，定义一个指针变量并初始指向待中序遍历的整个二叉树，接着若栈不等于空或者指针变量不为空就执行一个循环。在循环体内，首先只要指针变量不为空，就令其进栈，并接着使指针变量指向左子树；当指针变量为空时，表明已经访问到左子树为空的结点，应接着输出栈顶元素所指向结点的值并退栈，再使指针变量指向被输出结点的右子树。

根据以上分析，编写中序遍历的非递归算法如下：

【算法 6-4】二叉树中序遍历的非递归算法

```
void InorderN(struct BTreeNode * BT)
        /*对二叉树进行中序遍历的非递归算法*/
{
    struct BTreeNode * s[10];     /*定义用于存储结点指针的栈*/
    int top = -1;                 /*定义栈顶指针并赋初值使 s 栈为空*/
    struct BTreeNode * p = BT;    /*定义指针 p 并使树根指针为它的初值*/
    while(top! = -1 ||p! = NULL)
    {                             /*当栈非空或 p 指针非空时执行循环*/
        while(p! = NULL){         /*依次向下访问左子树并使树根指针进栈*/
            top ++;
            s[top] = p;
            p = p -> left;
        }
        if(top! = -1){            /*树根指针出栈并输出结点的值,接着访问右
                                    子树*/
```

```
            p = s[top];
            top--;
            printf("%c",p->data);
            p = p->right;
        }
    }
}
```

在此算法的整个执行过程中，指向整个树根结点的指针和所有结点的指针域的值都要各进行一次进栈和出栈的操作，每次进栈或出栈的时间复杂度为 O(1)，整个算法共需要进行 2n 次进栈和出栈的操作，其中 n 表示结点数，所以此算法的时间复杂度为 O(n)。此算法的空间复杂度取决于作为栈使用而定义的数组的长度，数组长度应大于或等于待遍历的二叉树的深度加 1，若二叉树接近理想二叉树，则二叉树的空间复杂度为 O($\log_2 n$)。

*6.4.4　二叉树的按层遍历算法

上面所述的二叉树的遍历是按二叉树的递归结构进行的，另外，还可以按照二叉树的层次结构进行遍历，即按照从上到下、同一层从左到右的次序访问各结点。对于如图 6 – 10 所示的二叉树，按层遍历各结点的次序为：

A，B，E，C，D，F，G

按层遍历算法需要使用一个队列，开始时把整棵树的根结点的指针入队，然后每从队列中删除一个元素并输出所指向结点的值时，都接着把它的非空的左、右孩子结点的指针入队，这样依次进行下去，直到队列空时算法结束。

此算法为一个非递归算法，具体描述如下：

【算法 6 – 5】二叉树的按层遍历算法

```
void Levelorder(struct BTreeNode * BT)
{       /* 按层遍历由 BT 指针所指向的二叉树 */
    /* 定义队列所使用的数组空间,元素类型为指向结点的指针类型 */
    struct BTreeNode * q[MS];       /* MS 为事先定义的符号常量 */
    /* 定义队首指针和队尾指针,初始均置 0 表示空队 */
    int front = 0, rear = 0;
    /* 将树根指针进队 */
    if(BT! = NULL){
        rear = (rear + 1)%MS;
        q[rear] = BT;
    }
    /* 当队列非空时执行循环 */
```

```
        while(front!=rear){
            struct BTreeNode *p;        /*定义指针变量p*/
        /*使队首指针指向队首元素*/
            front=(front+1)%MS;
        /*删除队首元素,输出队首元素所指结点的值*/
            p=q[front];
            printf("%c",p->data);
          /*若结点存在左孩子,则左孩子结点指针进队*/
            if(p->left!=NULL){
               rear=(rear+1)%MS;
               q[rear]=p->left;
            }
          /*若结点存在右孩子,则右孩子结点指针进队*/
            if(p->right!=NULL){
               rear=(rear+1)%MS;
               q[rear]=p->right;
            }
        }
    }
```

在这个算法中,队列的最大长度不会超过二叉树中相邻两层的最大结点数,所以肯定小于或等于整个树中的结点数n,在定义队列数组时,要使数组的长度大于或等于队列的最大长度,这样在结点进队时肯定不会发生溢出,因此也就不需要判断是否队满了。此算法需要使指向树中每个结点的指针进队和出队,进队和出队的时间复杂度为$O(1)$,所以此按层遍历算法的时间复杂度为$O(n)$,n表示二叉树中结点的个数。

*6.5 二叉树的其他运算

1. 初始化二叉树

【算法 6-6】 初始化二叉树

```
    struct BTreeNode *InitBTree()
            /*初始化二叉树,即把树根指针置空*/
    {
        return NULL;//返回NULL作为树根指针的值
    }
```

2. 建立二叉树

二叉树的输入格式不同,在计算机中建立二叉树的算法也不同,假定采用广义表表示的输入法,二叉树广义表表示的规定如下:

(1) 每棵树的根结点作为由子树构成的表的名字而放在表的前面。

(2) 每个结点的左子树和右子树用逗号分开,若只有右子树而没有左子树,则逗号不能省略。

例如,对于图 6-9(a)所示的二叉树,其广义表表示为:

$$A(B(C),D(E(F,G),H(,I)))$$

根据二叉树的广义表表示建立二叉树链接存储结构的方法是:从保存二叉树广义表的字符串 a 中输入每个字符,若遇到的是空格则不进行任何操作;若遇到的是字母(假定以字母作为结点的值),则表明它是结点的值,应为它建立一个新结点,并把该结点(若它不是整棵树的根结点)作为左孩子(若 k=1)或右孩子(若 k=2)链接到其双亲结点上;若遇到的是左括号,则表明子表开始,应首先使指向它前面字母所在结点的指针(根结点指针)进栈,以便括号内的孩子结点向双亲结点链接之用,然后把 k 置为 1,因为左括号后面紧跟的字母(若有的话)必为根结点的左孩子;若遇到的是右括号,则表明子表结束,应退栈;若遇到的是逗号,则表明以左孩子为根的子树处理完毕,应接着处理以右孩子为根的子树,所以要把 k 置为 2。如此处理每一个字符,直到读入字符串结束符'\0'为止。

建立二叉树的算法可描述为:

【算法 6-7】 建立二叉树

```
struct BTreeNode * CreateBTree(char * a)
{        /*根据 a 所指向的二叉树广义表字符串建立对应的存储结构,返回树根指针*/
    struct BTreeNode * p=NULL;
/*定义 s 数组作为存储根结点指针的栈使用*/
    struct BTreeNode * s[MS];    //MS 为事先定义的符号常量
/*定义 top 作为 s 栈的栈顶指针,初值为 -1,表示空栈*/
    int top = -1;
/*用 k 作为处理结点的左子树和右子树的标记,k=1 处理左子树,k=2 处理右子树*/
    int k;
/*用 i 扫描数组 a 中存储的二叉树广义表字符串,初值为 0*/
    int i =0;
/*把树根指针置为空,即从空树开始建立二叉树,待建立二叉树结束后返回*/
    struct BTreeNode * BT = NULL;
/*每循环一次处理一个字符,直至扫描到字符串结束符'\0'为止*/
    while(a[i])
    {
```

```c
            switch(a[i]){
                case ' ':      /*对空格不做任何处理,退出此 switch 语句*/
                    break;
                case '(':
                    if(top = = MS - 1){
                        printf("栈空间太小,需增加 MS 的值!\n");
                        exit(1);
                    }
                    if(p = = NULL){printf("p 值不能为空,退出程序!\n"),
                        exit(1);}
                    top + +; s[top] = p; k = 1; p = NULL;
                    break;
                case ')':
                    if(top = = -1){
                        printf("二叉树广义表字符串有错!\n");
                        exit(1);
                    }
                    top - -; break;
                case ',':
                    k = 2; break;
                default:
                    if((a[i] > = 'a' && a[i] < = 'z') ||
                        (a[i] > = 'A' && a[i] < = 'Z')){
                        p = malloc(sizeof(struct BTreeNode));
                        p -> data = a[i]; p -> left = p -> right = NULL;
                        if(BT = = NULL) BT = p;
                        else{
                            if(k = = 1) s[top] -> left = p;
                            else s[top] -> right = p;
                        }
                    }
                    else {printf("二叉树广义表字符串有错!\n"); exit(1);}
            }/* switch end */
            /*为扫描下一个字符修改 i 值*/
            i + +;
        }
        return BT;
    }
```

此算法的时间复杂度和空间复杂度与遍历二叉树的算法相同。

3. 检查二叉树是否为空
【算法 6-8】 检查二叉树是否为空

```
int BTreeEmpty(struct BTreeNode * BT)
        /*判断一棵二叉树是否为空,若是则返回1,否则返回 0 */
{
        if(BT = =NULL)return 1; else return 0;
}
```

4. 求二叉树的深度

若一棵二叉树为空,则它的深度为 0,否则它的深度等于左子树和右子树中的最大深度加 1。设 dep1 为左子树的深度,dep2 为右子树的深度,则二叉树的深度为:

$$\max(dep1, dep2) + 1$$

其中,max 函数表示取参数中的大者。

求二叉树深度的递归算法如下:

【算法 6-9】 求二叉树深度

```
int BTreeDepth(struct BTreeNode * BT)
{       /*求由 BT 指针指向的一棵二叉树的深度*/
        if(BT = = NULL)
            return 0;/*对于空树,返回 0 并结束递归*/
        else {
            /*计算左子树的深度*/
              int dep1 =BTreeDepth(BT ->left);
            /*计算右子树的深度*/
              int dep2 =BTreeDepth(BT ->right);
            /*返回树的深度*/
            if(dep1 >dep2)
                return dep1 +1;
            else
                return dep2 +1;
        }
}
```

若利用此算法求如图 6-9 所示二叉树的深度,则得到的返回结果为 4。

5. 从二叉树中查找值为 x 的结点,若存在则返回元素存储位置,否则返回空值

该算法类似于前序遍历,若树为空则返回 NULL,结束递归;若树根结点的值就等于 x 的值,则返回该结点值域的地址结束递归,否则先向左子树查找;若找到则返回

相应结点的值域地址，结束递归，否则再向右子树查找；若找到同样返回相应结点的值域地址，结束递归；若左、右子树均未找到则返回 NULL，结束递归。

【算法 6-10】 从二叉树中查找值为 x 的结点，若存在则返回元素存储位置，否则返回空值

```
char * FindBTree(struct BTreeNode * BT, char x)
{       /* 从 BT 所指向的二叉树中查找值为 x 的结点 */
    if(BT = = NULL) return NULL; /* 树为空则返回空值 */
    else {
        /* 树根结点的值等于 x 则返回元素的地址 */
        if(BT -> data = = x) return &(BT -> data);
        else {
            char * p;
            /* 向左子树查找,若成功则继续返回元素的地址 */
            if(p = FindBTree(BT -> left, x)) return p;
            /* 向右子树查找,若成功则继续返回元素的地址 */
            if(p = FindBTree(BT -> right, x)) return p;
            /* 左、右子树查找均失败则返回空 */
            return NULL;
        }
    }
}
```

6. 输出二叉树

输出二叉树就是根据二叉树的链接存储结构以某种树的表示形式打印出来，假定采用广义表的形式打印。已知用广义表表示一棵二叉树的规则是：根结点被放在由左、右子树组成的表的前面，而表是用一对圆括号括起来的。对于如图 6-10 所示的二叉树，其对应的广义表表示为：

$$A(B(C,D),E(,F(G)))$$

因此，在用广义表的形式输出一棵二叉树时，应首先输出根结点，然后依次输出它的左子树和右子树，不过在输出左子树之前要打印出左括号，在输出右子树之后要打印出右括号。另外，依次输出的左、右子树要至少有一个不为空，若均为空就没有输出的必要了。

由以上分析可知，输出二叉树的算法可在前序遍历算法的基础上做适当修改后得到，具体算法如下：

【算法 6-11】 输出二叉树

```
void PrintBTree(struct BTreeNode * BT)
{      /*输出二叉树的广义表表示*/
  /*树为空时自然结束递归,否则执行如下操作*/
    if(BT!=NULL){
      /*输出根结点的值*/
        printf("%c",BT->data);
      /*输出左、右子树*/
        if(BT->left!=NULL||BT->right!=NULL)
        {
            printf("(");                              /*输出左括号*/
            PrintBTree(BT->left);                     /*输出左子树*/
            if(BT->right!=NULL)printf(",");           /*若右子树不为
                                                         空则输出逗号
                                                         分隔符*/
            PrintBTree(BT->right);                    /*输出右子树*/
            printf(")");                              /*输出右括号*/
        }
    }
}
```

7. 清除二叉树，使之变为一棵空树

要清除一棵二叉树必须先清除左子树，接着再清除右子树，最后删除（回收）根结点，并把指向根结点的指针置空。由此可知它是一个递归过程，类似于后序递归遍历。

【算法 6-12】 清除二叉树，使之变为一棵空树

```
struct BTreeNode * ClearBTree(struct BTreeNode * BT)
{
    if(BT==NULL) return NULL;
    else {
      ClearBTree(BT->left);        /*删除左子树*/
      ClearBTree(BT->right);       /*删除右子树*/
      free(BT);                    /*释放根结点*/
      return NULL;                 /*返回空指针*/
    }
}
```

*6.6 二叉树运算的程序调试

前面介绍了对二叉树运算的各种算法，这些算法都需要上机调试并运行通过才能够最后确保其正确性。为此，需要在当前工作目录内建立一个用户头文件，用来保存有关预处理命令、结点类型以及各种运算的函数原型声明；一个次程序文件，用来保存对二叉树的各种运算的算法描述；一个主程序文件，用来定义主函数，通过执行主函数来调用对二叉树的各种运算的函数。假定当前工作目录为"D:\数据结构算法练习"，用户建立的头文件名为"二叉树运算.h"，次程序文件为"二叉树运算函数.c"，主程序文件为"二叉树运算主程序.c"。

在 Visual C++ 或 Turbo C 等能够运行 C 语言程序的环境中，首先建立主程序文件，该文件的内容假定如下：

```
#include"二叉树运算.h"
void main()
{
    struct BTreeNode *p;
    char *k;
    int n1;
    char *a="A(B(C),D(E(F,G),H(,I)))";
    p=InitBTree();                          /*建立空树*/
    p=CreateBTree(a);                       /*按照广义表形式的二叉
                                              树建立二叉链表*/
    Preorder(p); printf("\n");              /*先序遍历*/
    Inorder(p); printf("\n");               /*中序遍历*/
    Postorder(p); printf("\n");             /*后序遍历*/
    Levelorder(p); printf("\n");            /*按层遍历*/
    InorderN(p); printf("\n");              /*中序非递归遍历*/
    printf("%d\n",BTreeDepth(p));           /*求二叉树深度*/
    k=FindBTree(p,'I'); if(k!=NULL)printf("%c\n",*k);
                                            /*查找二叉树*/
    PrintBTree(p); printf("\n");            /*输出二叉树*/
    p=ClearBTree(p);                        /*清空二叉树*/
    n1=BTreeEmpty(p); printf("%d\n",n1);    /*判断是否空树*/
}
```

其次建立头文件并将之添加到主程序文件所在的程序项目中，该文件的内容为：

```c
#include <stdio.h>              /*提供调用输入输出函数的支持*/
#include <stdlib.h>             /*提供调用退出运行函数 exit()的支持*/
#define MS 10                   /*定义符号常量 MS 的值为 10*/
struct BTreeNode {              /*定义结点类型*/
    char data;                  /*结点值可以为任何类型,这里假定为字符型*/
    struct BTreeNode * left;
    struct BTreeNode * right;
};
struct BTreeNode * InitBTree();
    /*初始化二叉树,即返回一个空值*/
struct BTreeNode * CreateBTree(char * a);
    /*根据 a 所指向的二叉树广义表字符串建立对应的二叉链表*/
int BTreeEmpty(struct BTreeNode * BT);
    /*判断一棵二叉树是否为空,若为空则返回 1,否则返回 0*/
void Preorder(struct BTreeNode * BT);
    /*先序遍历的递归算法*/
void Inorder(struct BTreeNode * BT);
    /*中序遍历的递归算法*/
void Postorder(struct BTreeNode * BT);
    /*后序遍历的递归算法*/
void Levelorder(struct BTreeNode * BT);
    /*按层遍历由 BT 指针所指向的二叉树*/
void InorderN(struct BTreeNode * BT);
    /*对二叉树进行中序遍历的非递归算法*/
int BTreeDepth(struct BTreeNode * BT);
    /*求由 BT 指针指向的一棵二叉树的深度*/
char * FindBTree(struct BTreeNode * BT,char x);
    /*从 BT 所指向的二叉树中查找值为 x 的结点*/
void PrintBTree(struct BTreeNode * BT);
    /*输出二叉树的广义表表示*/
struct BTreeNode * ClearBTree(struct BTreeNode * BT);
    /*清除二叉树中所有结点,使之成为一棵空树*/
```

再次编译主程序文件,若发现问题则及时修改。建立次程序文件,并将其加入主程序文件所在的程序项目中。次程序文件包含一条预处理命令和已经介绍的所有二叉树运算的函数定义(算法),预处理命令包含的是"二叉树运算.h"头文件。次程序文件内容在这里不具体给出,读者很容易编写出来。次程序文件输入后,接着进行编译,若发现问题则修改。

最后通过选择有关的菜单项连接整个程序文件，生成可运行的程序文件，缺省文件名为"二叉树运算主程序.exe"。通过选择有关的菜单项运行这个可执行文件，得到的运行结果如下（读者可自行分析运行结果，检查算法的正确性）：

```
ABCDEFGHI
CBAFEGDHI
CBFGEIHDA
ABDCEHFGI
CBAFEGDHI
4
I
A(B(C),D(E(F,G),H(,I)))
1
```

6.7 哈夫曼树

6.7.1 基本术语

1. 路径和路径长度

若在一棵树中存在着一个结点序列 k_1, k_2, ⋯, k_j, 使得 k_i 是 k_{i+1} 的双亲（$1 \leq i < j$），则称此结点序列是从 k_1 到 k_j 的**路径**（path）。因树中每个结点只有一个双亲结点，所以它也是这两个结点之间的唯一路径。从 k_1 到 k_j 所经过的分支数称为这两点之间的**路径长度**（path length），它等于路径上的结点数减 1。在如图 6 – 10（a）所示的二叉树中，从树根结点 A 到叶子结点 G 的路径为结点序列 A、E、F、G，路径长度为 3。

2. 结点的权和带权路径长度

在许多应用中，常常将树中的结点赋上一个有某种实际意义的实数，称此实数为该结点的**权**（weight）。结点的**带权路径长度**（weighted path length，WPL）规定为从树根结点到该结点之间的路径长度与该结点上权的乘积。

3. 树的带权路径长度

树的带权路径长度定义为树中所有叶子结点的带权路径长度之和，通常记为：

$$WPL = \sum_{i=1}^{n} w_i l_i$$

其中，n 表示叶子结点的数目，w_i 和 l_i 分别表示叶子结点 k_i 的权值和树根结点到 k_i 的路径长度。

4. 哈夫曼树的定义

哈夫曼树（Huffman tree）又称作**最优二叉树**。它是由 n 个带权叶子结点构成的所有二叉树中，带权路径长度最小的二叉树。因为构造这种树的算法最早是由哈夫曼于 1952 年提出的，所以它被称为哈夫曼树。

例如，有 4 个叶子结点 a、b、c、d，分别带权 9、4、5、2，由它们构成的三棵不同的二叉树（当然还有其他许多种）分别如图 6-12（a）、图 6-12（b）和图 6-12（c）所示。

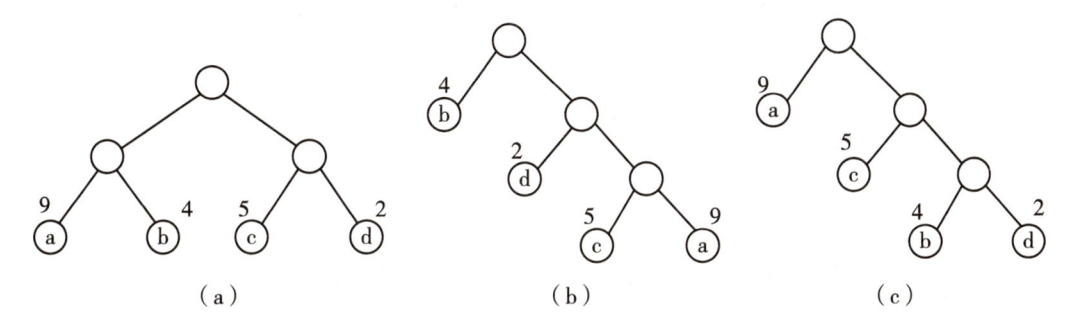

图 6-12 由 4 个叶子结点构成的三棵不同的带权二叉树

这三棵二叉树的带权路径长度 WPL 分别为：

(a) WPL = 9×2 + 4×2 + 5×2 + 2×2 = 40

(b) WPL = 4×1 + 2×2 + 5×3 + 9×3 = 50

(c) WPL = 9×1 + 5×2 + 4×3 + 2×3 = 37

其中，如图 6-12（c）所示二叉树的 WPL 最小，此二叉树就是哈夫曼树。

从上面可以看出，由 n 个带权叶子结点所构成的二叉树中，满二叉树或完全二叉树不一定是最优二叉树。权值越大的结点离树根越近（路径长度越短）的二叉树才是最优二叉树。

6.7.2 构造哈夫曼树

1. 构造哈夫曼树的过程

构造最优二叉树的算法是由哈夫曼提出的，所以它被称为哈夫曼算法，具体叙述如下：

（1）由 n 个权值 $\{w_1, w_2, \cdots, w_n\}$ 对应的 n 个结点构成具有 n 棵二叉树的森林 $F = \{T_1, T_2, \cdots, T_n\}$，其中每棵二叉树 T_i（$1 \leq i \leq n$）都只有一个权值为 w_i 的根结点，其左、右子树均为空。

（2）在森林 F 中选出两棵根结点的权值最小的树作为一棵新树的左、右子树，且置新树的根结点的权值为其左、右子树上根结点的权值之和。

（3）从 F 中删除构成新树的那两棵树，同时把新树加入 F 中。

（4）重复（2）和（3）步，直到 F 中只含有一棵树为止，此树便是哈夫曼树。

假定仍采用图 6-13 中的 4 个带权叶子结点来构造一棵哈夫曼树，按照上述算法，则构造过程如图 6-13 所示，其中图 6-13（d）就是最后生成的哈夫曼树，它的带权路径长度为 37。

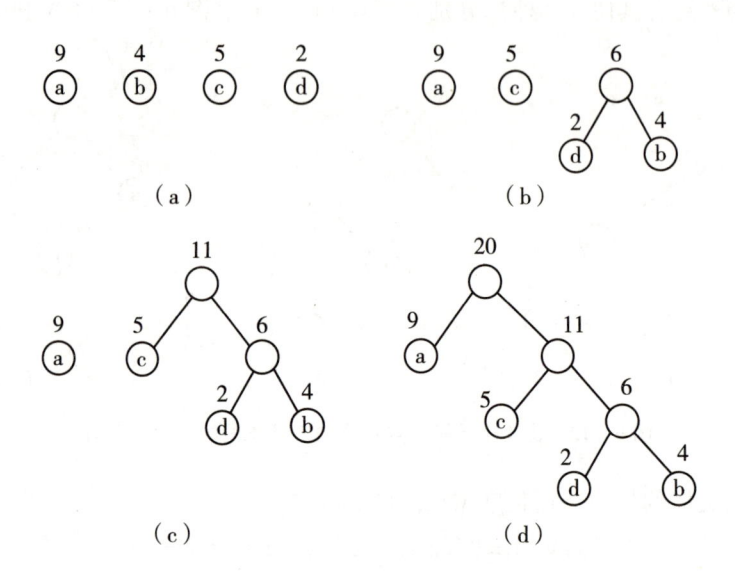

图 6-13 构造哈夫曼树的过程

（a）两棵带权二叉树；（b）两棵带权二叉树；（c）两棵带权二叉树；（d）哈夫曼树

在构造哈夫曼树的过程中，每次由两棵权值最小的树生成一棵新树时，新树的左子树和右子树可以任意安排，这样将会得到具有不同结构的多棵哈夫曼树，但它们都具有相同的带权路径长度。为了使得到的哈夫曼树的结构尽量唯一，通常规定生成的哈夫曼树中每个结点的左子树根结点的权小于或等于右子树根结点的权。上述哈夫曼树的构造过程就是遵照这一规定进行的。

2. 构造哈夫曼树的算法描述

根据上述构造哈夫曼树的过程可以写出相应的用 C 语言描述的算法，具体如下：

【算法 6-13】构造哈夫曼树

```
struct BTreeNode * CreateHuffman(int a[],int n)
    /* 由数组 a 中 n 个权值建立一棵哈夫曼树,返回树根指针 */
{
    int i,j;
    struct BTreeNode **b, *q;
    /* 动态分配一个由 b 指向的指针数组 */
```

```
        b = calloc(n,sizeof(struct BTreeNode *));
    /*初始化 b 指针数组,使每个指针元素指向 a 数组中对应元素的结点*/
        for(i = 0; i < n; i ++){
            b[i] = malloc(sizeof(struct BTreeNode));
            b[i] -> data = a[i]; b[i] -> left = b[i] -> right = NULL;
        }
    /*进行 n-1 次循环建立哈夫曼树*/
        for(i = 1; i < n; i ++){
            /*用 k1 表示森林中具有最小权值的树根结点的下标*/
            /*用 k2 表示森林中具有次最小权值的树根结点的下标*/
            int k1 = -1,k2;
            /*让 k1 初始指向森林中第一棵树,k2 初始指向森林中第二棵树*/
            for(j = 0; j < n; j ++){
                if(b[j]! = NULL && k1 = = -1){k1 = j; continue;}
                if(b[j]! = NULL){k2 = j; break;}
            }
            /*从当前森林中求出最小权值树和次最小权值树*/
            for(j = k2; j < n; j ++){
                if(b[j]! = NULL){
                    if(b[j] -> data < b[k1] -> data){k2 = k1; k1 = j;}
                    else if(b[j] -> data < b[k2] -> data)k2 = j;
                }
            }
            /*由最小权值树和次最小权值树建立一棵新树,q 指向树根结点*/
            q = malloc(sizeof(struct BTreeNode));
            q -> data = b[k1] -> data + b[k2] -> data;
            q -> left = b[k1]; q -> right = b[k2];
            /*将指向新树的指针赋给 b 指针数组中 k1 位置,k2 位置置空*/
            b[k1] = q; b[k2] = NULL;
        }
    /*删除动态建立的数组 b*/
        free(b);
    /*返回整棵哈夫曼树的树根指针*/
        return q;
    }
```

在这个算法中,有多处动态分配存储空间,按正常情况需要判断分配是否成功,这里为简便起见而省略了。不过,由于计算机操作系统的功能越来越强,即使内存无动态分配的空间可用，系统也会自动到外存寻找空间并进行有效分配，所以通常没有必要判断动态分配是否有效。万一分配失败，它也不会造成机器故障，系统会自动退出程序运行。

3. 求哈夫曼树的带权路径长度的算法描述

下面给出求哈夫曼树带权路径长度的算法：

【算法 6–14】 求哈夫曼树的带权路径长度

```
int WeightPathLength(struct BTreeNode * FBT,int len)
    /*根据 FBT 指针所指向的哈夫曼树求出带权路径长度,len 初值为 0 */
{
    if(FBT = =NULL)return 0;       /*空树则返回 0 */
    else {
      /*访问到叶子结点时返回该结点的带权路径长度,其中值参 len
        保存当前被访问结点的路径长度 */
        if(FBT -> left = =NULL && FBT -> right = =NULL){
            return FBT -> data * len;
        }
      /*访问到非叶子结点时进行递归调用,返回左、右子树的带权
        路径长度之和,向下深入一层时 len 值增 1 */
        else {
            return WeightPathLength(FBT -> left,len +1) +
                    WeightPathLength(FBT -> right,len +1);
        }
    }
}
```

6.7.3 哈夫曼编码

哈夫曼树的应用很广，哈夫曼编码就是其中的一种，下面给予简要介绍。

在电报通信中，电文是以二进制的 0、1 序列传送的。在发送端需要将电文中的字符序列转换成二进制的 0、1 序列（编码），在接收端又需要把接收的 0、1 序列转换成对应的字符序列（译码）。

1. 等长编码

最简单的二进制编码方式是等长编码。例如，假定电文中只使用 A、B、C、D、E、F 这 6 种字符，若进行等长编码，它们分别需要三位二进制字符，可依次编码为 000、001、010、011、100、101。若用这 6 个字符作为 6 个叶子结点，生成一棵二叉树，让该二叉树中每个分支结点的左、右分支分别用 0 和 1 编码，从树根结点到每个叶子结点

的路径上所经分支的 0、1 编码序列应等于该叶子结点的二进制编码，则对应的编码二叉树如图 6-14 所示。

由常识可知，电文中每个字符的出现频率（次数）一般是不同的。假定在一份电文中，这 6 个字符的出现频率依次为 4、2、6、8、3、2，则电文被编码后的总长度 L 可由下式计算得到：

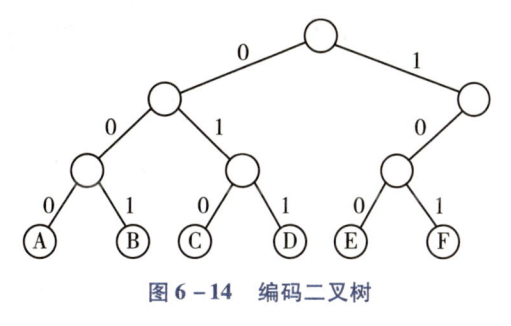

图 6-14 编码二叉树

$$L = \sum_{i=1}^{n} c_i l_i$$

其中，n 表示电文中使用的字符种数，c_i 和 l_i 分别表示对应字符 k_i 在电文中的出现频率和编码长度。结合例子，可求出 L 为：

$$L = \sum_{i=1}^{6} (c_i \times 3) = 3 \times (4 + 2 + 6 + 8 + 3 + 2) = 75$$

可知，采用等长编码时，传送电文的总长度为 75。

2. 不等长编码

现在讨论如何缩短传送电文的总长度，从而节省传送时间。若采用不等长编码，让出现频率高的字符具有较短的编码，让出现频率低的字符具有较长的编码，这样就有可能缩短传送电文的总长度了。采用不等长编码要避免译码的二义性或多义性。假设用 0 表示字符 D，用 01 表示字符 C，则当接收到编码串…01…，并译到字符 0 时，是立即译出对应的字符 D，还是接着与下一个字符 1 一起译为对应的字符 C？这就产生了二义性。因此，若对某一字符集进行不等长编码，则要求字符集中任意字符的编码都不能是其他字符编码的前缀。符合此要求的编码叫作无前缀编码。显然等长编码是无前缀编码，这从等长编码所对应的编码二叉树也可直观地看出，任意叶子结点都不可能是其他叶子结点的双亲，也就是说，只有当一个结点是另一个结点的双亲时，该结点的字符编码才会是另一个结点的字符编码的前缀。

为了使不等长编码成为无前缀编码，可用该字符集中的每个字符作为叶子结点生成一棵编码二叉树，为了获得传送电文的最短长度，可将每个字符的出现频率作为字符结点的权值赋予该结点，此树的最小带权路径长度就等于传送电文的最短长度。因此，求传送电文的最短长度问题就转化为求由字符集中的所有字符作为叶子结点，由字符的出现频率作为其权值所产生的哈夫曼树的问题。

根据上面讨论的例子，生成的编码哈夫曼树如图 6-15 所示。由编码哈夫曼树得到的字符编码称作**哈夫曼编码**（Huffman code）。在图 6-15 中，A、B、C、D、E、F 这 6 个字符的哈夫曼编码依次为：00、1010、01、11、100、1011。电文的最短传送长度为：

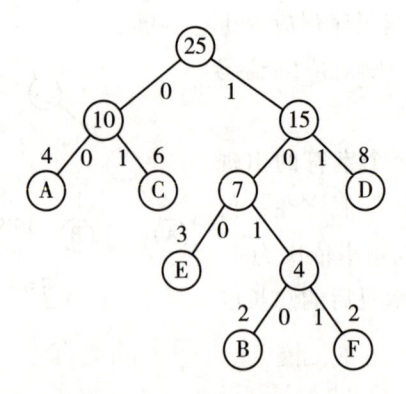

图 6-15 编码哈夫曼树

$$L = WPL = \sum_{i=1}^{6} w_i l_i = 4 \times 2 + 2 \times 4 + 6 \times 2 + 8 \times 2 + 3 \times 3 + 2 \times 4$$
$$= 61$$

显然，这比等长编码所得到的传送电文总长度 75 要小得多。

3. 求哈夫曼编码的算法描述

对已经介绍过的求哈夫曼树的带权路径长度的算法略加修改，就可以得到哈夫曼编码的算法描述，具体如下：

【算法 6-15】求哈夫曼编码

```
void HuffManCoding(struct BTreeNode * FBT,int len)
    /*根据 FBT 所指向的哈夫曼树输出每个叶子的编码,len 初值为 0 */
{
    /*定义一个静态数组 a,保存一个叶子的编码,数组的长度要
      至少等于哈夫曼树的深度减 1 */
    static int a[10];
    if(FBT! =NULL){
        /*访问到叶子结点时输出其保存在数组 a 中的 0 和 1 序列编码 */
        if(FBT -> left = =NULL && FBT -> right = =NULL){
            int i;
            printf("结点权值为%d 的编码:",FBT -> data);
            for(i =0; i <len; i ++)printf("%d",a[i]);
            printf("\n");
        }
        /*访问到非叶子结点时分别向左、右子树递归调用,并把分支上的
          0、1 编码保存到数组 a 的对应元素中,向下深入一层时 len 值增 1 */
        else {
            a[len] =0; HuffManCoding(FBT -> left,len +1);
```

```
            a[len]=1; HuffManCoding(FBT->right,len+1);
        }
    }
}
```

*6.7.4 哈夫曼树运算的程序调试

假定此次程序调试只使用一个程序文件，文件名为"哈夫曼运算程序.c"，在当前工作目录中通过 C 语言程序运行环境建立此文件，此程序文件的内容如下：

```c
#include <stdio.h>
#include <stdlib.h>
struct BTreeNode {              /*哈夫曼树中结点类型定义*/
    int data;                   /*值域为整数型域*/
    struct BTreeNode * left;
    struct BTreeNode * right;
};

void PrintBTree1(struct BTreeNode * BT)
{   /*输出元素为整型的二叉树的广义表表示*/
    /*当树为空时自然结束递归,否则执行如下操作*/
    if(BT!=NULL){
        /*输出根结点的值*/
        printf("%d",BT->data);          /*按整数格式输出结点的值*/
        /*输出左、右子树*/
        if(BT->left!=NULL || BT->right!=NULL)
        {
            printf("(");                /*输出左括号*/
            PrintBTree1(BT->left);      /*输出左子树*/
            if(BT->right!=NULL)printf(",");
            PrintBTree1(BT->right);     /*输出右子树*/
            printf(")");                /*输出右括号*/
        }
    }
}
/*根据数组 a 中 n 个权值建立一棵哈夫曼树,返回树根指针*/
struct BTreeNode * CreateHuffman(int a[],int n)
```

```
    {/* 函数体在上面已经给出 */
    }
/* 根据 FBT 指针所指向的哈夫曼树求出带权路径长度,len 初值为 0 */
    int WeightPathLength(struct BTreeNode * FBT,int len)
    {/* 函数体在上面已经给出 */
    }
/* 根据 FBT 指针所指向的哈夫曼树输出每个叶子结点的编码,len 初值为 0 */
    void HuffManCoding(struct BTreeNode * FBT,int len)
    {/* 函数体在上面已经给出 */
    }

    void main()
    {
      int n,i;
      int * a;
      struct BTreeNode * fbt;
/* 输入哈夫曼树中叶子结点数 */
      printf("从键盘输入待构造的哈夫曼树中带权叶子结点数 n:");
      while(1){
          scanf("%d",&n);
          if(n>1)break; else printf("重输 n 值:");
      }
/* 用数组 a 保存从键盘输入的 n 个叶子结点的权值 */
      a = calloc(n,sizeof(int));
      printf("从键盘输入%d 个整数作为权值:",n);
      for(i=0; i<n; i++)
          scanf("%d",&a[i]);
/* 根据数组 a 建立哈夫曼树 */
      fbt = CreateHuffman(a,n);
/* 以广义表形式输出哈夫曼树 */
      printf("广义表形式的哈夫曼树:");
      PrintBTree1(fbt);/* 用于输出元素为整型的二叉树 */
      printf("\n");
/* 输出哈夫曼树的权值,即带权路径长度 */
      printf("哈夫曼树的权:");
      printf("%d\n",WeightPathLength(fbt,0));
/* 输出哈夫曼编码,即每个叶子结点所对应的 0,1 序列 */
      printf("树中每个叶子结点的哈夫曼编码:\n");
```

```
        HuffManCoding(fbt,0);
    }
```

该程序的一次运行结果为：

从键盘输入待构造的哈夫曼树中带权叶子结点数 n:6

从键盘输入 6 个整数作为权值:3 9 5 12 6 15

广义表形式的哈夫曼树:50(21(9,12),29(14(6,8(3,5)),15))

哈夫曼树的权:122

树中每个叶子结点的哈夫曼编码：

结点权值为 9 的编码:0 0

结点权值为 12 的编码:0 1

结点权值为 6 的编码:1 0 0

结点权值为 3 的编码:1 0 1 0

结点权值为 5 的编码:1 0 1 1

结点权值为 15 的编码:1 1

习题

一、单项选择题

1. 一棵有 n 个结点，采用链式存储的二叉树中，共有（　　）个指针域为空。
   A. n+1　　　　　B. n　　　　　C. n-1　　　　　D. n-2

2. 设一棵哈夫曼树共有 n 个非叶子结点，则该树有（　　）个叶子结点。
   A. n　　　　　B. n+1　　　　　C. n-1　　　　　D. 2n

3. 一棵完全二叉树共有 5 层，且第 5 层有 6 个结点，该树共有（　　）个结点。
   A. 30　　　　　B. 20　　　　　C. 21　　　　　D. 23

4. 在一棵二叉树中，若编号为 i 的结点是其双亲结点的右孩子，则双亲结点的顺序编号为（　　）。
   A. i/2　　　　　B. i/2+1　　　　　C. 2i+1　　　　　D. $\lfloor i/2 \rfloor$

5. 一棵采用链式存储的二叉树中有 n 个指针域为空，该二叉树共有（　　）个结点。
   A. n+1　　　　　B. n　　　　　C. n-1　　　　　D. n-2

6. 一棵结点数 31＜n＜40 的完全二叉树，最后一层有 4 个结点，则该树有（　　）个叶子结点。
   A. 17　　　　　B. 18　　　　　C. 36　　　　　D. 35

7. 设一棵哈夫曼树共有 2n+1 个结点，则该树有（　　）个非叶子结点。
   A. n　　　　　B. n+1　　　　　C. n-1　　　　　D. 2n

8. 在一棵具有 35 个结点的完全二叉树中，该树的深度为（　　）。
   A. 7　　　　　　B. 6　　　　　　C. 5　　　　　　D. 8
9. 在一棵二叉树中，若编号为 i 的结点存在左孩子，则左孩子结点的顺序编号为（　　）。
   A. 2i　　　　　　　　　　　　B. 2i − 1
   C. 2i + 1　　　　　　　　　　D. 2i + 2
10. 在一棵具有 n 个结点的二叉树的第 i 层上，最多具有（　　）个结点。
    A. 2^i　　　　B. 2^{i+1}　　　　C. 2^{i-1}　　　　D. 2^n

二、填空题

1. 设有一棵深度为 4 的完全二叉树，第 4 层有 5 个结点，该树共有_____个结点（根所在结点为第 1 层）。

2. 在二叉树的链式存储结构中，通常每个结点中设置 3 个域，它们是值域_____、_____。

3. _____遍历二叉排序树可得到一个有序序列。

4. 设有一棵有 78 个结点的完全二叉树，该树共有_____层（根所在结点为第 1 层）。

5. 一棵 3 度的树，其有 3 度结点 1 个，2 度结点 2 个，1 度结点 2 个，则该树共有_____个叶子结点。

6. 二叉排序树或者是一棵空树，或者是一棵具有下列性质的二叉树：若它的左子树非空，则左子树的所有结点的值都小于它的根结点的值；若它的右子树非空，则右子树的所有结点的值都大于（若允许结点有相同的值，则大于或等于）它的根结点的值。这种说法是_____的。（回答正确或错误）

7. 一棵有 7 个叶子结点的二叉树，其 1 度结点数的个数为 2，则该树共有_____个结点。

8. 一棵有 20 个结点的 4 度的树，其有 3 度结 1 个，2 度结 1 个，1 度结 2 个，则该树共有_____个叶子结点。

三、综合题

1. 回答下列问题：
   （1）以 2，3，4，7，8，9 作为叶子结点的权，构造一棵哈夫曼树，给出相应权值叶子结点的哈夫曼编码。
   （2）一棵哈夫曼树有 n 个叶子结点，它一共有多少个结点？简述理由。

2. 回答下列问题：
   （1）对给定权值 2，1，3，3，4，5，构造哈夫曼树。
   （2）同样用上述权值构造另一棵哈夫曼树，使两棵哈夫曼树有不同的高度，并分别求两棵树的带权路径长度。

3. 对于如图6-16所示的二叉树：

（1）给出中序遍历序列。

（2）给出先序遍历序列。

（3）给出后序遍历序列。

四、算法设计题

1. 根据下面的函数声明编写求一棵二叉树中结点总数的算法，该总数值由函数返回。假定参数 BT 初始指向二叉树的根结点。

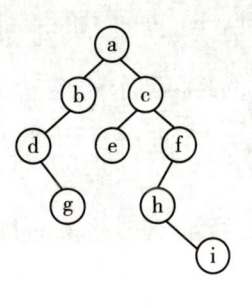

图 6-16　综合题 3 图

```
int BTreeCount(struct BTreeNode * BT);
```

2. 根据下面的函数声明编写求一棵二叉树中叶子结点总数的算法，该总数值由函数返回。假定参数 BT 初始指向二叉树的根结点。

```
int BTreeLeafCount(struct BTreeNode * BT);
```

3. 根据下面的函数声明编写从一棵二叉树 BT 中求出结点值大于 x 的结点个数的算法，并返回所求结果。

```
int BTreeCountBig(struct BTreeNode * BT,int x);
```

第 7 章 图

图在日常生活以及科学技术领域都有着广泛的应用，它是常用而又较复杂的一种数据模型或结构。本章主要介绍图的定义、图的三种存储结构、图的两种遍历方法、图的最小生成树、图的最短路径、图的拓扑排序等内容。

通过本章的学习，要求：
(1) 了解图的基本概念。
(2) 掌握图的邻接矩阵、邻接表和边集数组表示的方法和相应的生成算法。
(3) 掌握图的深度优先搜索和广度优先搜索遍历的方法和算法。
(4) 理解求图的最小生成树、最短路径和拓扑序列的方法。

7.1 图的概念

7.1.1 图的定义

图（graph）是一种复杂的非线性数据结构。图 G 的二元组定义为：G = (V,E)，其中 V 是顶点集合，即 V = $\{v_i | 0 \leq i \leq n-1, n \geq 0, v_i \in \text{VertexType}\}$，VertexType 为顶点值的类型，n 为顶点数，当 n = 0 时 V 为空集；E 是 V 上的一个二元关系，即 V 上顶点的序偶或无序对 [每个无序对 (x, y) 是两个对称序偶 <x, y> 和 <y, x> 的简写形式] 的集合。对于 V 上的每个顶点，在 E 中都允许有任意多个前驱和任意多个后继，即在图中对每个顶点的前驱和后继个数均不加限制。

对于一个图 G，若 E 是序偶的集合，则每个序偶对应图形中的一条有向边，若 E 是无序对的集合，则每个无序对对应图形中的一条无向边，所以可把 E 看作边的集合。这样图的二元组定义可叙述为：图由**顶点集**（vertex set）和**边集**（edge set）组成。针对图 G，顶点集和边集可分别记为 V(G) 和 E(G)。若顶点集为空，则边集必然为空，若顶点集非空，则边集可以为空，也可以不为空，当为空时，图 G 中的顶点均为孤立顶点。

对于一个图 G，若边集 E(G)中为有向边，则称此图为**有向图**（directed graph），若边集 E(G)中为无向边，则称此图为**无向图**（undirected graph）。图 7-1 中的 G1 和 G2 分别为无向图和有向图。

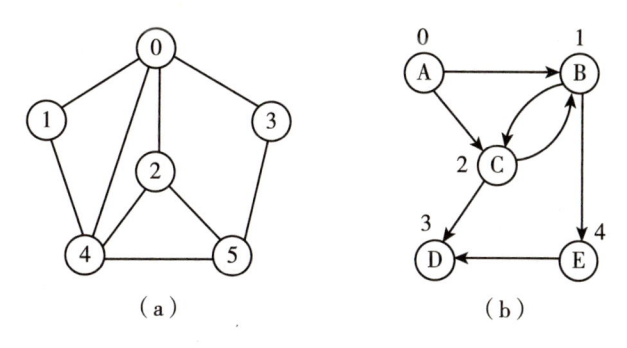

图 7-1 无向图和有向图

(a) G1; (b) G2

在图 7-1 中，G1 中每个顶点里的数字为该顶点的序号（从数字 0 开始），顶点的值没有在图形中给出，G2 中每个顶点里的字母假定为该顶点的值或关键字，顶点外面的数字为该顶点的序号。当存储一个图形时，将按照序号把每个顶点的值依次存储到一个数组或文件中，待需要时取用。G1 和 G2 对应的顶点集和边集（假定用每个顶点的序号 i 代替顶点 v_i 的值）分别如下：

V(G1) = {0,1,2,3,4,5,}
E(G1) = {(0,1),(0,2),(0,3),(0,4),(1,4),(2,4),(2,5),(3,5),(4,5)}
V(G2) = {0,1,2,3,4}
E(G2) = { <0,1>, <0,2>, <1,2>, <1,4>, <2,1>, <2,3>, <4,3>}

若用 G2 顶点的值表示其顶点集和边集，则如下所示：

V(G2) = {A,B,C,D,E}
E(G2) = { <A,B>, <A,C>, <B,C>, <B,E>, <C,B>, <C,D>, <E,D>}

在日常生活中，图的应用到处可见，如交通图、线路图、结构图、流程图等，不胜枚举。

7.1.2 图的基本术语

1. 端点和邻接点

在一个无向图中，若存在一条边（v_i，v_j），则称 v_i、v_j 为此边的两个**端点**（endpoint），并称它们互为**邻接**（adjacent）**点**，即 v_i 是 v_j 的一个邻接点，v_j 也是 v_i 的一个邻接点。在如图 7-1 所示的 G1 中，以顶点 v_0 为端点的四条边是 (0, 1)、(0, 2)、(0, 3) 和 (0, 4)，v_0 的 4 个邻接点分别为 v_1、v_2、v_3 和 v_4；以顶点 v_3 为端点的两条边是 (3, 0)

和(3,5),v_3的两个邻接点分别为v_0和v_5。

在一个有向图中,若存在一条边<v_i,v_j>,则称此边是顶点v_i的一条**出边**(out edge),顶点v_j的一条**入边**(in edge);称v_i为此边的起始端点,简称**起点**或**始点**,v_j为此边的终止端点,简称**终点**;称v_i和v_j互为邻接点,并称v_j是v_i的**出边邻接点**,v_i是v_j的**入边邻接点**。在如图7-1所示的G2中,顶点C有两条出边<C,B>和<C,D>,两条入边<A,C>和<B,C>,顶点C的两个出边邻接点为B和D,两个入边邻接点为A和B。对其他顶点亦可进行类似分析。

2. 顶点的度、入度、出度

无向图中顶点v的**度**(degree)定义为以该顶点为一个端点的边的数目,记为D(v)。在如图7-1所示的G1中,v_0顶点的度为4,v_1顶点的度为2。有向图中顶点v的度有入度和出度之分,**入度**(inDegree)是该顶点的入边的数目,记为ID(v);**出度**(outDegree)是该顶点的出边的数目,记为OD(v);顶点v的度等于它的入度和出度之和,即D(v) = ID(v) + OD(v)。在如图7-1所示的G2中,顶点A的入度为0,出度为2,度为2;顶点C的入度为2,出度为2,度为4。

若一个图中有n个顶点和e条边,则该图所有顶点的度同边数e满足下面关系:

$$e = \frac{1}{2}\sum_{i=0}^{n-1} D(v_i)$$

这很容易理解,因为每条边连接着两个顶点,使这两个顶点的度数分别增1,总和增2,所以全部顶点的度为所有边数的2倍,或者说,边数为全部顶点的度的一半。

3. 完全图、稠密图、稀疏图

若无向图中的每两个顶点之间都存在一条边,有向图中的每两个顶点之间都存在方向相反的两条边,则称这样的图为**完全图**。显然,若完全图是无向的,则图中包含n(n-1)/2条边;若完全图是有向的,则图中包含n(n-1)条边。当一个图接近完全图时,则称它为**稠密图**,相反的,当一个图含有较少的边数时,则称它为**稀疏图**。图7-2中的G3就是一个含有5个顶点的无向完全图,G4就是一个含有6个顶点的稀疏图。

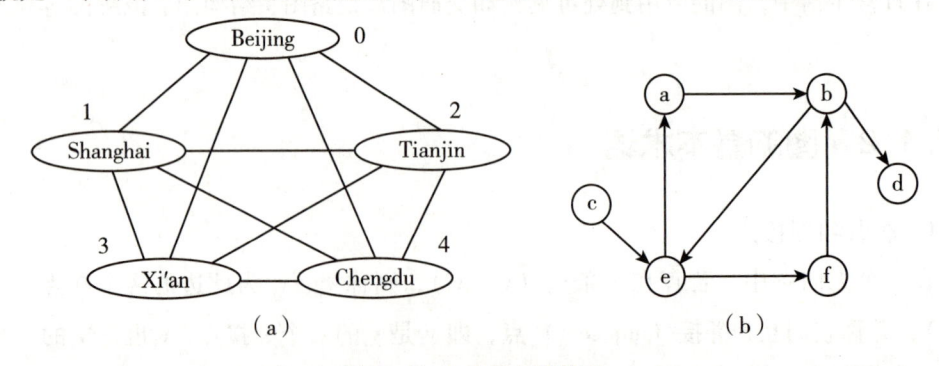

图7-2 完全图和稀疏图

(a) G3; (b) G4

4. 子图

设有两个图 G = (V,E) 和 G' = (V',E')，若 V' 是 V 的子集，即 V'⊆V，且 E' 是 E 的子集，即 E'⊆E，并且 E' 中的边所涉及的顶点均属于 V'，则称 G' 是 G 的**子图**。例如，由图7-2 G3 中的全部顶点和同 v_0 相连的所有边就构成了 G3 的一个子图，由 G3 中的顶点 v_0、v_1、v_2 和它们之间的所有边可构成 G3 的另一个子图。

5. 路径和回路

在一个图 G 中，从顶点 v 到顶点 v' 的一条**路径**（path）是一个顶点序列 u_1, u_2, …, u_m，其中 v = u_1、v' = u_m，若此图是无向图，则 $(u_{j-1}, u_j) \in E(G)$, $2 \leq j \leq m$；若此图是有向图，则 $<u_{j-1}, u_j> \in E(G)$, $2 \leq j \leq m$。**路径长度**是指该路径经过的边的数目。若一条路径上的所有顶点均不同（但开始和结束顶点可以相同），则称为**简单路径**，否则称为**复杂路径**。在一条简单路径中，若开始和结束顶点相同，则称为**简单回路**或**简单环**（cycle）。在如图 7-2 所示的 G4 中，从顶点 c 到顶点 d 的一条路径为 c、e、a、b、d，其路径长度为 4；路径 a、b、e、a 为一条简单回路，其路径长度为 3；路径 a、b、e、f、b 是一条复杂路径，因为顶点 b 出现两次，其中包含着从顶点 b 到 b 的一条回路。

6. 连通和连通分量

在无向图 G 中，若从顶点 v_i 到顶点 v_j 有路径，则称 v_i 和 v_j 是**连通**的。若图 G 中任意两个顶点都连通，则称 G 为**连通图**，否则称为**非连通图**。无向图 G 的极大连通子图称为 G 的连通分量。一个连通图可能有许多连通分量，能够连通所有顶点的子图都是它的连通分量，而在非连通图中，每个连通分量都只能连通其一部分顶点，而不能连通其全部顶点。例如，上面例子中给出的图 G1 和图 G3 都是连通图。如图 7-3（a）所示是一个非连通图，它包含 3 个连通分量，分别画于图 7-3（b）、图 7-3（c）、图 7-3（d）中，其中第一个连通顶点 A、B、C 的分量，可以有各种不同的连通形式，能把这三个顶点连接的所有子图都是连通分量，当然，要连接三个顶点则至少需要选取两条边。

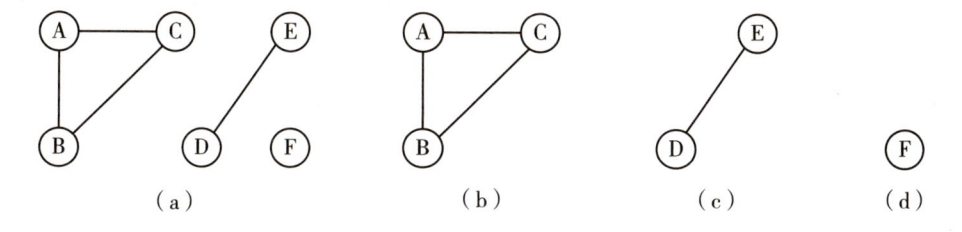

图 7-3 非连通图和连通分量

（a）非连通图；（b）连通分量之一；（c）连通分量之二；（d）连通分量之三

7. 强连通图和强连通分量

在有向图 G 中，若从顶点 v_i 到顶点 v_j 有路径，则称从 v_i 到 v_j 是**连通**的。若有向图 G 中的任意两个顶点 v_i 和 v_j 都连通，即从 v_i 到 v_j 和从 v_j 到 v_i 都存在路径，则称有向图 G 是

强连通图。有向图 G 的极大强连通子图称为 G 的**强连通分量**。一个强连通的有向图至少包含一个强连通分量，一个非强连通的有向图一定包含多个强连通分量。如图 7-4（a）所示包含三个强连通分量，分别对应于图 7-4（b）、图 7-4（c）、图 7-4（d）。

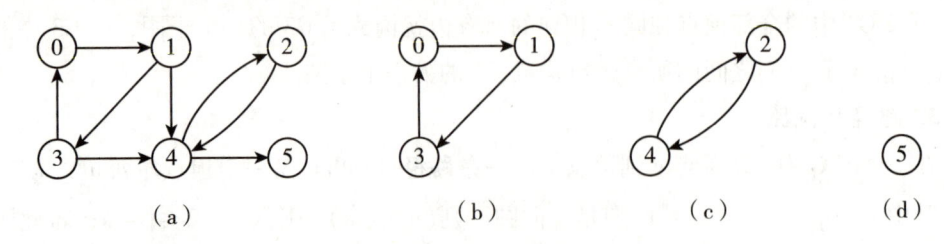

图 7-4　有向图和强连通分量

(a) 有向图；(b) 强连通分量之一；(c) 强连通分量之二；(d) 强连通分量之三

8. 权和网

在一个图中，每条边都可以标记上具有某种含义的数值，此数值称为该边的**权**（weight），通常权为一个非负实数。例如，对于一个反映城市交通线路的图，边上的权可表示该条线路的长度或等级；对于一个反映电子线路的图，边上的权可表示两端点间的电阻、电流或电压；对于一个反映零件装配的图，边上的权可表示一个端点需要装配另一个端点的零件的数量；对于一个反映工程进度的图，边上的权可表示从前一个子工程到后一个子工程所需要的天数。边上带有权的图称作**带权图**，也常称作**网**（network）。图 7-5 中的 G5 和 G6 就分别是无向带权图和有向带权图。

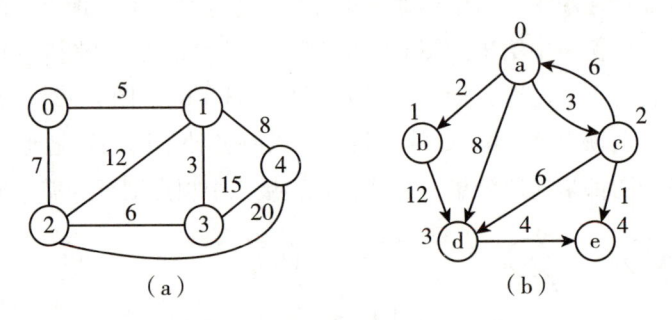

图 7-5　无向带权图和有向带权图

(a) G5；(b) G6

7.2　图的存储结构

图的存储结构又称作图的存储表示或图的表示。它有多种表示方法，这里主要介绍邻接矩阵、邻接表和边集数组这三种。

7.2.1 邻接矩阵

邻接矩阵（adjacency matrix）是表示图形中顶点之间相邻关系的矩阵。设 G = (V, E)是具有 n 个顶点的图，顶点序号依次为 0, 1, 2, …, n-1，则 G 的邻接矩阵是具有如下定义的 n 阶方阵：

$$A[i,j] = \begin{cases} 1, & \text{对于无向图}, (v_i, v_j) \text{ 或 } (v_j, v_i) \in E(G); \text{对于有向图}, <v_i, v_j> \in E(G) \\ 0, & \text{对应边不存在于 } E(G) \text{ 中} \end{cases}$$

例如，对于图 7-1 中的 G1 和 G2，它们的邻接矩阵分别为下面的 A1 和 A2。由 A1 可以看出，无向图的邻接矩阵是按主对角线对称的。

$$A1 = \begin{pmatrix} 0 & 1 & 1 & 1 & 1 & 0 \\ 1 & 0 & 0 & 0 & 1 & 0 \\ 1 & 0 & 0 & 0 & 1 & 1 \\ 1 & 0 & 0 & 0 & 0 & 1 \\ 1 & 1 & 1 & 0 & 0 & 1 \\ 0 & 0 & 1 & 1 & 1 & 0 \end{pmatrix} \begin{matrix} 0 \\ 1 \\ 2 \\ 3 \\ 4 \\ 5 \end{matrix} \quad ; \quad A2 = \begin{pmatrix} 0 & 1 & 1 & 0 & 0 \\ 0 & 0 & 1 & 0 & 1 \\ 0 & 1 & 0 & 1 & 0 \\ 0 & 0 & 0 & 0 & 0 \\ 0 & 0 & 0 & 1 & 0 \end{pmatrix} \begin{matrix} 0 \\ 1 \\ 2 \\ 3 \\ 4 \end{matrix}$$

若图 G 是一个带权图，则用邻接矩阵表示也很方便，只要把对应元素值 1 换为相应边上的权值，把非对角线上的 0 换为某一个很大的特定实数即可，这个特定实数通常用 ∞ 或 MaxValue 表示，它要大于图 G 中所有边上的权值之和，表示此边不存在。

例如，对于图 7-5 中的带权图 G5 和 G6，它们的邻接矩阵分别为下面的 A3 和 A4。

$$A3 = \begin{pmatrix} 0 & 5 & 7 & \infty & \infty \\ 5 & 0 & 12 & 3 & 8 \\ 7 & 12 & 0 & 6 & 20 \\ \infty & 3 & 6 & 0 & 15 \\ \infty & 8 & 20 & 15 & 0 \end{pmatrix} \begin{matrix} 0 \\ 1 \\ 2 \\ 3 \\ 4 \end{matrix} \quad ; \quad A4 = \begin{pmatrix} 0 & 2 & 3 & 8 & \infty \\ \infty & 0 & \infty & 12 & \infty \\ 6 & \infty & 0 & 6 & 1 \\ \infty & \infty & \infty & 0 & 4 \\ \infty & \infty & \infty & \infty & 0 \end{pmatrix} \begin{matrix} 0 \\ 1 \\ 2 \\ 3 \\ 4 \end{matrix}$$

采用邻接矩阵表示图，便于查找图中任意一条边或边上的权。如要查找边 (i, j) 或 <i, j>，则只要查找邻接矩阵中第 i 行与第 j 列上的元素 A[i, j] 是否为一个有效值（非零值和非 MaxValue 值）即可。若该元素为一个有效值，则表明此边存在，否则此边不存在。因邻接矩阵中的元素可以随机存取，所以查找一条边的时间复杂度为 O(1)。

这种存储表示也便于查找图中任意一顶点的度，对于无向图，顶点 v_i 的度就是对应第 i 行或第 i 列上有效元素的个数；对于有向图，顶点 v_i 的出度就是对应第 i 行上有效元素的个数，顶点 v_i 的入度就是对应第 i 列上有效元素的个数。由于求任意一顶点的度需访问对应一行或一列中的所有元素，所以其时间复杂度为 O(n)，n 表示图中的顶点数，即邻接矩阵的阶数。

从图的邻接矩阵中查任意一个顶点的一个邻接点或所有邻接点同样也很方便。如要查找 v_i 的一个邻接点（对于无向图）或出边邻接点（对于有向图），则只要在第 i 行上查找出一个有效元素，以该元素所在的列号 j 为序号的顶点 v_j 就是所求的一个邻接点或出边邻接点。一般算法要求是依次查找出一个顶点 v_i 的所有邻接点（对于有向图则为出边邻接点或入边邻接点），此时需访问对应第 i 行或第 i 列上的所有元素，所以其时间复杂度为 $O(n)$。

图的邻接矩阵的存储需要占用 n×n 个整数存储位置（因顶点的序号为整数），所以其空间复杂度为 $O(n^2)$。这种存储结构用于表示稠密图能够充分利用存储空间，但若用于表示稀疏图，则将使邻接矩阵变为稀疏矩阵，从而造成存储空间的浪费。

图的邻接矩阵表示，除了需要用一个二维数组存储顶点之间相邻关系的邻接矩阵外，通常还需要使用一个具有 n 个元素的一维数组存储顶点信息，其中，下标为 i 的元素存储顶点 v_i 的信息。这两种数组的类型可定义为：

```
/*定义图的最大顶点数,它要大于或等于具体图的顶点数 n*/
    #define MaxVertexNum 8
/*定义图的最大边数,它要大于或等于具体图的边数 e*/
    #define MaxEdgeNum 20
/*定义 MaxValue 为一个符号常量,其值要大于邻接矩阵中所有有效值之和*/
    #define MaxValue 1000
/*定义图中顶点数据的类型 VertexType 为整型*/
    typedef int VertexType;
/*定义 vexlist 为存储顶点信息的数组类型*/
    typedef VertexType vexlist[MaxVertexNum];
/*定义 adjmatrix 为存储邻接矩阵的数组类型*/
    typedef int adjmatrix[MaxVertexNum][MaxVertexNum];
```

对于图的邻接矩阵表示，很容易写出相应的生成算法，下面给出生成一个无向带权图的顶点数组和邻接矩阵的算法描述。

【算法 7-1】生成一个无向带权图顶点数组和邻接矩阵

```
    void Create1(vexlist GV,adjmatrix GA,int n,int e)   /*通过从键盘上输入的
            n 个顶点信息和 e 条无向带权边的信息建立顶点数组 GV 和邻接矩阵 GA*/
    {
        int i,j,k,w;
        /*建立顶点数组*/
        printf("输入%d个顶点数据\n",n);
        for(i=0; i<n; i++)scanf("%d",&GV[i]);
```

```
        /*初始化邻接矩阵数组*/
        for(i=0; i<n; i++)
            for(j=0; j<n; j++){
                if(i==j)GA[i][j]=0;
                else GA[i][j]=MaxValue;
            }
        /*建立邻接矩阵数组*/
        printf("输入%d条无向带权边\n",e);
        for(k=1; k<=e; k++){
            /*输入一条边的两个端点序号 i 和 j 及边上的权 w*/
            scanf("%d%d%d",&i,&j,&w);
            /*置数组中相应对称元素的值为 w*/
            GA[i][j]=GA[j][i]=w;
        }
    }
```

7.2.2 邻接表

邻接表（adjacency list）是对图中的每个顶点建立一个邻接关系的单向链表，并把它们的表头指针用向量存储的一种图的表示方法。为顶点 v_i 建立的邻接关系的单向链表称作 v_i 邻接表。v_i 邻接表中的每个结点用来存储以该顶点为端点或起点的一条边的信息，因而被称为**边结点**。v_i 邻接表中的结点数，对于无向图来说，等于 v_i 的边数、邻接点数或度数；对于有向图来说，等于 v_i 的出边数、出边邻接点数或出度数。边结点通常包含三个域：一是**邻接点域**（adjvex），用以存储顶点 v_i 的一个邻接顶点 v_j 的序号 j；二是**权域**（weight），用以存储边（v_i，v_j）或 <v_i，v_j> 上的权；三是**链域**（next），用以链接 v_i 邻接表中的下一个边结点。在这三个域中，邻接点域和链域是必不可少的，权域可根据情况取舍，若其表示的是无权图，则可省去此域。对于每个顶点 v_i 的邻接表，需要设置一个表头指针，若图 G 中有 n 个顶点，则就有 n 个表头指针。为了便于随机访问任意一顶点的邻接表，需要把这 n 个表头指针用一个向量（一维数组）存储起来，其中，第 i 个分量存储 v_i 邻接表的表头指针。这样，图 G 就可以由这个表头向量来表示和存取了。

图 7-1 中的 G1 和图 7-5 中的 G6 所对应的邻接表分别如图 7-6（a）和图 7-6（b）所示。

图的邻接表不是唯一的，因为在每个顶点的邻接表中，各边结点的链接次序可以任意安排，其具体链接次序与边的输入次序和生成算法有关。

下面给出建立图的邻接表的有关类型定义和生成一个有向图邻接表的算法描述：

```
          adjvex  next
                                                       weight
  0  ┃─→┃ 1 ┃─→┃ 2 ┃─→┃ 3 ┃─→┃ 4 ∧┃
                                            0 ┃─→┃ 1 │ 2 ┃─→┃ 2 │ 3 ┃─→┃ 3 │ 8 ∧┃
  1  ┃─→┃ 0 ┃─→┃ 4 ∧┃
                                            1 ┃─→┃ 3 │ 12 ∧┃
  2  ┃─→┃ 0 ┃─→┃ 4 ┃─→┃ 5 ∧┃
                                            2 ┃─→┃ 0 │ 6 ┃─→┃ 3 │ 6 ┃─→┃ 4 │ 1 ∧┃
  3  ┃─→┃ 0 ┃─→┃ 5 ∧┃
                                            3 ┃─→┃ 4 │ 4 ∧┃
  4  ┃─→┃ 0 ┃─→┃ 1 ┃─→┃ 2 ┃─→┃ 5 ∧┃
                                            4 ┃ ∧┃
  5  ┃─→┃ 2 ┃─→┃ 3 ┃─→┃ 4 ∧┃

              （a）                                        （b）
```

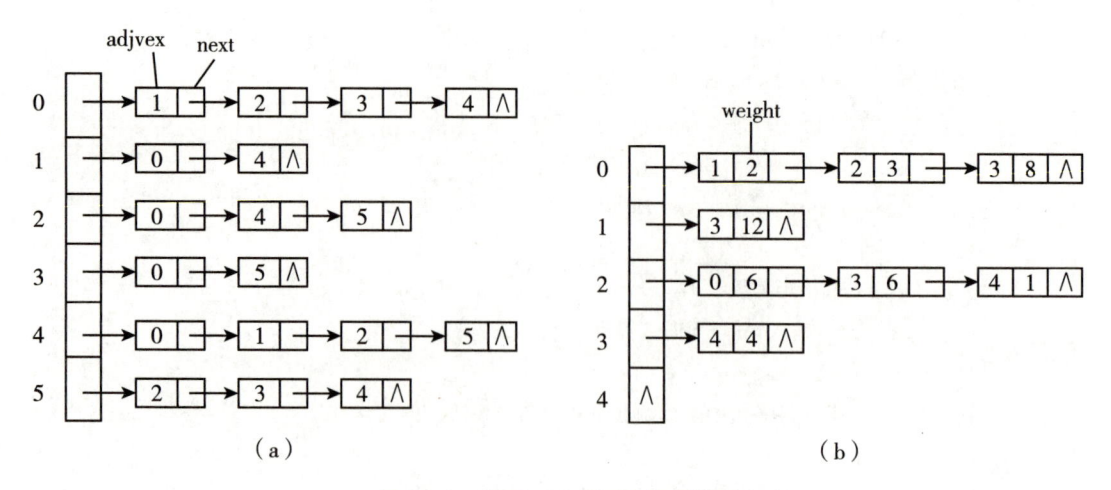

图 7-6 G1 和 G6 所对应的邻接表

(a) G1 所对应的邻接表；(b) G6 所对应的邻接表

```
/*定义图的最大顶点数,它要大于或等于具体图的顶点数 n*/
    #define MaxVertexNum 8
/*定义图的最大边数,它要大于或等于具体图的边数 e*/
    #define MaxEdgeNum 20
/*定义图中顶点数据的类型 VertexType 为整型*/
    typedef int VertexType;
/*定义 vexlist 为存储顶点信息的数组类型*/
    typedef VertexType vexlist[MaxVertexNum];
/*定义邻接表中的边结点类型*/
    struct edgenode {
        int adjvex;              /*邻接点域*/
        int weight;              /*权域,假定为整型,对无权图可省去*/
        struct edgenode * next;  /*指向下一个边结点的链域*/
    };
/*定义 adjlist 为存储 n 个表头指针的数组类型*/
    typedef struct edgenode * adjlist[MaxVertexNum];
```

【算法 7-2】建立图的邻接表

```
void Create2(vexlist GV,adjlist GL,int n,int e)/*通过从键盘上输入的
        n 个顶点信息和 e 条有向无权边的信息建立顶点数组 GV 和邻接表 GL*/
{
    int i,j,k;
    /*建立顶点数组*/
    printf("输入%d个顶点数据\n",n);
```

```
        for(i =0; i <n; i ++)scanf("%d",&GV[i]);
    /* 初始化邻接表,即将表头向量中的每个域置空 */
        for(i =0; i <n; i ++)GL[i] =NULL;
    /* 建立邻接表 */
        printf("输入%d 条有向无权边\n",e);
        for(k =1; k < =e; k ++){
            struct edgenode * p;
        /* 输入一条边 <i,j> */
            scanf("%d %d",&i,&j);
        /* 由系统动态分配一个新结点 */
            p =malloc(sizeof(struct edgenode));
        /* 将 j 的值赋给新结点的邻接点域 */
            p ->adjvex =j;
        /* 将新结点插入 v_i 邻接表的表头 */
            p ->next =GL[i]; GL[i] =p;
        }
    }
```

在图的邻接表中便于查找一个顶点的边（出边）或邻接点（出边邻接点），这只要首先从表头向量中取出对应的表头指针，然后从表头指针出发进行查找即可。由于每个顶点单向链表的平均长度为 e/n（对于有向图）或 2e/n（对于无向图），所以此查找运算的时间复杂度为 $O(e/n)$。但要从有向图的邻接表中查找一个顶点的入边或入边邻接点，图的邻接表就不方便了，它需要扫描所有顶点邻接表中的边结点，因此其时间复杂度为 $O(n +e)$。对于那些需要经常查找顶点入边或入边邻接点的运算，可以为其专门建立一个**逆邻接表**（contrary adjacency list），该表中每个顶点的单向链表不是存储该顶点的所有出边的信息，而是存储所有入边的信息，邻接点域存储的是入边邻接点的序号。如图 7 -7 所示就是为图 7 -5 中的 G6 建立的逆邻接表，从此表中很容易求出每个顶点的入边、入边上的权、入边邻接点和入度。

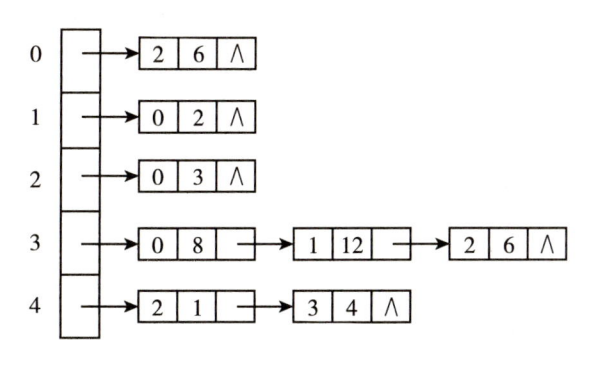

图 7 -7 G6 的逆邻接表

在有向图的邻接表中，求顶点的出边信息较方便，在逆邻接表中，求顶点的入边信息较方便，若把它们合起来构成一个**十字邻接表**（orthogonal adjacency list），则求顶点的出边信息和入边信息都将很方便。如图 7-8 所示就是为图 7-5 中的 G6 建立的十字邻接表。

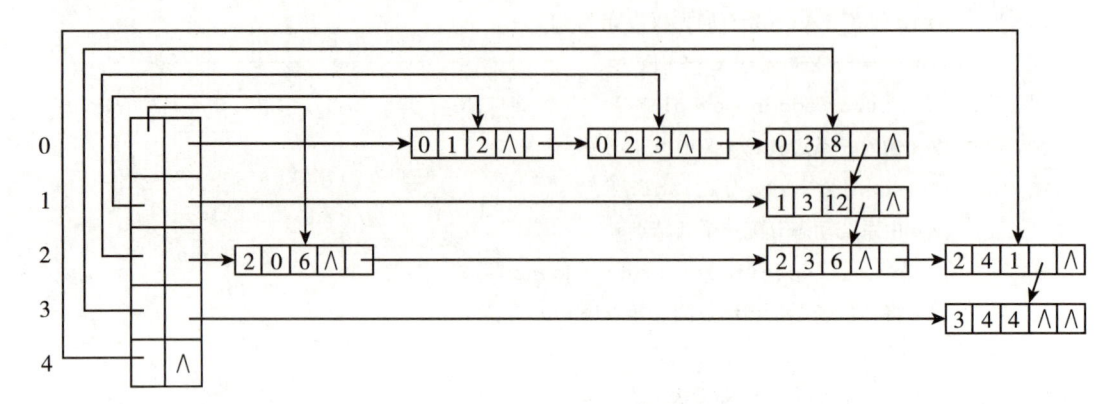

图 7-8　G6 的十字邻接表

在十字邻接表中，每个边结点对应图中的一条有向边，它包含 5 个域：边的起点域和终点域，边上的权域，入边链域和出边链域。其中，入边链域用于指向同一个顶点的下一条入边结点，通过它把入边链接起来；出边链域用于指向同一个顶点的下一条出边结点，通过它把出边链接起来。表头向量中的每个分量包括两个域：入边表的表头指针域和出边表的表头指针域。

在图的邻接表、逆邻接表或十字邻接表表示中，表头向量需要占用 n 或 2n 个指针存储空间，所有边结点需要占用 2e（对于无向图）或 e（对于有向图）个边结点空间，所以其空间复杂度为 O(n+e)。这种存储结构用于表示稀疏图比较节省存储空间，因为只需要很少的边结点，若用于表示稠密图，则将占用较多的存储空间，同时也将增加在每个顶点邻接表中查找结点的时间。

图的邻接表表示和图的邻接矩阵表示，虽然方法不同，但存在着对应关系。邻接表中每个顶点 v_i 的单向链表对应邻接矩阵中的第 i 行，整个邻接表可看作邻接矩阵的带行指针向量的链接存储；整个逆邻接表可看作邻接矩阵的带列指针向量的链接存储；整个十字邻接表可看作邻接矩阵的十字链接存储。

*7.2.3　边集数组

边集数组（edgeset array）是利用一维数组存储图中所有边的一种图的表示方法。该数组中所含元素的个数要大于或等于图中的边数，每个元素用来存储一条边的起点和终点（对于无向图，可选定边的任一端点为起点或终点）以及权值（若有的话），各边在数组中的次序可任意安排，也可根据具体要求而定。边集数组只是存储图中所有边的信息，若需要存储顶点信息，同样需要一个具有 n 个元素的一维数组。图 7-1 中的 G2 和图 7-5 中的 G5 所对应的边集数组分别如图 7-9（a）和图 7-9（b）所示。

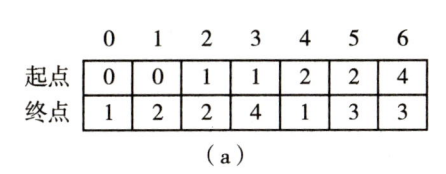

	0	1	2	3	4	5	6
起点	0	0	1	1	2	2	4
终点	1	2	2	4	1	3	3

(a)

	0	1	2	3	4	5	6	7
起点	0	0	1	1	1	2	2	3
终点	1	2	2	3	4	3	4	4
权	5	7	12	3	8	6	20	15

(b)

图 7-9　G2 和 G5 的边集数组

(a) G2 对应的边集数组；(b) G5 对应的边集数组

边集数组中的元素类型和边集数组类型定义如下：

```
struct edgeElem {           /*定义边集数组的元素类型*/
    int fromvex;            /*边的起点域*/
    int endvex;             /*边的终点域*/
    int weight;             /*边的权域,对于无权图可省去此域*/
};
/*定义 edgeset 为边集数组类型*/
typedef struct edgeElem edgeset[MaxEdgeNum];
```

建立一个带权图的边集数组表示的算法描述如下：

【算法 7-3】建立一个带权图的边集数组

```
void Create3(vexlist GV,edgeset GE,int n,int e)/*通过从键盘上输入
        的 n 个顶点信息和 e 条带权边的信息建立顶点数组 GV 和边集数组 GE*/
{
    int i,k,j,w;
    /*建立顶点数组*/
    printf("输入%d个顶点数据\n",n);
    for(i=0; i<n; i++)scanf("%d",&GV[i]);
    /*输入图的每条边建立边集数组*/
    printf("输入%d条带权边\n",e);
    for(k=0; k<e;k++){
    /*输入一条边的两个端点序号 i 和 j 及边上的权 w*/
        scanf("%d %d %d",&i,&j,&w);
    /*置数组中相应元素的值*/
        GE[k].fromvex=i;
        GE[k].endvex=j;
```

```
            GE[k].weight = w;
    }
}
```

在边集数组中查找一条边或一个顶点的度都需要扫描整个数组，所以其时间复杂度为 $O(e)$。边集数组适合那些对边依次进行处理的运算，不适合对顶点的运算和对任意一条边的运算。边集数组表示的空间复杂度为 $O(e)$。从空间复杂度上讲，边集数组也适合表示稀疏图。

图的邻接矩阵、邻接表和边集数组表示各有利弊，具体应用时，要根据图的稠密和稀疏程度以及算法的需要进行合理选择。

7.3 图的遍历

图的遍历就是从称为初始点的一个指定的顶点出发，按照一定的搜索方法对图中的所有顶点各做一次访问的过程。图的遍历比树的遍历复杂，因为从树根到达树中的每个结点只有一条路径，而从图的初始点到达图中的每个顶点可能存在多条路径。当顺着图中的一条路径访问过某一顶点后，可能还会顺着另一条路径回到该顶点。为了避免重复访问图中的同一个顶点，必须记住每个顶点是否被访问过，为此可设置一个辅助数组 visited[n]，它的每个元素的初值均为逻辑值"假"（false），用整数 0 表示，表明它未被访问过，一旦访问了顶点 v_i，就把对应元素 visited[i] 置为逻辑值"真"（true），用整数 1 表示，表明 v_i 已被访问过。

根据搜索方法的不同，图的遍历有两种：一种叫作深度优先搜索遍历；另一种叫作广度优先搜索遍历。

7.3.1 深度优先搜索遍历

1. 深度优先搜索遍历的定义

深度优先搜索（depth first search，DFS）遍历类似于对树的先根遍历，它是一个递归过程，可叙述为：首先访问一个顶点 v_i（一开始为初始点），并将其标记为已访问过，然后从 v_i 的任意一个未被访问过的邻接点（对于有向图是指出边邻接点）出发进行深度优先搜索遍历，当 v_i 的所有邻接点均被访问过时，则退回到上一个顶点 v_k，从 v_k 的另一个未被访问过的邻接点出发进行深度优先搜索遍历，直至退回初始点并且没有未被访问过的邻接点为止。

2. 深度优先搜索遍历的过程

下面结合如图 7-10 所示的无向图 G7，分析以 v_0 作为初始点的深度优先搜索遍历的过程。

(1) 访问顶点 v_0，并将 visited [0] 置为真，表明 v_0 已被访问过，接着从 v_0 的一个未被访问过的邻接点 v_1（v_0 的三个邻接点 v_1、v_2 和 v_3 都未被访问过，假定取 v_1 访问）出发进行深度优先搜索遍历。

(2) 访问顶点 v_1，并将 visited [1] 置为真，表明 v_1 已被访问过，接着从 v_1 的一个未被访问过的邻接点 v_4（v_1 的 4 个邻接点中只有 v_0 被访问过，其余 3 个邻接点 v_4、v_5、v_6 均未被访问，假定取 v_4 访问）出发进行深度优先搜索遍历。

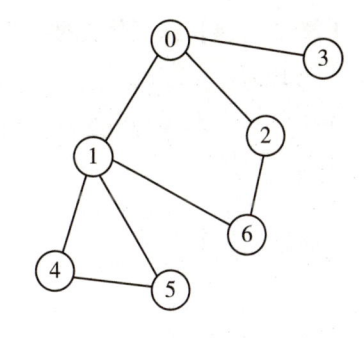

图 7-10 G7

(3) 访问顶点 v_4，并将 visited [4] 置为真，表明 v_4 已被访问过，接着从 v_4 的一个未被访问过的邻接点 v_5（v_4 的两个邻接点为 v_1 和 v_5，v_1 被访问过，只剩 v_5 一个未被访问）出发进行深度优先搜索遍历。

(4) 访问顶点 v_5，并将 visited [5] 置为真，表明 v_5 已被访问过，接着因 v_5 的两个邻接点 v_1 和 v_4 都被访问过，所以按原路退回到上一个顶点 v_4，又因 v_4 的两个邻接点 v_1 和 v_5 都已被访问过，所以再按原路退回到上一个顶点 v_1，v_1 的四个邻接点中有三个已被访问过，此时只能从未被访问过的邻接点 v_6 出发进行深度优先搜索遍历。

(5) 访问顶点 v_6，并将 visited [6] 置为真，表明 v_6 已被访问过，接着从 v_6 的一个未被访问过的邻接点 v_2（只此一个）出发进行深度优先搜索遍历。

(6) 访问顶点 v_2，并将 visited [2] 置为真，表明 v_2 已被访问过，接着因 v_2 的所有邻接点（v_0 和 v_6）都被访问过，所以按原路退回到上一个顶点 v_6，同理，由 v_6 退回到 v_1，由 v_1 再退回到 v_0，再从 v_0 的一个未被访问过的邻接点 v_3（只此一个）出发进行深度优先搜索遍历。

(7) 访问顶点 v_3，并将 visited [3] 置为真，表明 v_3 已被访问过，接着因 v_3 的所有邻接点（它仅有一个邻接点 v_0）都被访问过，所以退回到上一个顶点 v_0，又因 v_0 的所有邻接点都已被访问过，并且 v_0 为初始点，所以再退回，实际上就结束了对 G7 的深度优先搜索遍历的过程，返回调用此算法的函数中去。

从以上对无向图 G7 进行深度优先搜索遍历过程的分析可知，从初始点 v_0 出发，访问 G7 中各顶点的次序为：v_0，v_1，v_4，v_5，v_6，v_2，v_3。

3. 深度优先搜索遍历的算法描述

图的深度优先搜索遍历的过程是递归的，假定 visited [MaxVertexNum] 为保存顶点访问标记的全局数组（元素初值均为 0），下面分别以邻接矩阵和邻接表作为图的存储结构，给出相应的深度优先搜索遍历的算法描述。

【算法 7-4】 深度优先搜索遍历

```c
void dfs1(adjmatrix GA,int i,int n)
    /*从初始点 v_i 出发深度优先搜索由邻接矩阵 GA 表示的图*/
{
    int j;
    /*假定访问顶点 v_i 以输出该顶点的序号代之*/
    printf("%d",i);
    /*标记 v_i 已被访问过*/
    visited[i]=1;
    /*依次搜索 v_i 的每个邻接点*/
    for(j=0; j<n; j++)
        /*若 v_i 的一个有效邻接点 v_j 未被访问过,则从 v_j 出发进行递归调用*/
        if(GA[i][j]!=0 && GA[i][j]!=MaxValue && !visited[j])
            dfs1(GA,j,n);
}
```

【算法 7-5】 邻接表的深度优先搜索遍历

```c
void dfs2(adjlist GL,int i,int n)
    /*从初始点 v_i 出发深度优先搜索由邻接表 GL 表示的图*/
{
    struct edgenode *p;
    /*假定访问顶点 v_i 以输出该顶点的序号代之*/
    printf("%d",i);
    /*标记 v_i 已被访问过*/
    visited[i]=1;
    /*取 v_i 邻接表的表头指针*/
    p=GL[i];
    /*依次搜索 v_i 的每个邻接点*/
    while(p!=NULL){
        /*j 为 v_i 的一个邻接点序号*/
        int j=p->adjvex;
        /*若 v_j 未被访问过,则从 v_j 出发进行递归调用*/
        if(!visited[j])dfs2(GL,j,n);
        /*使 p 指向 v_i 单向链表的下一个边结点*/
        p=p->next;
    }
}
```

如图 7-10 所示的 G7 对应的邻接矩阵和邻接表分别如图 7-11（a）和图 7-11（b）所示，请读者结合它们分析上面的两个算法，看从顶点 v_1 出发得到的深度优先搜索遍历的顶点序列是否分别为以下序列：

（1）序列 1：1，0，2，6，3，4，5。
（2）序列 2：1，6，2，0，3，5，4。

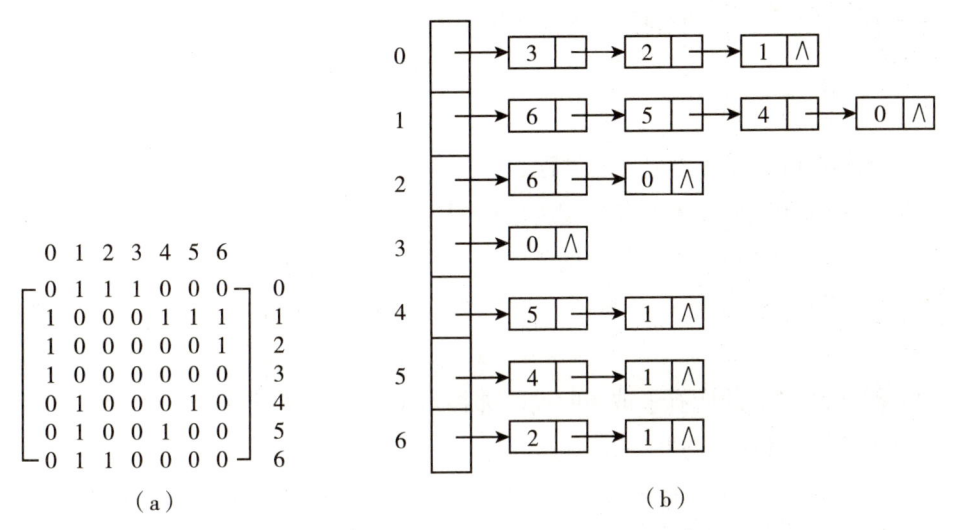

图 7-11 G7 对应的邻接矩阵和邻接表
（a）邻接矩阵；（b）邻接表

4. 算法性能分析

当图中每个顶点的序号确定后，图的邻接矩阵表示是唯一的，所以从某一顶点出发进行深度优先搜索遍历时访问各顶点的次序也是唯一的；但图的邻接表表示不是唯一的，它与边的输入次序和链接次序有关，所以对于同一个图的不同邻接表，从某一顶点出发进行深度优先搜索遍历时访问各顶点的次序也可能不同。另外，对于同一个邻接矩阵或邻接表，如果指定的出发点不同，则将得到不同的遍历序列。

从以上两个算法可以看出，对邻接矩阵表示的图进行深度优先搜索遍历时，需要扫描邻接矩阵中的每个元素，所以其时间复杂度为 $O(n^2)$；对邻接表表示的图进行深度优先搜索遍历时，需要扫描邻接表中的每个边结点，所以其时间复杂度为 $O(e)$。两者的空间复杂度均为 $O(n)$。

7.3.2 广度优先搜索遍历

1. 广度优先搜索遍历的定义

广度优先搜索（breadth first search，BFS）遍历类似于对树的按层遍历，其过程为：首先访问初始点 v_i，并将其标记为已访问过，接着访问 v_i 的所有未被访问过的邻

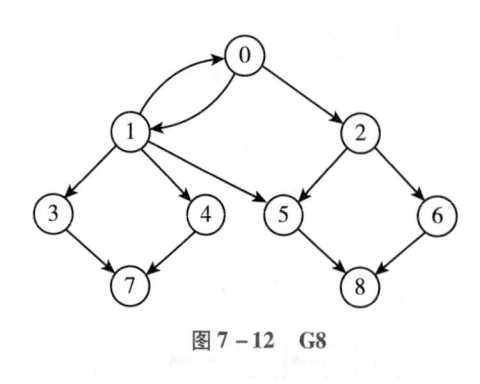

接点，其访问次序可以任意，假定依次为 v_i^1, v_i^2, $\cdots$, v_i^t，并均标记为已访问过，然后按照 v_i^1, v_i^2, $\cdots$, v_i^t 的次序，访问每个顶点的所有未被访问过的邻接点（次序任意），并均标记为已访问过，以此类推，直到图中所有和初始点 v_i 有路径相通的顶点都被访问过为止。

2. 广度优先搜索遍历的过程

图 7-12 G8

下面结合如图 7-12 所示的有向图 G8，分析从 v_0 出发进行广度优先搜索遍历的过程。

（1）访问初始点 v_0，并将其标记为已访问过。

（2）访问 v_0 的所有未被访问过的邻接点 v_1 和 v_2，并将它们标记为已访问过。

（3）访问顶点 v_1 的所有未被访问过的邻接点 v_3、v_4 和 v_5，并将它们标记为已访问过。

（4）访问顶点 v_2 的所有未被访问过的邻接点 v_6（它的两个邻接点中的一个顶点 v_5 已被访问过），并将其标记为已访问过。

（5）访问顶点 v_3 的所有未被访问过的邻接点 v_7（只此一个邻接点且没有被访问过），并将其标记为已访问过。

（6）访问顶点 v_4 的所有未被访问过的邻接点，因 v_4 的邻接点 v_7（只此一个）已被访问过，所以此步骤不访问任何顶点。

（7）访问顶点 v_5 的所有未被访问过的邻接点 v_8，并将其标记为已访问过。

（8）访问顶点 v_6 的所有未被访问过的邻接点，因 v_6 的仅有的一个邻接点 v_8 已被访问过，所以此步骤不访问任何顶点。

（9）依次访问 v_7 和 v_8 的所有未被访问过的邻接点，因它们均没有邻接点（出边邻接点），所以整个遍历过程到此结束。

从以上对有向图 G8 进行广度优先搜索遍历过程的分析可知，从初始点 v_0 出发，得到的访问各顶点的次序为：v_0, v_1, v_2, v_3, v_4, v_5, v_6, v_7, v_8。

3. 广度优先搜索遍历的算法描述

在广度优先搜索遍历中，先被访问的顶点，其邻接点亦先被访问，所以在算法的实现中需要使用一个队列，用以依次记住被访问过的顶点。算法开始时，将初始点 v_i 访问后插入队列中，以后每从队列中删除一个元素，就依次访问它的每一个未被访问过的邻接点，并令其进队，这样，队列为空表明所有与初始点路径相通的顶点都已访问完毕，算法到此结束。

下面分别以邻接矩阵和邻接表作为图的存储结构给出相应的广度优先搜索遍历的算法，同样在算法中使用的标记数组 visited［MaxVertexNum］为全程量。

第 7 章 图

【算法 7-6】 邻接矩阵广度优先搜索遍历

```
void bfs1(adjmatrix GA,int i,int n)
      /*从初始点 v_i 出发广度优先搜索由邻接矩阵 GA 表示的图 */
{
  /*定义一个顺序队列 Q,其元素类型应为整型,初始化队列为空 */
    int Q[MS];    //MS 是一个事先定义的符号常量
    int front=0,rear=0;
  /*访问初始点 v_i,同时标记初始点 v_i 已访问过 */
    printf("%d",i);
    visited[i]=1;
  /*将已访问过的初始点序号 i 入队 */
    rear=(rear+1)%MS;
    if(front==rear){printf("队列空间用完!\n");exit(1);}
    Q[rear]=i;
  /*当队列非空时进行循环处理 */
    while(front!=rear){
        int j,k;
      /*删除队首元素,第一次执行时 k 的值为 i*/
        front=(front+1)%MS; k=Q[front];
      /*依次搜索 v_k 的每个可能的邻接点 */
        for(j=0;j<n;j++){
            if(GA[k][j]!=0 && GA[k][j]!=MaxValue && !visited[j]){
                printf("%d",j);        /*访问一个未被访问过的邻接点 v_j*/
                visited[j]=1;          /*标记 v_j 已访问过 */
                rear=(rear+1)%MS;      /*修改队尾指针 */
                if(front==rear){printf("队列空间用完!\n");exit(1);}
                Q[rear]=j;             /*顶点序号 j 入队 */
            }
        }
    }
}
```

【算法 7-7】 邻接表广度优先搜索遍历

```
void bfs2(adjlist GL,int i,int n)
      /*从初始点 v_i 出发广度优先搜索由邻接表 GL 表示的图 */
{
  /*定义一个顺序队列 Q,其元素类型应为整型,初始化队列为空 */
    int Q[MS];    //MS 是一个事先定义的符号常量
```

```
            int front =0,rear =0;
            printf("%d ",i);
            visited[i] =1;
/*将已访问过的初始点序号 i 入队*/
            rear = (rear +1)%MS;
            if(front = = rear){printf("队列空间用完!\n"); exit(1);}
            Q[rear] =i;
/*当队列非空时进行循环处理*/
            while(front! = rear){
                int j,k;
                struct edgenode *p;
              /*删除队首元素,第一次执行时 k 的值为 i*/
                front = (front +1)%MS; k = Q[front];
                p = GL[k];                /*取 v_k 邻接表的表头指针*/
              /*依次搜索 v_k 的每一个可能的邻接点*/
                while(p! =NULL){
                    int j =p ->adjvex;    /*v_j 为 v_k 的一个邻接点*/
                    if(! visited[j]){     /*若 v_j 没有被访问过则进行处理*/
                        printf("%d ",j);
                        visited[j] =1;
                        rear = (rear +1)%MS; /*修改队尾指针*/
                        if(front = = rear){printf("队列空间用完!\n"); exit(1);}
                        Q[rear] =j;           /*顶点序号 j 入队*/
                    }
                    p =p ->next;  /*使 p 指向 v_k 邻接表的下一个边结点*/
                }
            }
        }
```

请读者结合图 7-11（a）和图 7-11（b），分析上面的两个算法，看从顶点 v_1 出发得到的广度优先搜索遍历的顶点序列是否分别为以下序列：

(1) 序列1：1, 0, 4, 5, 6, 2, 3。

(2) 序列2：1, 6, 5, 4, 0, 2, 3。

*7.3.3 图的遍历算法的上机调试

假定选用邻接矩阵作为图的存储结构，上机调试程序可以分为 3 个文件，一个为头文件，假定取名为"图的遍历运算.h"，用来保存一些符号常量、全局变量、数据类型的定义，以及运算函数的声明；另一个为次程序文件，假定取名为"图的遍历运算函数.c"，用来保存建立图的邻接矩阵、深度搜索遍历、广度搜索遍历的算法定义；第三个为主程序文件，假定取名为"图的遍历运算主程序.c"，用来保存主函数，通过主函数调用相应的图的运算函数，实现对图的运算。

要建立的主程序文件的内容假定如下：

```
#include "图的遍历运算.h"
void main()
{
    int i,n,e;
/*定义保存顶点信息的数组*/
    vexlist gv;
/*定义保存邻接矩阵的数组*/
    adjmatrix ga;
/*输入一个图的顶点数和边数*/
    printf("输入待处理图的顶点数和边数:");
    scanf("%d %d",&n,&e);
/*根据键盘输入建立无向带权图的邻接矩阵*/
    Create1(gv,ga,n,e);
/*对图进行深度优先遍历*/
    printf("按图的邻接矩阵得到的深度优先遍历序列:\n");
    for(i=0; i<MaxVertexNum; i++)visited[i]=0;
    dfs1(ga,0,n);
    printf("\n");
/*对图进行广度优先遍历*/
    printf("按图的邻接矩阵得到的广度优先遍历序列:\n");
    for(i=0; i<n; i++)visited[i]=0;
    bfs1(ga,0,n);
    printf("\n");
}
```

要建立的头文件的内容如下：

```
    #include <stdio.h>
    #include <stdlib.h>
/*定义图的最大顶点数,它要大于或等于具体图的顶点数 n*/
    #define MaxVertexNum 12
/*定义图的最大边数,它要大于或等于具体图的边数 e*/
```

```
#define MaxEdgeNum 20
/*定义 MaxValue 为一个符号常量,其值要大于邻接矩阵中所有有效值之和*/
#define MaxValue 1000
/*定义 MS 为一个符号常量,用于广度优先搜索遍历的算法中,作为自定义顺序队列的数
  组长度*/
#define MS 20
/*定义图中顶点数据的类型 VertexType 为整型*/
typedef int VertexType;
/*定义 vexlist 为存储顶点信息的数组类型*/
typedef VertexType vexlist[MaxVertexNum];
/*定义 adjmatrix 为存储邻接矩阵的数组类型*/
typedef int adjmatrix[MaxVertexNum][MaxVertexNum];
/*定义保存图顶点访问标记的数组*/
int visited[MaxVertexNum];
/*通过从键盘上输入的 n 个顶点信息和 e 条无向带权边的信息建立顶点数组 GV 和邻接
  矩阵 GA */
void Create1(vexlist GV,adjmatrix GA,int n,int e);
/*从初始点 $v_i$ 出发深度优先搜索由邻接矩阵 GA 表示的图*/
void dfs1(adjmatrix GA,int i,int n);
/*从初始点 $v_i$ 出发广度优先搜索由邻接矩阵 GA 表示的图*/
void bfs1(adjmatrix GA,int i,int n);
```

要建立的次程序文件的内容如下:

```
#include"图的遍历运算.h"
void Create1(vexlist GV,adjmatrix GA,int n,int e)   /*通过从键盘上输入
           的 n 个顶点信息和 e 条无向带权边的信息建立顶点数组 GV 和邻接矩阵 GA */
{     /*为节省篇幅,函数体的内容省略,真正上机时须按上面介绍过的算法补上*/
}
void dfs1(adjmatrix GA,int i,int n)
           /*从初始点 $v_i$ 出发深度优先搜索由邻接矩阵 GA 表示的图*/
{     /*为节省篇幅,函数体的内容省略,真正上机时须按上面介绍过的算法补上*/
}
void bfs1(adjmatrix GA,int i,int n)
           /*从初始点 $v_i$ 出发广度优先搜索由邻接矩阵 GA 表示的图*/
{     /*为节省篇幅,函数体的内容省略,真正上机时须按上面介绍过的算法补上*/
}
```

编译、连接和运行这个程序,假定按图 7-10 输入图形数据,它含有 7 个顶点和 8

条边，假定每个顶点的值用该顶点的序号代替，每条边的权用数值1表示（可以认为无权图是每条边的权均为1的有权图），则该程序的运行结果如下：

```
输入待处理图的顶点数和边数:7 8
输入7个顶点数据
0 1 2 3 4 5 6
输入8条无向带权边
0 1 1 0 2 1 0 3 1 1 4 1
1 5 1 1 6 1 2 6 1 4 5 1
按图的邻接矩阵得到的深度优先遍历序列：
0 1 4 5 6 2 3
按图的邻接矩阵得到的广度优先遍历序列：
0 1 2 3 4 5 6
```

假定再选用邻接表作为图的存储结构，上机调试程序也可以分为3个文件，一个为头文件，假定取名为"图的广度遍历运算.h"，用来保存一些符号常量、全局变量、数据类型的定义，以及运算函数的声明；另一个为次程序文件，假定取名为"图的广度遍历运算函数.c"，用来保存建立图的邻接表、深度搜索遍历、广度搜索遍历的算法定义；第三个为主程序文件，假定取名为"图的广度遍历运算主程序.c"，用来保存主函数，通过主函数调用相应的图的运算函数，实现对图的运算。

要建立的主程序文件的内容假定如下：

```c
#include "图的广度遍历运算.h"
void main()
{
    int i,n,e;
 /*定义保存顶点信息的数组*/
    vexlist gv;
 /*定义保存邻接表的表头指针数组*/
    adjlist gl;
 /*输入一个图的顶点数和边数*/
    printf("输入待处理图的顶点数和边数:");
    scanf("%d %d",&n,&e);
 /*根据键盘输入建立有向无权图的邻接表*/
    Create2(gv,gl,n,e);
 /*对图进行深度优先遍历*/
    printf("按图的邻接表得到的深度优先遍历序列:\n");
    for(i=0; i<MaxVertexNum; i++)visited[i]=0;
    dfs2(gl,0,n);
```

```
        printf("\n");
    /*对图进行广度优先遍历*/
        printf("按图的邻接表得到的广度优先遍历序列:\n");
        for(i=0; i<n; i++)visited[i]=0;
        bfs2(gl,0,n);
        printf("\n");
}
```

要建立的头文件的内容如下:

```
        #include <stdio.h>
        #include <stdlib.h>
/*定义图的最大顶点数,它要大于或等于具体图的顶点数 n */
        #define MaxVertexNum 12
/*定义图的最大边数,它要大于或等于具体图的边数 e */
        #define MaxEdgeNum 20
/*定义 MS 为一个符号常量,用于广度优先搜索遍历的算法中,作为自定义顺序队列的数
    组长度*/
        #define MS 20
/*定义图中顶点数据的类型 VertexType 为整型 */
        typedef int VertexType;
/*定义 vexlist 为存储顶点信息的数组类型*/
        typedef VertexType vexlist[MaxVertexNum];
/*定义保存图顶点访问标记的数组 */
        int visited[MaxVertexNum];
/*定义邻接表中的边结点类型 */
        struct edgenode {
            int adjvex;              /*邻接点域*/
            int weight;              /*权域,假定为整型,对无权图可省去 */
            struct edgenode * next;  /*指向下一个边结点的链域 */
        };
/*定义 adjlist 为存储 n 个表头指针的数组类型*/
        typedef struct edgenode * adjlist[MaxVertexNum];
/*通过从键盘上输入的 n 个顶点信息和 e 条有向无权边的信息建立顶点数组 GV 和邻接
    表 GL */
        void Create2 (vexlist GV, adjlist GL, int n, int e);
/*从初始点 $v_i$ 出发深度优先搜索由邻接表 GL 表示的图 */
        void dfs2 (adjlist GL, int i, int n);
```

```
/*从初始点 v_i 出发广度优先搜索由邻接表 GL 表示的图 */
   void bfs2(adjlist GL,int i,int n);
```

要建立的次程序文件的内容如下：

```
#include "图的广度遍历运算.h"
void Create2(vexlist GV,adjlist GL,int n,int e)
{       /*通过从键盘上输入的 n 个顶点和 e 条有向无权边建立顶点数组 GV 和邻接表 GL */
}       /*为节省篇幅,函数体的内容省略,真正上机时须按上面介绍过的算法补上 */
void dfs2(adjlist GL,int i,int n)
{       /*从初始点 v_i 出发深度优先搜索由邻接表 GL 表示的图 */
}       /*为节省篇幅,函数体的内容省略,真正上机时须按上面介绍过的算法补上 */
void bfs2(adjlist GL,int i,int n)
{       /*从初始点 v_i 出发广度优先搜索由邻接表 GL 表示的图 */
}       /*为节省篇幅,函数体的内容省略,真正上机时须按上面介绍过的算法补上 */
```

编译、连接和运行这个程序，假定按图 7-12 输入图形数据，它含有 9 个顶点和 12 条边，则该程序的运行结果如下：

```
输入待处理图的顶点数和边数:9 12
输入 9 个顶点数据
0 1 2 3 4 5 6 7 8
输入 12 条有向无权边
0 1 0 2 1 0 1 3 1 4 1 5
2 5 2 6 3 7 4 7 5 8 6 8
按图的邻接表得到的深度优先遍历序列：
0 2 6 8 5 1 4 7 3
按图的邻接表得到的广度优先遍历序列：
0 2 1 6 5 4 3 8 7
```

7.4 图的生成树和最小生成树

7.4.1 图的生成树和最小生成树的概念

在一个连通图 G 中，如果取它的全部顶点和一部分边构成一个子图 G′，即
$$V(G') = V(G) 和 E(G') \subseteq E(G)$$
若边集 E(G′) 中的边既能够把图中的所有顶点连通而又不形成回路，则称子图 G′是

原图 G 的一棵**生成树**（spanning tree）。

下面简单说明既包含连通图 G 中的全部 n 个顶点又没有回路的子图 G′（生成树）必含有 n-1 条边。要构造子图 G′，首先从图 G 中任取一个顶点加入 G′中，此时 G′中只有一个顶点，假定具有一个顶点的图是连通的，以后每向 G′中加入一个顶点，都要加入以该顶点为一个端点，以已连通的顶点之中的一个顶点为另一个端点的一条边，这样既连通了该顶点又不会产生回路，进行 n-1 次后，就向 G′中加入了 n-1 个顶点和 n-1 条边，这使得 G′中的 n 个顶点既连通又不产生回路。

在图 G 的一棵生成树 G′中，若再增加一条边，就会出现一条回路。这是因为此边的两个端点已连通，再加入此边后，这两个端点间有两条路径，因此就形成了一条回路，子图 G′也就不再是生成树了。同样，若从生成树 G′中删去一条边，就使得 G′变为非连通图。这是因为此边的两个端点是靠此边唯一连通的，删除此边后，其必定使这两个端点分属于两个相互独立的连通分量，使 G′变成了具有两个独立连通分量的非连通图。

同一个图可以有不同的生成树，只要能够连通所有顶点又不产生回路的任何子图都是它的生成树。例如，对于图 7-13（a），图 7-13（b）、图 7-13（c）、图 7-13（d）都是它的生成树。每棵生成树都包含 8 个顶点和 7 条边，它们的差别只是边的选取不同。

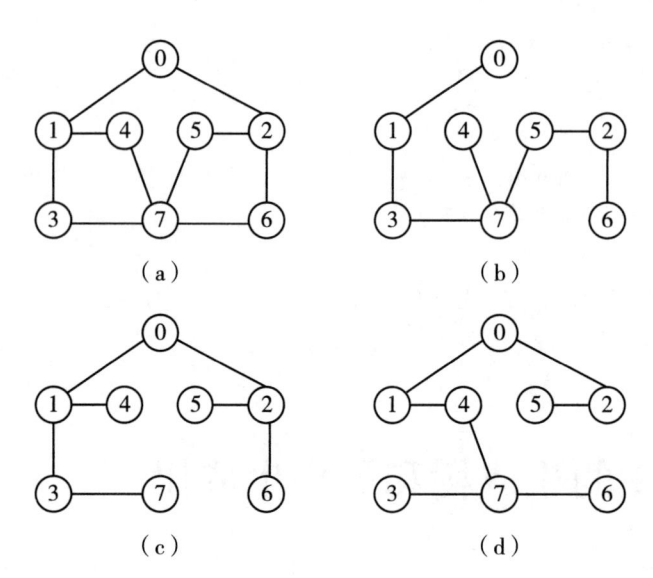

图 7-13　连通图和它的生成树

(a) 连通图；(b) 深度优先生成树；(c) 广度优先生成树；(d) 任意一棵生成树

在这三棵生成树中，如图 7-13（b）所示的树是从图中顶点 v_0 出发利用深度优先搜索遍历得到的，称为深度优先生成树；如图 7-13（c）所示的树是从顶点 v_0 出发利用广度优先搜索遍历得到的，称为广度优先生成树；如图 7-13（d）所示的树是任意一棵生成树。当然如图7-13（a）所示的生成树远不止这几种，还可以画出其他许多种。

对于一个连通网（连通带权图，假定每条边上的权均为大于零的实数）来说，生成树不同，每棵**树的权**（树中所有边上的权值总和）也可能不同。图7-14（a）就是一个连通网，图7-14（b）、图7-14（c）、图7-14（d）是它的三棵生成树，每棵树的权都不同，分别为57、53和38。具有最小权的生成树称为图的**最小生成树**（minimal spanning tree）。通过后面将要介绍的构造最小生成树的算法可知，如图7-14（d）所示的树是图7-14（a）的最小生成树。

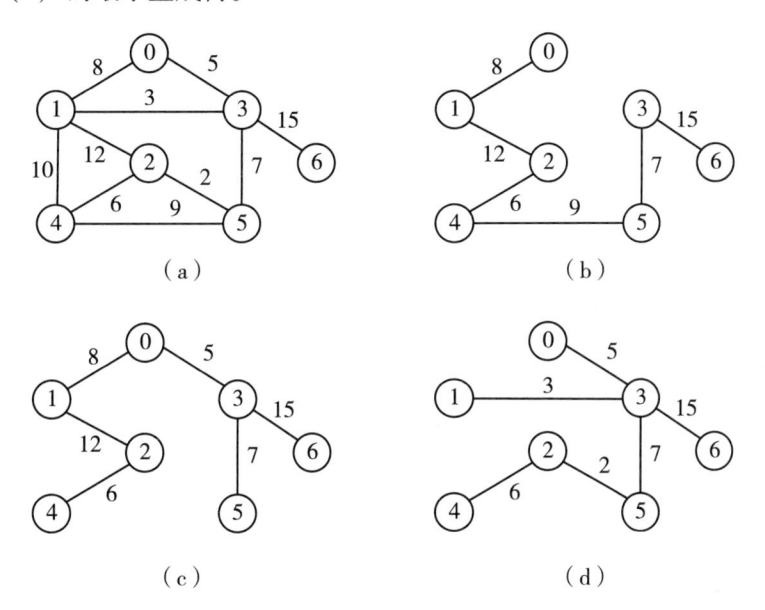

图7-14 连通网和它的生成树

（a）连通网；（b）权为57的生成树；（c）权为53的生成树；（d）权为38的生成树

求图的最小生成树很有实际意义。例如，若一个连通网表示城市之间的通信系统，网的顶点代表城市，网的边代表城市之间架设通信线路的造价，各城市之间的距离不同，地理条件不同，其造价也不同，即边上的权不同。现在要求既要连通所有城市，又要使总造价最低，这就是一个求图的最小生成树的问题。

求图的最小生成树的算法主要有两个：一个是普里姆算法（Prim's algorithm），另一个是克鲁斯卡尔算法（Kruskal's algorithm）。受篇幅所限，下面只介绍克鲁斯卡尔算法。

7.4.2 克鲁斯卡尔算法

1. 克鲁斯卡尔算法的思路

假设 G = (V,E) 是一个具有 n 个顶点的连通网，T = (U,TE) 是 G 的最小生成树，顶点集 U 的初值等于 V，即包含 G 中的全部顶点，边集 TE 的初值为空。此算法的基本思路是：将图 G 中的边按权值从小到大的顺序依次选取，若选取的边使生成树 T 不形成回路，则把它并入 TE 中保留，作为 T 的一条边，若选取的边使生成树 T 形成回路，则将其舍弃，如此进行下去，直到 TE 包含有 n-1 条边为止，此时的 T 即为最小生成树。

现以图 7-15（a）为例说明此算法。设此图是用边集数组表示的，且数组中各边是按权值从小到大的顺序排列的，如图 7-15（d）所示。若元素没有按序排列，则可通过调用排序算法，使之有序。算法要求将按权值从小到大的次序选取各边转换成按边集数组中下标次序选取各边。当选取前三条边时，均不产生回路，应将之保留，作为生成树 T 的边，如图 7-15（b）所示；选第四条边（2，3）10 时，将之与已保留的边形成回路，应舍去；接着保留（1，5）12 边，舍去（3，5）15 边；取到（0，1）18 边并保留后，保留的边数已够 5 条（n-1 条），此时必定将全部 6 个顶点连通起来，如图 7-15（c）所示，它就是如图 7-15（a）所示网的最小生成树。

	0	1	2	3	4	5	6	7	7	9
fromvex	0	1	1	2	1	3	0	3	0	4
endvex	4	2	3	3	5	5	1	4	5	5
weight	4	5	8	10	12	15	18	20	23	25

（d）

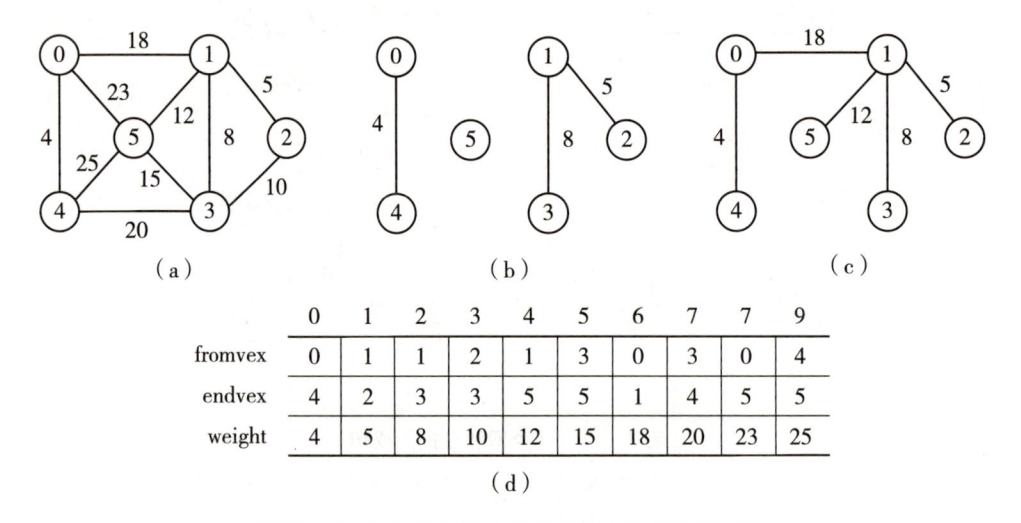

图 7-15 用克鲁斯卡尔算法求最小生成树的过程

（a）连通网；（b）选取到 3 条边；（c）构成最小生成树；（d）边集数组

实现克鲁斯卡尔算法的关键是：如何判断欲加入 T 中的一条边是否与生成树中已保留的边形成回路。可使用将各顶点划分为不同集合的方法来解决这个问题，每个集合中的顶点表示一个无回路的连通分量。算法开始时，由于生成树的顶点集等于图 G 的顶点集，边集为空，所以 n 个顶点分属于 n 个集合，每个集合中只有一个顶点，表明顶点之间互不连通。例如，对于图 7-15（a），其 6 个集合为：

$$\{0\},\{1\},\{2\},\{3\},\{4\},\{5\}$$

当从边集数组中按次序选取一条边时，若它的两个端点分属于不同的集合，则表明此边连通了两个不同的连通分量，因每个连通分量无回路，所以连通后得到的连通分量仍不会产生回路，此边应被保留作为生成树的一条边，同时把端点所在的两个集合合并成一个，即成为一个连通分量；当选取的一条边的两个端点同属于一个集合时，应舍弃此边，因同一个集合中的顶点是连通无回路的，若再加入一条边则必产生回路。在上述例子中，当选取 (0，4)、(1，2)、(1，3) 这三条边后，顶点的集合则变成如下三个：
$$\{0,4\},\{1,2,3\},\{5\}$$
下一条边 (2，3) 的两个端点同属于一个集合，故舍去，再下一条边 (1，5) 的两个端点属于不同的集合，应保留，同时把两个集合 $\{1,2,3\}$ 和 $\{5\}$ 合并成一个 $\{1,2,3,5\}$，以此类推，直到所有顶点同属于一个集合，即进行了 n-1 次集合的合并，保留了 n-1 条生成树的边为止。

2. 克鲁斯卡尔算法的具体实现

为了用 C 语言编写出利用克鲁斯卡尔算法求图的最小生成树的具体实现方法，设 GE 是具有 edgeset 类型的边集数组，并假定每条边都是按照权值从小到大的顺序存放的；再设 C 也是一个具有 edgeset 类型的边集数组，用该数组存储依次求得的生成树中的每一条边；另外，在算法内部还要定义一个具有 adjmatrix 类型的二维数组，假定用 s 表示，用它的每行存储每个连通子图的顶点集合，若该行中的元素 s[i][j]=1，则其表明顶点 v_j 属于 s[i] 集合。

根据以上分析，给出克鲁斯卡尔算法的具体描述如下：

【算法 7-8】 利用克鲁斯卡尔算法求图的最小生成树

```
void Kruskal(edgeset GE,edgeset C,int n) /*利用克鲁斯卡尔算法求
        边集数组 GE 所示图的最小生成树,树中每条边依次存于数组 C 中*/
{
    int i,j,k,d;
    /*定义 m1 和 m2 用来分别记录一条边的两个顶点所在集合的序号*/
    int m1,m2;
    /*二维数组 s 作为集合使用,其中每一行元素用来表示一个集合,
      若 s[i][j]==1 则表示 vj 顶点属于 s[i]集合,否则不属于 s[i]集合*/
    int * * s=calloc(n,sizeof(int * ));
    for(i=0; i<n; i++)s[i]=calloc(n,sizeof(int));
    /*初始化 s 集合,使每个顶点分属于不同的集合*/
    for(i=0; i<n; i++){
        for(j=0; j<n; j++)
            if(i==j)s[i][j]=1;
            else s[i][j]=0;
    }
    /*k 表示待获取的最小生成树中的边数,初值为 1*/
    k=1;
    /*d 表示 GE 中待扫描边元素的下标位置,初值为 0*/
    d=0;
```

```
    /*进行n-1次循环,得到最小生成树中的n-1条边*/
    while(k<n)
    {
    /*求边GE[d]的两个顶点所在集合的序号m1和m2*/
        for(i=0; i<n; i++){
            if(s[i][GE[d].fromvex]==1)m1=i;
            if(s[i][GE[d].endvex]==1)m2=i;
        }
    /*若两个集合序号不等,则表明GE[d]是生成树中的一条边,应被加入数组C中*/
        if(m1!=m2){
            C[k-1]=GE[d];
            k++;
        /*合并两个集合,并将另一个置为空集*/
            for(j=0; j<n; j++){
                s[m1][j]=s[m1][j]||s[m2][j];
                s[m2][j]=0;
            }
        }
    /*d后移一个位置,以便扫描GE中的下一条边*/
        d++;
    } //end while
}
```

例如,若利用图7-15(d)所示的边集数组调用此算法,则最后得到的C数组见表7-1。

表7-1 C数组

C	0	1	2	3	4
fromvex	0	1	1	1	0
endvex	4	2	3	5	1
weight	4	5	8	12	18

克鲁斯卡尔算法的时间复杂度和空间复杂度均为 $O(n^2)$。

3. 克鲁斯卡尔算法的程序调试

假定只使用一个文件,即主程序文件,文件名假定为"求图的最小生成树运算的主程序.c",其内容如下:

```
#include<stdio.h>
#include<stdlib.h>
```

```c
/*定义图的最大顶点数,它要大于或等于具体图的顶点数 n */
    #define MaxVertexNum 12
/*定义图的最大边数,它要大于或等于具体图的边数 e */
    #define MaxEdgeNum 20
/*定义图中顶点数据的类型 VertexType 为整型 */
    typedef int VertexType;
/*定义 vexlist 为存储顶点信息的数组类型 */
    typedef VertexType vexlist[MaxVertexNum];
/*定义边集数组的元素类型 */
    struct edgeElem {
        int fromvex;   /*边的起点域 */
        int endvex;    /*边的终点域 */
        int weight;    /*边的权域,对于无权图可省去此域 */
    };
/*定义 edgeset 为边集数组类型 */
    typedef struct edgeElem edgeset[MaxEdgeNum];

    void OutputEdgeset(edgeset GE, int e)    /*输出边集数组 */
    {
        int i;
        for(i = 0; i < e; i++)
            if(i < = e - 2)
                printf("(%d,%d,%d),",GE[i].fromvex,GE[i].endvex,GE[i].
                    weight);
            else printf("(%d,%d,%d)\n",GE[i].fromvex,GE[i].endvex,GE
                    [i].weight);
    }
    void Create3(vexlist GV,edgeset GE,int n,int e) /*通过从键盘上输入的
            n 个顶点信息和 e 条无向带权边的信息建立顶点数组 GV 和边集数组 GE */
    { /*上面已经给出,请读者补上 */
    }

    void Kruskal(edgeset GE,edgeset C,int n) /*利用克鲁斯卡尔算法求
            边集数组 GE 所示图的最小生成树,树中每条边依次存于数组 C 中 */
    { /*上面已经给出,请读者补上 */
    }
```

```
void main()
{
    int n,e;
    /*定义保存顶点信息的数组*/
    vexlist gv;
    /*定义保存图的边集的数组*/
    edgeset ge,c;
    /*输入一个图的顶点数和边数*/
    printf("输入待处理图的顶点数和边数:");
    scanf("%d %d",&n,&e);
    /*根据键盘输入建立图的边集数组,按权值从小到大的次序输入每条边*/
    printf("按权值从小到大的次序输入每条边:\n");
    Create3(gv,ge,n,e);
    /*利用克鲁斯卡尔算法求图的最小生成树*/
    printf("利用克鲁斯卡尔算法求图的最小生成树:\n");
    Kruskal(ge,c,n);
    OutputEdgeset(c,n-1);
}
```

假定按照图 7-15 输入数据,建立边集数组,则程序的运行过程如下:

输入待处理图的顶点数和边数:6 10
按权值从小到大的次序输入每条边:
输入 6 个顶点数据
0 1 2 3 4 5
输入 10 条带权边
0 4 4 1 2 5 1 3 8 2 3 10
1 5 12 3 5 15 0 1 18 3 4 20
0 5 23 4 5 25
利用克鲁斯卡尔算法求图的最小生成树:
(0,4,4),(1,2,5),(1,3,8),(1,5,12),(0,1,18)

*7.5 最短路径

7.5.1 最短路径的概念

由图的概念可知,在一个图中,若从一个顶点到另一个顶点存在一条路径(这里只讨论无回路的简单路径)，则称其路径长度等于该路径所经过的边的数目，它也等于该路径上的顶点数减1。由于从一个顶点到另一个顶点可能存在多条路径，每条路径所经过的边数可能不同，即路径长度不同，把路径长度最短（经过的边数最少）的那条路径叫作**最短路径**，其路径长度叫作**最短路径长度**或**最短距离**。

上面所述的图的最短路径问题只是对无权图而言的，若图是带权图，则把从一个顶点 i 到图中其余任一个顶点 j 的一条路径所经过边的权值之和定义为该路径的**带权路径长度**。从 v_i 到 v_j 可能不止一条路径，把带权路径长度最短（值最小）的那条路径也称作**最短路径**，其权值也称作**最短路径长度**或**最短距离**。

例如，在图 7-16 中，从 v_0 到 v_4 共有 3 条路径：{0, 4}、{0, 1, 3, 4} 和 {0, 1, 2, 4}，其带权路径长度分别为 30、23 和 38，可知最短路径为 {0, 1, 3, 4}，最短距离为 23。

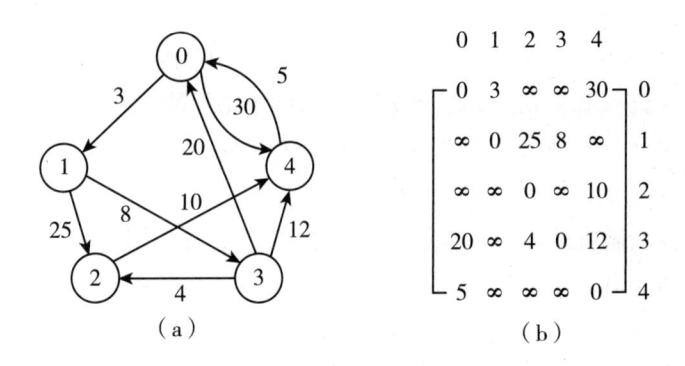

图 7-16 有向带权图及其邻接矩阵
(a) 有向带权图；(b) 邻接矩阵

实际上，这两类最短路径问题可合并为一类，只要把无向带权图上的每条边标上数值为 1 的权其就归属于有权图了，所以在以后的讨论中，若不特别指明，均认为是求带权图的最短路径问题。

求图的最短路径问题的用途很广。例如，若用一个图表示城市之间的运输网，图的顶点代表城市，图上的边表示两端点对应城市之间存在运输线，边上的权表示该运输线上的运输时间或单位重量的运费，考虑两座城市间的海拔高度不同，流水方向不同等因素，将造成来回运输时间或运费的不同，所以这种图通常是一个有向图。如何能够使从一个城市到另一个城市的运输时间最短或者运费最省呢？这就是一个求两座城市间的最短路径问题。

求图的最短路径问题包括两个方面：一是求图中一个顶点到其余各顶点的最短路径，二是求图中每对顶点之间的最短路径。受篇幅所限，这里只讨论求图中一个顶点到其余各顶点的最短路径的问题，并且只讨论算法思路，不讨论算法的具体实现。

7.5.2 从一个顶点到其余各顶点的最短路径

对于一个具有 n 个顶点和 e 条边的图 G,从某顶点 v_i(称此为源点)到其余任意顶点 v_j(称此为终点)的最短路径,可能是它们之间的边 (i, j) 或 <i, j>,也可能是经过 k 个($1 \leqslant k \leqslant n-2$,最多经过除源点和终点之外的所有顶点)中间顶点和 k+1 条边所形成的路径。例如,在图 7-16 中,从 v_0 到 v_1 的最短路径就是它们之间的有向边 <0, 1>,其长度为 3;从 v_0 到 v_4 的最短路径经过两个中间点 v_1 和 v_3 以及 3 条有向边 <0, 1>、<1, 3> 和 <3, 4>,其长度为 23。

那么,如何求出从源点 i 到图中其余每一个顶点的最短路径呢?**迪杰斯特拉**(Dijkstra)于 1959 年提出了解决此问题的一般算法,具体做法是按照从源点到其余每一顶点的最短路径长度的升序依次求出从源点到各顶点的最短路径及长度,每次求出从源点 i 到一个终点 m 的最短路径及长度后,都要以该顶点 m 作为新考虑的中间点,用 v_i 到 v_m 的最短路径和最短路径长度对 v_i 到其他尚未求出最短路径的那些终点的当前最短路径及长度做必要的修改,使之成为当前新的最短路径和最短路径长度,当进行 n-2 次(因最多考虑 n-2 个中间点)后算法结束。

迪杰斯特拉算法需要设置一个集合,假定用 S 表示,其作用是保存已求得最短路径的终点序号,它的初值中只有一个元素,即源点 i,以后每求出一个从源点 i 到终点 m 的最短路径,就将该顶点 m 并入 S 集合中,以便将其作为新考虑的中间点;还需要设置一个具有权值类型的一维数组 dist[n],该数组中的第 j 个元素 dist[j] 用来保存从源点 i 到终点 j 的目前最短路径长度,它的初值为 (i, j) 或 <i, j> 边上的权值,若 v_i 到 v_j 没有边,则权值为 MaxValue,以后每考虑一个新的中间点时,dist[j] 的值可能变小;另外,再设置一个与 dist 数组相对应的、类型为 edgenode * 的一维指针数组 path,该数组中的第 j 个元素 path[j] 指向一个单向链表,该单向链表保存着从源点 i 到终点 j 的目前最短路径,即一个顶点序列,当 v_i 到 v_j 存在一条边时,则 path[j] 初始指向由顶点 i 和 j 构成的单向链表,否则 path[j] 的初值为空。

此算法的执行过程是:首先从 S 集合以外的顶点(待求出最短路径的终点)所对应的 dist 数组元素中,查找出其值最小的元素,假定为 dist[m],该元素值就是从源点 i 到终点 m 的最短路径长度(证明从略),对应 path 数组中的元素 path[m] 所指向的单向链表链接着从源点 i 到终点 m 的最短路径,即经过的顶点序列或称边序列;接着把已求得最短路径的终点 m 并入集合 S 中,然后以 v_m 作为新考虑的中间点,对 S 集合以外的每个顶点 j,比较 dist[m] + GA[m][j](GA 为图 G 的邻接矩阵)与 dist[j] 的大小,若前者小于后者,表明加入了新的中间点 v_m 之后,从 v_i 到 v_j 的路径长度比原来短,应用它替换 dist[j] 的原值,使 dist[j] 始终保持到目前为止最短的路径长度,同时把 path[m] 单向链表复制到 path[j] 上,并在其后插入 v_j 结点,使其构成从源点 i 到终点 j 的目前最短路径。重复 n-2 次上述运算过程，即可在 dist 数组中得到从源点 i 到其余每个顶点的最短路径长度，在 path 数组中得到相应的最短路径。

为了简便起见，可采用一维数组 s[n] 保存已求得的最短路径的终点的集合 S，具体做法是：若顶点 j 在集合 S 中，则令数组元素 s[j] 的值为真，否则为假。这样，当判断一个顶点 j 是否在集合 S 以外时，只要判断对应的数组元素 s[j] 是否为假即可。

例如，对于图 7-16 来说，若求从源点 v_0 到其余各顶点的最短路径，则开始时 3 个一维数组 s、dist 和 path 的值见表 7-2。

表 7-2 数组 s、dist 和 path 的值

	0	1	2	3	4
s	1	0	0	0	0
dist	0	3	∞	∞	30
path		v_0, v_1			v_0, v_4

下面开始进行第一次运算，求出从源点 v_0 到第一个终点的最短路径。首先从 s 元素为 0 时的对应 dist 元素中，查找出值最小的元素，求得 dist[1] 的值最小，所以第一个终点为 v_1，最短距离为 dist[1] = 3，最短路径为 path[1] = {0,1}。接着把 s[1] 置为真 (1)，表示 v_1 已加入 S 集合中，然后以 v_1 为新考虑的中间点，对 s 数组中元素为假 (0) 的每个顶点 j（此时 2≤j≤4）的目前最短路径长度 dist[j] 和目前最短路径 path[j] 进行必要修改，因 dist[1] + GA[1][2] = 3 + 25 = 28，小于 dist[2] = ∞，所以将 28 赋给 dist[2]，将 path[1] 并上 v_2 后赋给 path[2]，同理因 dist[1] + GA[1][3] = 3 + 8 = 11，小于 dist[3] = ∞，所以将 11 赋给 dist[3]，将 path[1] 并上 v_3 后赋给 path[3]。最后再看从 v_0 到 v_4，以 v_1 作为新考虑的中间点的情况。由于 v_1 到 v_4 没有出边，所以 GA[1][4] = ∞，故 dist[1] + GA[1][4] 不小于 dist[4]，因此 dist[4] 和 path[4] 无须修改，应维持原值。至此，第一次运算结束，3 个一维数组的当前状态见表 7-3。

表 7-3 3 个一维数组的当前状态 (1)

	0	1	2	3	4
s	1	1	0	0	0
dist	0	3	28	11	30
path		v_0, v_1	v_0, v_1, v_2	v_0, v_1, v_3	v_0, v_4

下面开始进行第二次运算，求出从源点 v_0 到第二个终点的最短路径。首先从 s 数组中元素为 0 时的对应 dist 元素中，查找出值最小的元素，求得 dist[3] 的值最小，所以第二个终点为 v_3，最短距离为 dist[3] = 11，最短路径为 path[3] = {0,1,3}。接着把

s [3] 置为 1，然后以 v_3 作为新考虑的中间点，对 s 中元素为 0 的每个顶点 j（此时 j = 2，4）的 dist [j] 和 path [j] 进行必要的修改。因 dist[3] + GA[3][2] = 11 + 4 = 15，小于 dist[2] = 28，所以将 15 赋给 dist [2]，将 path [3] 并上 v_2 后赋给 path [2]。同理，因 dist[3] + GA[3][4] = 11 + 12 = 23，小于 dist[4] = 30，所以将 23 赋给 dist [4]，将 path [3] 并上 v_4 后赋给 path [4]。至此，第二次运算结束，3 个一维数组的当前状态见表 7 – 4。

表 7 – 4　3 个一维数组的当前状态（2）

	0	1	2	3	4
s	1	1	0	1	0
dist	0	3	15	11	23
path		v_0，v_1	v_0，v_1，v_3，v_2	v_0，v_1，v_3	v_0，v_1，v_3，v_4

下面开始进行第三次运算，求出从源点 v_0 到第三个终点的最短路径。首先从 s 中元素为 0 时的对应 dist 元素中，查找出值最小的元素为 dist [2]，所以求得第三个终点为 v_2，最短距离为 dist [2] = 15，最短路径为 path[2] = {0,1,3,2}。接着把 s [2] 置为 1，然后以 v_2 作为新考虑的中间点，对 s 中元素为 0 的每个顶点 j（此时只有 v_4 一个）的 dist [j] 和 path [j] 进行必要的修改，因 dist [2] + GA [2][4] = 15 + 10 = 25，大于 dist [4] = 23，所以无须修改，原值不变。至此，第三次运算结束，3 个一维数组的当前状态见表 7 – 5。

表 7 – 5　3 个一维数组的当前状态（3）

	0	1	2	3	4
s	1	1	1	1	0
dist	0	3	15	11	23
path		v_0，v_1	v_0，v_1，v_3，v_2	v_0，v_1，v_3	v_0，v_1，v_3，v_4

由于图中有 5 个顶点，只需运算 3 次，即 n – 2 次，虽然此时还有一个顶点未加入 S 集合中，但它的最短路径及最短距离已经最后确定，所以整个运算结束。最后在 dist 中得到从源点 v_0 到每个顶点的最短路径长度，在 path 中得到相应的最短路径。

7.6　拓扑排序

一个较大的工程往往被划分成许多子工程，这些子工程称作**活动**（activity）。在整个工程中，有些子工程（活动）必须在其他有关子工程完成之后才能开始，也就是说，一个子工程的开始是以它的所有前序子工程的结束为先决条件的，但有些子工程没有先决条件，可以被安排在任何时间开始。为了形象地反映出整个工程中各个子工程（活动）之间的先后关系，可用一个有向图来表示，图中的顶点代表活动（子工程），图中的有向边代表活动的先后关系，即有向边的起点的活动是终点活动的前序活动，只有当起点活动完成之后，其终点活动才能进行。通常，把这种用顶点表示活动、用边表示活动间优先关系的有向图称作**顶点活动网**（activity on vertex network），简称 **AOV** 网。

例如，假定一个计算机专业的学生必须完成表 7-6 列出的全部课程。在这里，课程代表活动，学习一门课程就表示进行一项活动，学习每门课程的先决条件是学完它的全部先修课程。如"数据结构"课程就必须安排在它的两门先修课程"离散数学"和"C语言"之后。"高等数学"课程则可以随时安排，因为它是基础课程，没有先修课程。

表 7-6 课程表

课程代号	课程名称	先修课程
C1	高等数学	无
C2	程序设计基础	无
C3	离散数学	C1，C2
C4	数据结构	C3，C5
C5	C 语言	C2
C6	编译技术	C4，C5
C7	操作系统	C4，C9
C8	普通物理	C1
C9	计算机原理	C8

若用 AOV 网表示这种课程安排的先后关系，则如图 7-17 所示。图中每个顶点代表一门课程，每条有向边代表起点对应的课程是终点对应课程的先修课程。从图中可以清楚地看出各课程之间的先修和后续的关系，如课程 C5 的先修课程为 C2，后续课程为 C4 和 C6；C6 的先修课程为 C4 和 C5，它无后续课。

一个 AOV 网应该是一个有向无环图，即不应该带有回路，因为若其带有回路，则回路上的所有活动都无法进行。如图 7-18 所示是一个具有 3 个顶点的回路，由 <A，B> 边可得 B 活动必须在 A 活动之后，由 <B，C> 边可得 C 活动必须在 B 活动之后，所以推出 C 活动必然在 A 活动之后，但由 <C，A> 边可得 C 活动必须在 A 活动之前，从而出现矛盾，每项活动都无法进行。这种情况若在程序中出现，则称为死锁或死循环，是必须避免的。

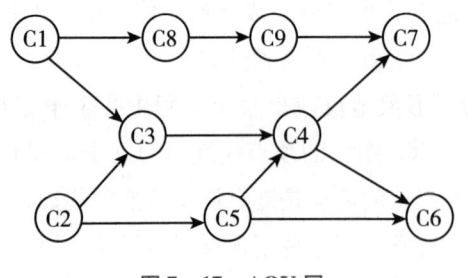

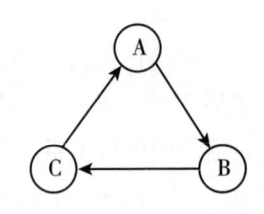

图 7-17 AOV 网　　　　　　图 7-18 3 个顶点的回路

在 AOV 网中，若不存在回路，则所有活动可排列成一个线性序列，每个活动的所有前驱活动都排在该活动的前面，此序列称作**拓扑序列**（topological order），由 AOV 网构造拓扑序列的过程叫作**拓扑排序**（topological sort）。AOV 网的拓扑序列不是唯一的，满足上述定义的任一线性序列都称作它的拓扑序列。例如，下面的 3 个序列都是图 7-17 所示 AOV 网的拓扑序列，当然还可以写出更多：

（1）C1，C8，C9，C2，C3，C5，C4，C7，C6。
（2）C2，C1，C3，C5，C4，C6，C8，C9，C7。
（3）C1，C2，C3，C8，C9，C5，C4，C6，C7。

由 AOV 网构造出拓扑序列的实际意义是：如果按照拓扑序列中的顶点次序进行每一项活动，就能够保证它的所有前驱活动此前都已完成，从而使整个工程顺序进行，不会出现冲突。

由 AOV 网构造拓扑序列的拓扑排序算法主要是循环执行以下两步，直到不存在入度为 0 的顶点为止：

（1）选择一个入度为 0 的顶点并将其输出。
（2）从网中删除此顶点及所有出边。

循环结束后，若输出的顶点数小于网中的顶点数，则输出"有回路"信息，否则输出的顶点序列就是一种拓扑序列。

下面以图 7-19（a）为例，说明拓扑排序算法的执行过程。

（1）在图 7-19（a）中 v_0 和 v_1 的入度都为 0，不妨选择 v_0 并输出，接着删去顶点 v_0 及出边 <0，2>，得到的结果如图 7-19（b）所示。

（2）在图 7-19（b）中只有一个入度为 0 的顶点 v_1，输出 v_1，接着删去 v_1 和它的 3 条出边 <1，2>、<1，3> 和 <1，4>，得到的结果如图 7-19（c）所示。

（3）在图 7-19（c）中 v_2 和 v_4 的入度都为 0，不妨选择 v_2 并输出它，接着删去 v_2 及两条出边 <2，3> 和 <2，5>，得到的结果如图 7-19（d）所示。

（4）在图 7-19（d）上依次输出顶点 v_3、v_4 和 v_5，并在每个顶点输出后删除该顶点及出边。其操作都很简单，不再赘述。

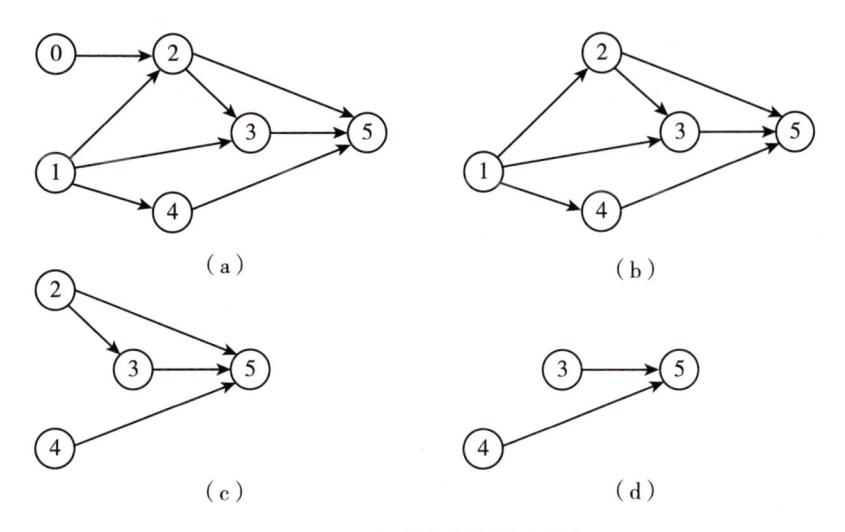

图 7-19　拓扑排序的图形说明

(a) AOV 网；(b) 删除顶点 0 后；(c) 删除顶点 1 后；(d) 删除顶点 2 后

习题

一、单项选择题

1. 设无向图的顶点个数为 n，则该图最多有（　　）条边。
   A. n-1　　　　B. n(n-1)/2　　　C. n(n+1)/2　　　D. n(n-1)

2. n 个顶点的连通图至少有（　　）条边。
   A. n-1　　　　B. n　　　　　　C. n+1　　　　　D. 0

3. 在一个无向图中，所有顶点的度数之和等于所有边数的（　　）倍。
   A. 3　　　　　B. 2　　　　　　C. 1　　　　　　D. 1/2

4. 具有 n 个（n>1）顶点的强连通图中至少含有（　　）条有向边。
   A. n-1　　　　B. n　　　　　　C. n(n-1)/2　　　D. n(n-1)

5. 具有 n 个顶点的有向无环图最多可包含（　　）条有向边。
   A. n-1　　　　B. n　　　　　　C. n(n-1)/2　　　D. n(n-1)

6. 一个有 n 个顶点和 n 条边的无向图一定是（　　）。
   A. 连通的　　　B. 不连通的　　　C. 无环的　　　　D. 有环的

7. 已知如图 7-20 所示的一个图，若从顶点 a 出发，按深度优先搜索法进行遍历，则可能得到的一种顶点序列为（　　）。
   A. abedfc　　　B. acfebd　　　　C. aebcfd　　　　D. aedfcb

8. 已知如图 7-21 所示的一个图，若从顶点 a 出发，按广度优先搜索法进行遍历，则可能得到的一种顶点序列为（　　）。
   A. abcedf　　　B. abcefd　　　　C. aebcfd　　　　D. acfdeb

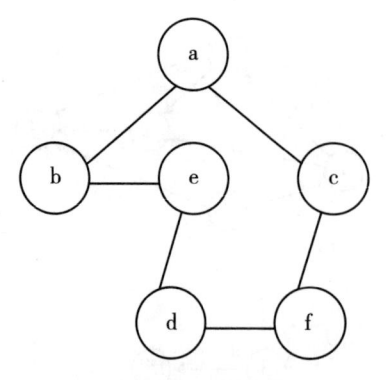

图 7-20　单项选择题 7 图　　　　　　　图 7-21　单项选择题 8 图

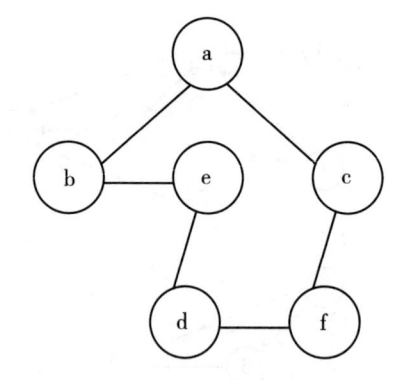

9. 已知如图 7-22 所示的一个图，若从顶点 V_1 出发，按深度优先搜索法进行遍历，则可能得到的一种顶点序列为（　　）。

A. $V_1V_2V_4V_8V_5V_3V_6V_7$　　　　　　B. $V_1V_2V_4V_5V_8V_3V_6V_7$
C. $V_1V_2V_4V_8V_3V_5V_6V_7$　　　　　　D. $V_1V_3V_6V_7V_2V_4V_5V_8$

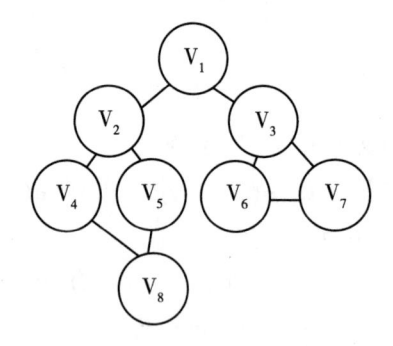

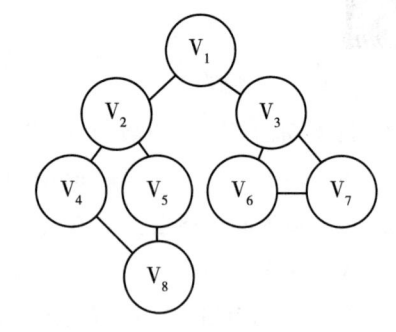

图 7-22　单项选择题 9 图　　　　　　　图 7-23　单项选择题 10 图

10. 已知如图 7-23 所示的一个图，若从顶点 V_1 出发，按广度优先搜索法进行遍历，则可能得到的一种顶点序列为（　　）。

A. $V_1V_2V_3V_6V_7V_4V_5V_8$　　　　　　B. $V_1V_2V_3V_4V_5V_8V_6V_7$
C. $V_1V_2V_3V_4V_5V_6V_7V_8$　　　　　　D. $V_1V_2V_3V_4V_8V_5V_6V_7$

二、综合题

1. (1) 说明什么是顶点活动网（AOV 网）和拓扑序列。

(2) 设有向图如图 7-24 所示，写出所有拓扑序列。

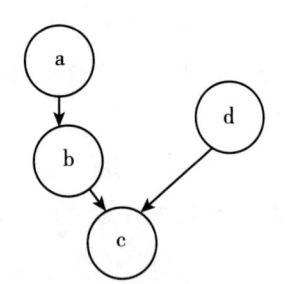

(3) 在图 7-25 中增加一条边，使图仅有一种拓扑序列。

2. (1) 说明什么是拓扑排序。

(2) 举例（用 3 个顶点的图）说明顶点活动网（AOV

图 7-24　综合题 1 图 (1)

网）不能带有回路。

（3）设有向图如图 7-25 所示，写出先删除顶点 1 的 5 种拓扑序列。

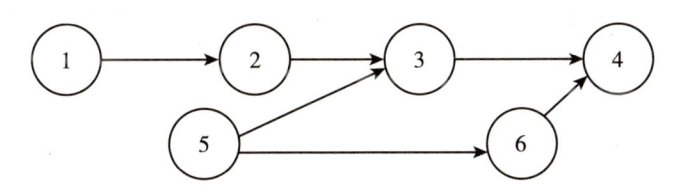

图 7-25　综合题 1 图（2）

3.（1）简述拓扑排序的步骤。

（2）说明有向图的拓扑序列不一定是唯一的原因。

（3）如何利用拓扑排序算法判定图是否存在回路？

（4）设有向图如图 7-26 所示，写出先删除顶点 1 的 3 种拓扑序列。

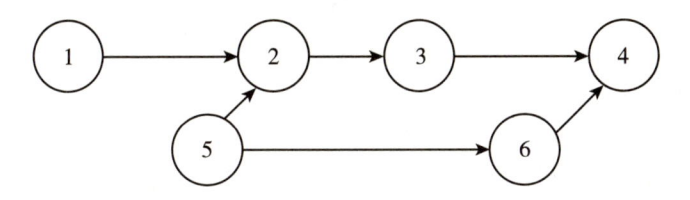

图 7-26　综合题 3 图

4. 对于图 7-27（a）和图 7-27（b），按下列条件分别写出从顶点 v_0 出发，按深度优先搜索遍历得到的顶点序列和按广度优先搜索遍历得到的顶点序列。

（1）假定它们均采用邻接矩阵表示。

（2）假定它们均采用邻接表表示，并且假定每个顶点邻接表中的结点是按顶点序号从大到小的次序连接的。

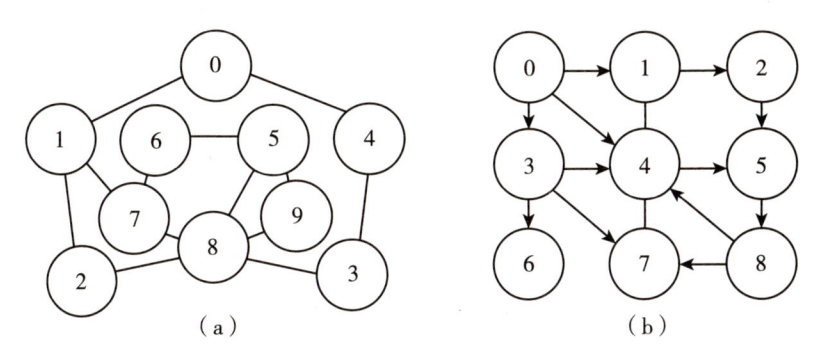

（a）　　　　　　　　（b）

图 7-27　综合题 4 图

(a) 无向图；(b) 有向图

5. 对于图 7-28（a）：

（1）画出最小生成树并求出它的权。

（2）按照用克鲁斯卡尔算法求最小生成树时所得到的各边的次序写出各条边。

（3）按照用迪杰斯特拉算法求从顶点0到其余各顶点的最短路径长度。

6. 对于图7-28（b），试给出一种拓扑序列，当出现多于一个入度为0的顶点时，则序号最大的顶点优先被删除。

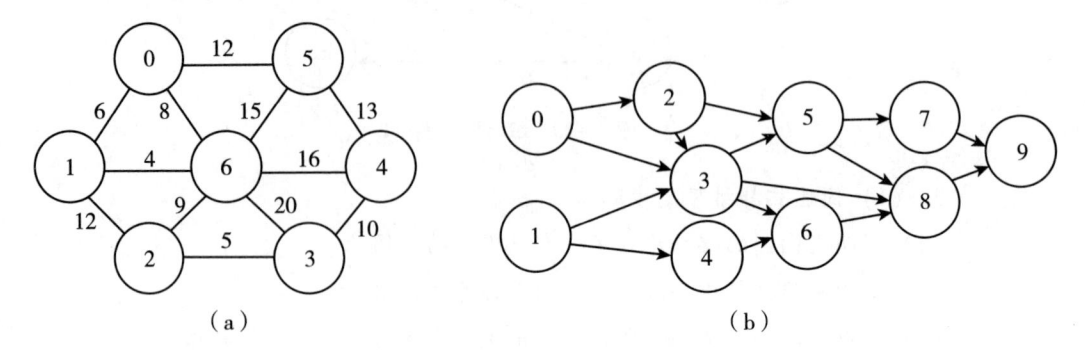

图7-28 综合题5图
（a）无向带权图；（b）AOV网

三、算法设计题

1. 根据有向图的邻接矩阵GA求出序号为numb的顶点的度数。

2. 根据无向图的邻接表GL求出序号为numb的顶点的度数。

3. 求出一个用邻接矩阵GA表示的图中所有顶点的最大出度值。

第 8 章　查找

查找算法在计算机信息处理、数据库查询等方面有着广泛的应用，与人们的日常生活密切相关，如从图书馆查找图书、从档案室查找人员信息、从电话簿查找电话号码等。查找算法的性能和能否针对不同要求选用恰当的查找算法，直接影响到查找效率，所以对查找算法的研究和应用一直是相关领域关注的课题。在数据集合中进行查找，所使用的方法与该数据集合的存储结构密切相关。本章在介绍有关查找的基本概念的基础上，结合不同的数据结构介绍顺序表查找、二叉排序树查找和哈希表查找的基本原理和算法。

通过本章的学习，要求：

（1）掌握查找的确切定义和相关概念。

（2）掌握在顺序表上进行顺序查找的步骤、算法、时间复杂度和平均查找长度。

（3）掌握在有序的顺序表上进行折半查找的步骤和算法，掌握折半查找过程对应的判定树（二分查找树）。了解折半查找的时间复杂度，能针对具体实例由判定树求平均查找长度及求某个元素的查找长度。

（4）掌握二叉排序树的有关操作（建立、插入、删除等）。

（5）了解哈希表的相关概念和原理，了解常用、简单哈希函数的构造和处理冲突的方法。

8.1　查找的基本概念

简单来说，查找就是在数据元素（或记录）的集合中找出"满足查找要求"的数据元素（记录）。以下叙述中，统一采用"记录"这一名词。为了给出查找的确切定义，首先介绍有关查找的一些基本概念。

（1）**查找表**（search table）：由同一类型的记录构成的集合。

（2）**关键字**（key）：记录中某个数据项的值，用它可以识别、确定一个记录。

（3）**主关键字**（primary key）：在查找表中，通过记录的某关键字能唯一地确定一个记录，称该关键字为主关键字。

（4）**次关键字**（secondary key）：在查找表中，通过记录的某个关键字能确定多个记录，称该关键字为次关键字。

（5）**查找**（searching）：给定一个确定的值，在查找表中确定是否有一个记录，其相应的关键字等于给定值的操作。

查找过程实际上是将给定值与查找表中记录的关键字相比较，从而确定满足查找要求的记录是否存在于该查找表中。查找的结果有两种：一种是在查找表中存在这样一个记录，称为查找成功，查找结果通常返回该记录在查找表中的位置或记录的相关信息；另一种是查遍整个查找表也未找到关键字与给定值相等的记录，称查找失败，查找结果可以给出一个"空元素"或"空指针"。

根据对查找表进行的不同操作，可把查找表分为静态查找表和动态查找表两种。静态查找表是指只查询要求的记录是否存在于查找表中或检索某个特定记录的有关属性。动态查找表是指除了上述操作，有可能还要对查找表进行以下操作：如所查记录不存在，则将其插入给定的查找表中；若查到给定的记录，则将其从查找表中删除或修改其内容等。

查找的基本操作是将给定值与查找表中记录的关键字进行比较，基于比较的查找算法的效率通常取决于给定值和关键字比较的次数。所以，可以用给定值与关键字比较次数的平均值来作为衡量算法的一个标准。为了确定记录在查找表中的位置，需要和给定值比较的关键字个数的数学期望值，称为查找算法在查找成功时的平均查找长度（average search length），简记为 ASL。若查找表有 n 个记录，则

$$ASL = \sum_{i=1}^{n} c_i p_i$$

其中，p_i 为在查找表中查找第 i 个记录的概率，且 $\sum_{i=1}^{n} p_i = 1$；c_i 为查找到其关键字与给定值相等的第 i 个记录时，和给定值已进行过比较的关键字的个数。

8.2 线性表的查找

本节讨论的查找表为线性表，其存储结构为一维结构数组，即顺序表，数组的一个元素对应查找表的一个记录。在此种结构下，本节主要介绍以下三种查找方法：顺序查找、折半查找和分块查找。为了简单起见，又不失一般性，设记录中只有一个整数关键字，存放记录的结构体类型描述如下：

```
typedef struct
{ int key;            /*存放关键字的成员项*/
  ……                  /*其他成员项*/
} NODE;
```

8.2.1 顺序查找

顺序查找（sequential search）是一种最简单的查找方法。现假设查找表中有 n 个记录，顺序存放在某个数组 a 中。顺序查找的方法为：从顺序表的一端开始，将给定值依次与数组中各个记录的关键字进行比较，若在表中找到某个记录的关键字与给定值相等，则查找成功，返回记录所在位置的下标 i；若在查找完表中所有记录后也未查找到与给定值相等的关键字的记录，则查找失败，给出失败信息。该算法适合顺序表中记录的关键字无序的情况。

【算法 8-1】顺序查找

```
int search(NODE a[],int n,int k)
/*在 a[0]~a[n-1]中顺序查找关键字等于 k 的记录。查找成功时返回该记录的下标,
    失败时返回 -1 */
{
    int i =0;
    while(i<n && a[i].key! =k)     /*没有查到同时查找过程没有结束,则继续
                                      查找 */
    i ++;
    if(a[i].key = = k)             /*查找成功 */
    return i;
    else return -1;                /*查找失败 */
}
```

在该算法中，while 循环语句中包含两个判断条件，势必会影响查找的速度，因此要尽可能减少判断条件以提高效率。这里介绍一个编程小技巧来达到这一目的。具体做法是：在顺序表的末尾设置一个监视哨 a[n].key，在开始查找之前，先将给定关键字的值 k 赋给 a[n].key，这样在循环中就不用判断整个表是否查找完毕了。具体算法如下：

【算法 8-2】改进的顺序查找

```
int search(NODE a[],int n,int k)
/*在 a[0]~a[n-1]中顺序查找关键字等于 k 的记录。查找成功时返回该记录的下标,
    失败时返回 -1 */
{
    int i =0;
    a[n].key = k;
    while(a[i].key! = k)
```

```
    i ++;
  if(i > =n)
    return -1;          /*查找成功*/
  else
    return i;           /*查找失败*/
}
```

顺序查找的基本操作是关键字的比较。查找成功的最好情况是第一个记录就符合查找要求，只需进行一次比较；最坏情况是第 n 个记录符合查找要求，要进行 n 次比较。若每个记录的查找概率相等，即 $p_i = 1/n$，且每次都查找成功，则顺序查找的平均查找长度为：

$$ASL = \sum_{i=1}^{n} c_i p_i = \frac{1}{n} \sum_{i=1}^{n} i = \frac{n+1}{2} \approx n/2$$

对于【算法 8 - 2】，查找不成功时关键字的比较次数为 n + 1，顺序查找的算法时间复杂度为 O(n)。

8.2.2 折半查找

折半查找（binary search）又称为二分查找。使用该查找方法的前提条件是，查找表中记录相应的关键字值必须按升序或降序排列。本节讨论的顺序表的有关存储方式和查找要求与 8.2.1 节相同。具体的查找过程如下：

假设顺序表中记录的关键字按升序排列，设置三个变量 low、mid 和 high，分别指向表的当前待查范围的下界、中间位置和上界。令 mid = $\lfloor (low + high)/2 \rfloor$，初始状态时，low = 0，high = n - 1，即数组的起、止下标，给定的查找值为 k。将 k 与 a[mid].key 进行比较，若 k = a[mid].key，则查找成功；若 k < a[mid].key，因为顺序表按升序排列，所以值为 k 的记录只可能存在于查找表的前半部分，修改上界指示变量 high 的值，令 high = mid - 1，下界指示变量 low 的值不变，继续折半查找；若 k > a[mid].key，则值为 k 的记录只可能存在于查找表的后半部分，修改下界指示变量 low 的值，令 low = mid + 1，上界指示变量 high 的值不变，继续在后半部分进行折半查找。比较 low 和 high 的值，若 low≤high，重复执行前面的步骤，反之，若 low > high，则说明整个表已经查找完毕，此时若表中仍查不到关键字为 k 的记录，则查找失败。

例 8 - 1 设顺序表中有 8 个记录，它们的关键字依次为 {8，11，18，28，45，55，63，80}，用折半查找方法在该顺序表中查找关键字为 55 和 20 的记录。折半查找关键字 55 的过程如图 8 - 1 所示。

初始状态时，low = 0，high = 7，mid = $\lfloor (0+7)/2 \rfloor$ = 3，low 指向 a[0].key = 8，mid 指向 a[3].key = 28，high 指向 a[7].key = 80，如图 8 - 1 (a) 所示。k = 55，将 k 与

a[mid].key 相比较，若 k > a[mid].key，表明若待查记录存在，则必定在区间 [mid+1, high] 中，所以，此时令 low = mid + 1，有 low = 4，high = 7，从而求得新的 mid = $\lfloor (4+7)/2 \rfloor$ = 5，如图 8-1（b）所示。k 继续与 a[mid].key 进行比较，由于 k == a[mid].key，查找成功，返回记录的下标为 5。

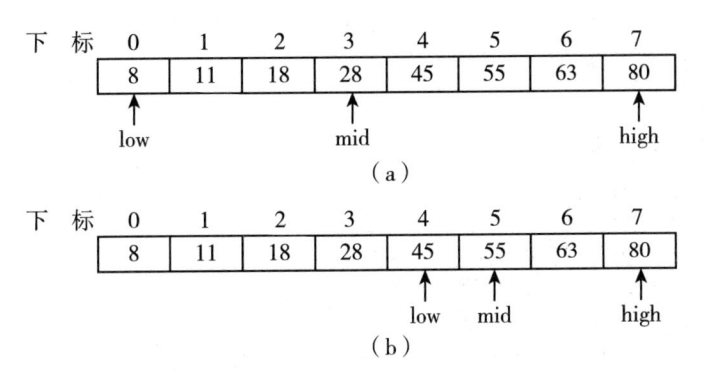

图 8-1 折半查找关键字 55 的过程

若查找关键字为 20 的记录，则其查找过程如图 8-2 所示。初始状态时，low = 0，high = 7，mid = $\lfloor (0+7)/2 \rfloor$ = 3，low 指向 a[0].key = 8，mid 指向 a[3].key = 28，high 指向 a[7].key = 80，如图 8-2（a）所示。因为 k < a[mid].key，所以令 high = mid - 1，mid = $\lfloor (0+2)/2 \rfloor$ = 1，如图 8-2（b）所示，继续比较，又因为 k > a[mid].key，所以令 low = mid + 1，mid = $\lfloor (2+2)/2 \rfloor$ = 2，如图 8-2（c）所示。k > r[mid].key，所以令 low = mid + 1，low = 3，low > high，说明整个表已经查询完毕，没有找到关键字等于 k 的记录，查找失败。

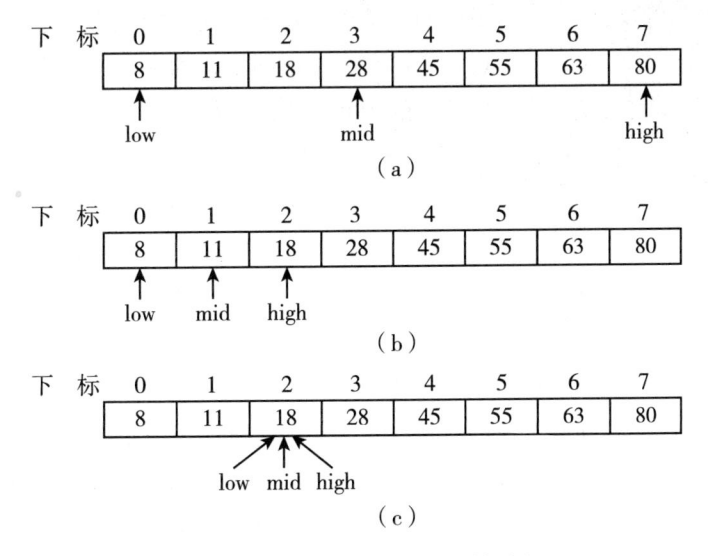

图 8-2 折半查找关键字 20 的过程

【算法8-3】 折半查找

```
int Binary_Search(NODE a[],int n,int k)
/*在a[0]到a[n-1]中,用折半查找算法查找关键字等于k的记录,查找成功返回该记
  录的下标,失败时返回-1 */
{
    int low,mid,high;
    low = 0;
    high = n - 1;
    while(low < = high)
    {
        mid = (low + high)/2;
        if(a[mid].key = = k)
            return mid;                    /*查找成功,返回查找到的记录的下标*/
        else if(a[mid].key < k)
            low = mid + 1;                 /*取后半查找区间*/
        else high = mid - 1;               /*取前半查找区间*/
    }
    return -1;                             /*查找失败*/
}
```

折半查找的过程可以用一棵二叉树描述,树中的每个结点相应于查找表中的一个记录,结点的值为相应记录在查找表中的位置值。根结点的值是查找表的中间元素的下标,左子树的结点是关键字小于中间元素的左子表,左子树的根结点是左子表的中间元素的下标;右子树的结点是关键字大于中间元素的右子表,右子树的根结点是右子表的中间元素的下标……以此类推得到相应的判定树。设查找表为(6,14,20,21,38,56,68,78,85,85,100),元素的下标位置依次为0,1,2,…,10,对应的判定树如图8-3所示,从表中看出查找21要经过3次比较,查找100要经过4次比较。在等概率条件下,可求得成功查找的平均查找长度为:

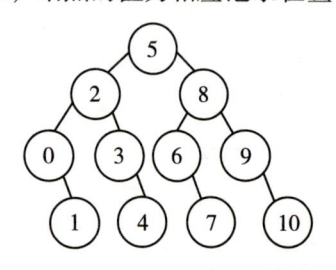

图8-3 折半查找对应的判定树

$$ASL = (1 + 2*2 + 3*4 + 4*4)/11 = 3$$

当查找成功时,最好情况下的比较次数为1。查到每个记录的比较次数等于该结点在判定树中的深度。折半查找算法的时间复杂度为$O(\log_2 n)$。很显然,折半查找的效率要比顺序查找高得多,但是该方法只适用于顺序存储结构的有序表,没有顺序查找的使用范围广。

8.2.3 分块查找

分块查找（又称为索引顺序查找）是顺序查找的一种改进方法。在分块查找时，把表内的记录按某种属性分成 n（n>1）个块（子表），且块间有序，即后一个块中所有记录关键字的值比前一个块中所有记录关键字的值都大，而块内关键字的值的大小可以是无序的。然后建立一个相应的"索引表"，索引表由若干个索引记录组成，每个索引记录对应一个块。索引记录包含两个数据项，即对应块内最大关键字的值和块中第一个记录位置的地址指针。

分块查找分为两个步骤：第一步是要对索引表进行查找以确定给定值所在的块，由于索引表有序，可用顺序查找，也可用折半查找；第二步是在该块中查找给定的值，由于块内不一定有序，所以要用顺序查找。

以下举例说明分块查找的过程。

例 8-2 线性表中共有 9 个数据元素，其对应关键字分别为 {16，22，5，11，66，38，62，88，100}，用分块查找方法查找关键字为 66 的数据元素。分块方法和索引表如图 8-4 所示。

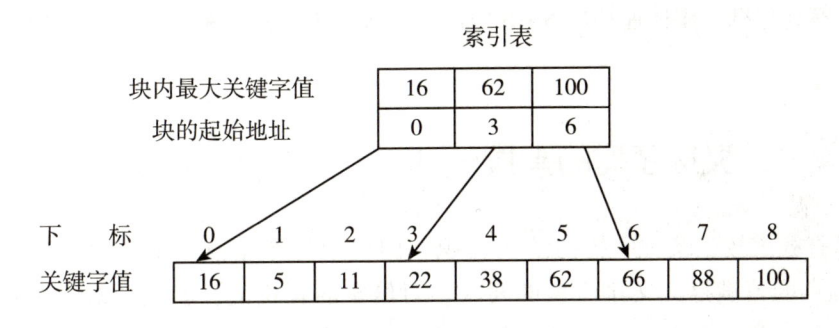

索引表		
块内最大关键字值	16	62	100
块的起始地址	0	3	6

下标	0	1	2	3	4	5	6	7	8
关键字值	16	5	11	22	38	62	66	88	100

图 8-4 分块方法和索引表

线性表被分为 3 块，每块有 3 个数据元素。已知给定值为 66，第一步，先将 66 与索引表中各个块的最大关键字进行比较，66 大于 16 与 62，且小于 100，因此可以判断给定值如果存在，则应在第三块中。第二步，在第三块中进行顺序查找，直至查找成功或失败。

8.3 树表的查找

树表查找是指查找表用一棵二叉树表示，其存储结构采用二叉链表，链表中每个结点对应查找表的一个记录。本节介绍二叉排序树的定义、性质，用二叉排序树表示的查找表及相关操作。

8.3.1 二叉排序树的定义

二叉排序树（binary sort tree）或者是一棵空树，或者是具有下列性质的二叉树：若它的左子树非空，则左子树的所有结点的值都小于它的根结点的值；若它的右子树非空，则右子树的所有结点的值都大于（若允许结点有相同的值，则大于或等于）它的根结点的值；左、右子树也分别是一棵二叉排序树。简而言之，二叉排序树的每个结点的值都大于它的左子树上的所有结点的值，而小于（若允许结点有相同的值，则小于或等于）它的右子树上所有结点的值。如图 8-5 所示就是一棵二叉排序树。

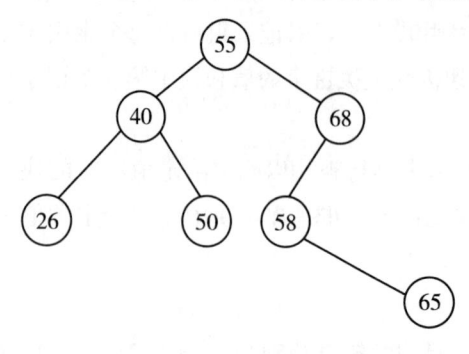

图 8-5　二叉排序树示例

根据二叉排序树的定义可知：如果对二叉排序树进行中序遍历，便可以得到一个由小到大的有序序列。中序遍历图 8-5 中的二叉排序树，结果序列为（26，40，50，55，58，65，68）。

8.3.2 二叉排序树的查找

若将查找表按二叉排序树的结构组织，即树中每个结点对应一个记录，所有记录的关键字的值满足二叉排序树的要求。对给定的查找值，就能针对二叉排序树进行查找。具体做法如下：当二叉排序树非空时，先将给定值与根结点的关键字进行比较，若相等，则表示查找成功；否则，判断给定值与根结点关键字的大小关系，小于根结点则在其左子树中继续查找，大于根结点则在其右子树中继续查找。很显然，每次只需要在根结点的左或右子树中的某一个分支进行查找，因此查找效率大大提高。

二叉排序树中结点的结构类型定义如下：

```
typedef struct Bnode
{
    int key;
    struct Bnode * left;
    struct Bnode * right;
} Bnode;
```

【算法 8-4】 二叉排序树的查找

```
Bnode * BSearch(Bnode * bt,int k)
/* 在二叉树 bt 中查找关键字值为 key 的记录 */
{    Bnode * p;
     if(bt = = NULL)
     return(bt);
     p = bt;
     while(p -> key! = k)            /* 若没有查找到,继续查找过程 */
     {  if(k < p -> key)             /* 准备从左子树继续查找 */
          p = p -> left;
        else p = p -> right;         /* 准备从右子树继续查找 */
        if(p = = NULL)break;         /* 查完能查找的最后一个关键字,仍未查到,结
                                       束查找 */
     }
     return(p);
}
```

8.3.3　二叉排序树的插入和删除

在二叉排序树上不仅能有效地进行查找操作。同时采用适当算法，根据一组关键字值可以方便地建立与之相应的二叉排序树。按照一定规则在二叉排序树上插入、删除结点仍能保持二叉排序树的性质。以下讨论如何建立一棵二叉排序树以及如何在二叉排序树中插入一个新结点。实际上，只要解决了插入问题，建树过程就是从空树开始逐次插入新结点的操作。具体做法是：动态生成一个新结点，若二叉排序树为空，则结点作为根结点插入；若非空，则用新结点的关键字值与根结点的关键字值比较，若小于根结点的关键字值，新结点应插入左子树，否则，应插入右子树。在左子树或右子树上进行同样的操作，实际上这是一个递归过程。新结点的插入位置是二叉排序树中某结点的空指针位置。新结点作为二叉排序树的叶子结点插入，所以新结点插入时它的左、右指针均为空指针。

【算法 8-5】 二叉排序树中插入新结点的非递归算法

```
#include <stdio.h>
#include <stdlib.h>
#define MAX 5
#define NULL 0
Bnode * btInsert(int x,Bnode * root);

void main()
```

```c
{
    int i;
    int a[MAX]={60,40,70,20,80};
    Bnode *root=NULL;

    for(i=0;i<MAX;i++)
        root=btInsert(a[i],root);
    /*通过循环调用插入函数,把a[i]逐次插入root为根的二叉排序树中*/
}

Bnode *btInsert(int x,Bnode *root)
/* root为二叉排序树的根指针,x为新结点的关键字值 */
{
    Bnode *p,*q;
    int flag=0;                    /*是否完成插入的标志*/
    p=(Bnode *)malloc(sizeof(Bnode));
    p->key=x;                      /*为新结点关键字赋值*/
    p->right=p->left=NULL;         /*新结点要作为叶子结点插入*/
    if(root==NULL)
    {
        root=p;
        return p;
    }
    q=root;
    while(flag==0)                 /*flag==1标志完成插入*/
    {
        if(q->key>x)
        {
            if(q->left!=NULL)
                q=q->left;
            else
            {
                q->left=p;         /*在左子树插入*/
                flag=1;
            }
        }
        else
        {
```

```
                if(q->right!=NULL)
                    q=q->right;
                else
                {
                    q->right=p;           /*在右子树插入*/
                    flag=1;
                }
            }
        }
    }
    return root;
}
```

对于给定的一个数据元素的集合,循环调用上述二叉排序树的非递归插入算法,便可构造出一棵二叉排序树。如图 8-6 所示是对关键字序列 {60,40,70,20,80} 按所给关键字的顺序,用插入法构造一棵二叉排序树的过程。

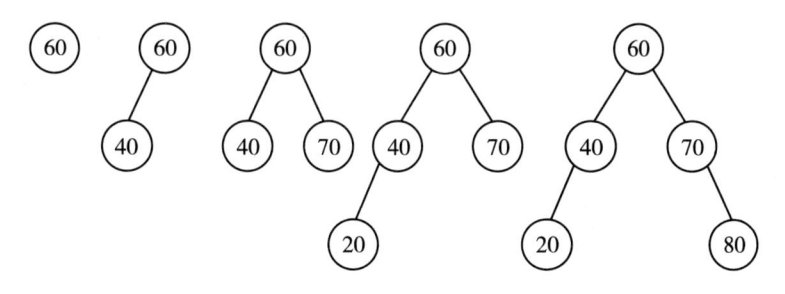

图 8-6 构造二叉排序树的过程(1)

第一个关键字 60 为根结点,第二个关键字 40 小于 60,所以它应为根结点的左孩子,第三个关键字 70 大于根结点 60,因此它应为其右孩子。接下来,20 先和根结点 60 比较,20 小于 60,则 20 应在根的左子树上,20 继续与左子树的根结点 40 比较,20 小于 40,20 应为 40 这个结点的左孩子。以此类推,可得出一棵二叉排序树。

用二叉排序树的插入算法动态生成的二叉排序树的形状、高度不仅依赖于关键字值的大小和数量,还与记录输入的先后次序有关。如上例中的关键字序列 {60,40,70,20,80},若按 {20,40,60,70,80} 的次序输入的话,得到的二叉排序树如图 8-7 所示。

以下简单介绍从二叉排序树中删除一个结点的步骤。同插入结点一样,要求删除一个结

图 8-7 构造二叉排序树的过程(2)

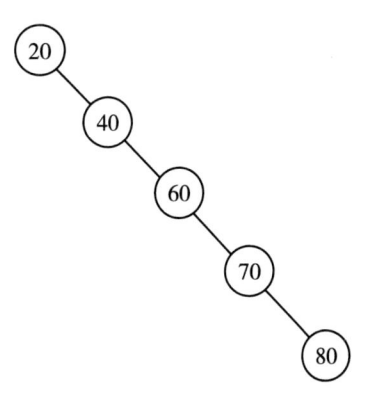

点后的二叉树仍然为一棵二叉排序树。如图8-8所示为删除二叉排序树中不同位置结点的示例。如图8-8（a）所示为要删除结点的二叉排序树，分下面4种情况来考虑：

（1）若待删除的是叶子结点，直接删除即可，如图8-8（b）所示。

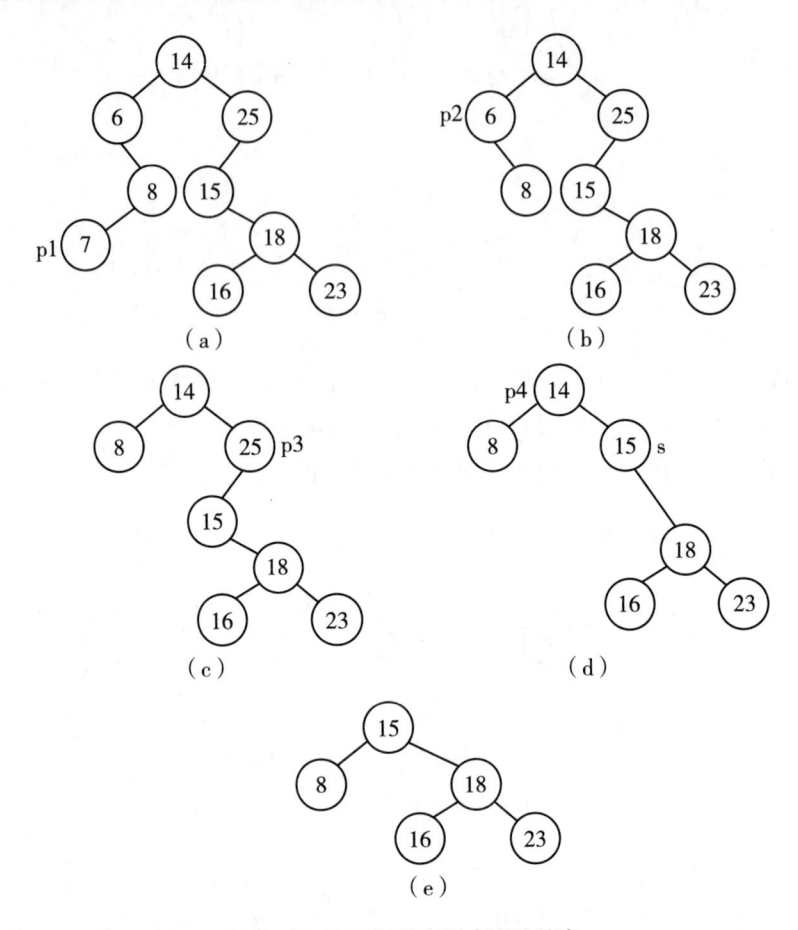

图8-8 在二叉排序树中删除结点

（a）要删除结点的二叉排序树；（b）删除p1，p1为叶结点；（c）删除p2，p2无左子树

（d）删除p3，p3无右子树；（e）删除p4，p4有左、右子树

（2）若待删除结点只有右子树，而没有左子树，可以直接将其右子树的根结点放到被删除结点的位置上，如图8-8（c）所示。

（3）若待删除结点只有左子树，而没有右子树，可以直接将其左子树的根结点放到被删除结点的位置上，如图8-8（d）所示。

（4）若待删除结点p既有左子树又有右子树，首先找出p结点的右子树中关键字最小的结点，将之设为s，因为它最小，所以s没有左子树。此时，用结点s取代结点p的位置，而用s的右子树的根结点（连带该根结点的后代）取代s结点的位置，如图8-8（e）所示。

有兴趣的读者可以试着写一下删除一棵二叉排序树的某个结点的算法。

可以证明，二叉排序树的平均查找长度为 $O(\log_2 n)$。在二叉排序树上可以方便地对结点进行插入和删除操作，因此，对于经常要进行插入和删除运算的查找表，采用二叉排序树是最佳的选择。

8.4 哈希表及其查找

前面几节所介绍的各种查找算法都是基于查找值与查找表中记录的关键字的值的比较，也就是说这些方法都是建立在"比较"的基础上的，算法的查找效率取决于查找过程中所进行的"比较"次数。能否仅通过对待查记录的关键字值（查找值）进行相应的计算，找到要查找的记录呢？很显然，这就需要在待查记录的关键字值与该记录的存储位置之间建立确定的对应关系。这就是本节要介绍的查找方法——哈希（Hash）表查找。

8.4.1 哈希表的基本概念

1. 哈希函数

哈希函数是记录的关键字值与该记录的存储地址所构造的对应关系。也就是说，给定一个关键字值，通过这一关系就能在存储结构中得到唯一的地址，把给定的关键字的记录存储到该地址的存储单元中，在查找时通过该地址值访问相应记录。

2. 哈希表

哈希表是用来存放查找表中记录序列的表，每个记录的存储位置是以该记录的关键字为自变量，由相应哈希函数计算所得到的函数值。

为了保证哈希表查找能正确操作，必须使记录的存放规则和查找规则一致，也即要使用统一的哈希函数。存储时，以记录的关键字为自变量，通过哈希函数得到存储该关键字记录的地址，并把记录存储到相应地址的存储单元中。在查找时，同样以待查找记录的关键字为自变量，通过存储时所用的哈希函数计算得到存储地址，并通过该地址访问相应记录。

例如，将查找表 {8，10，14，21} 存储到编号为 0~4、表长为 5 的哈希表中，定义计算哈希地址的哈希函数为 $H(K) = K \bmod 5$，K 是关键字值，哈希函数采用除以 5 取余的方法。哈希表的结构如图 8-9 所示。

0	1	2	3	4
10	21		8	14

图 8-9 哈希表的结构

3. 冲突

通过本例可以看出，由计算所得的哈希地址可以将各数据元素存储到哈希表的对应位置，之后再进行查找时，利用相同的函数重新计算便可以直接到该位置找到相应元素。但是，如果在上述关键字序列中添加一个关键字 28，会出现什么情况呢？结果会发现，H(28) = H(8)。如果把 28 存储到表中，必然会将原来的数据元素冲掉。这种现象称为**冲突**（collision），换句话说就是不同的关键字值具有相同的哈希地址。这种具有相同函数值的关键字对该哈希函数来说被称为**同义词**（synonym）。

显然，是否能避免冲突取决于哈希函数的构造，一个好的哈希函数能使哈希地址均匀地分布在整个哈希表的地址区间中，以尽量避免或减少冲突的发生。8.4.2 节将具体介绍几种构造哈希函数的方法。一般情况下，冲突是很难避免的，只可能尽量减少，所以还要有研究和设计处理冲突的方法，8.4.3 节将介绍几种处理冲突的方法。

*8.4.2 哈希函数的构造方法

哈希函数的构造与关键字的长度、哈希表的大小、关键字的实际取值状况等多种因素有关。构造哈希函数的方法很多，这里只介绍几种常用、简便的方法。

1. 直接定址法

当关键字是整数时，取关键字本身或者它的某个线性函数作为它的哈希地址，即
$$H(K) = K \text{ 或者 } H(K) = aK + b \text{（其中 a,b 为常数）}$$
直接定址法简单易懂，关键字不相同时不会产生冲突。但是，如果关键字分布不是连续的，则该方法所产生的哈希表可能会造成空间的大量浪费，因此这种方法在实际中很少应用。

2. 平方取中法

平方取中法是一种比较好的构造哈希函数的方法。先计算出关键字 K 的平方值，再取其平方值的中间若干位作为哈希地址，即
$$H(K) = \text{"K 的平方值的中间几位"}$$
平方后的关键字的中间几位与组成关键字的各位均有关系，从而使哈希地址的分布较为均匀，减少了发生冲突的可能。当然，所取的位数取决于哈希表的长度。

例如，关键字 $K_1 = 11052501$，$K_2 = 11052502$，计算出 $K_1^2 = 122157778355001$，$K_2^2 = 122157800460004$，取左起第 7 ~ 第 9 位作为哈希地址。

3. 除留余数法

除留余数法是一种用取模运算来得到哈希地址的方法。选一个合适的、不大于哈希表长度的正整数 P，用 P 除关键字 K，将得到的余数作为其哈希地址，即
$$H(K) = K \bmod P$$

显然，这样可以保证哈希函数的值在有效地址空间之内。该方法产生的哈希函数的好坏取决于 P 值的选择。若 P 取某个偶数，则奇数关键字的记录映射到奇数地址上，偶数关键字的记录映射到偶数地址上，因此这样产生的哈希地址很可能是分布不均匀的，并容易产生冲突。大量实验结果证明，当 P 取小于哈希表长的最大质数时，产生的哈希函数较好。这是一种最简单，也最常用的构造哈希函数的方法。

4. 数字分析法

设关键字有 d 位，对各个关键字的每位进行分析，选取关键字中取值较均匀的若干位作为哈希地址。

如图 8-10 所示，有 7 个用 9 位十进制数表示的关键字，假设哈希表的范围为 0~1 000，用数字分析法确定它们的哈希地址。

	K_1	K_2	K_3	K_4	K_5	K_6	K_7
①	2	2	2	2	2	2	2
②	5	5	1	5	5	5	5
③	3	3	3	3	2	3	5
④	8	0	2	3	6	7	1
⑤	8	2	1	0	5	0	4
⑥	1	5	3	1	1	2	1
⑦	7	3	1	0	8	4	6
⑧	2	2	2	2	1	1	1
⑨	6	8	8	8	8	8	8

图 8-10 数字分析法示意图

很容易看出，第①、②、③、⑥、⑧、⑨位上的重复数字很多，因此这几位不适合作为哈希地址，而剩余的三位数字的分布是比较均匀的，所以选取第④、⑤、⑦位作为哈希地址，分别为：887、023、211、300、658、704、146。当然，使用这个方法构造哈希函数必须首先知道各位上数字的分布情况，这就使得该方法的使用受到限制。

5. 随机数法

取关键字的随机函数值作为它的哈希地址，即 H(K) = random(K)，其中 random( ) 为取随机数的函数。此方法通常适用于关键字长度不等的情况。

对于以上介绍的这五种构造哈希函数的方法，不能泛泛评价孰好孰坏，在实际应用中应当根据实际情况采取不同的方法。

*8.4.3　处理冲突的方法

在实际问题中，无论怎样构造哈希函数，都不可能完全避免冲突。以下介绍两种处理冲突的方法。

1. 链地址法

链地址法是把具有相同哈希地址的关键字的值存放在一个链表中。哈希表中的每个单元所存放的不是关键字的值,而是相应单向链表的指针。

例 8 – 3 设有 8 个元素 {1, 20, 34, 62, 11, 55, 29, 45},假设采用的哈希函数为 H(K) = K mod 5,哈希表长为 5 时,画出用链地址法解决冲突的哈希表,如图 8 – 11 所示。

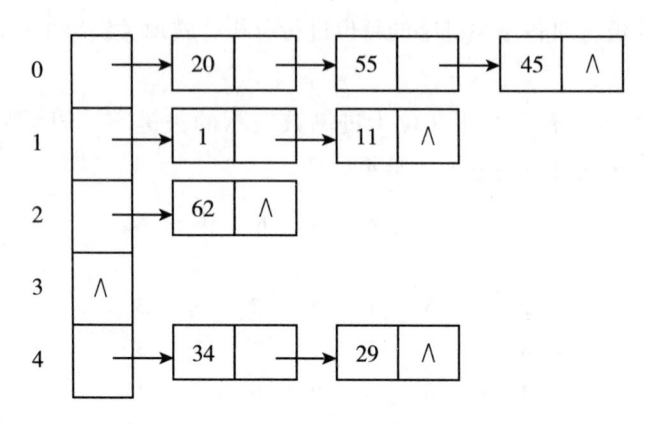

```
0 → 20 → 55 → 45 → ∧
1 → 1 → 11 → ∧
2 → 62 → ∧
3   ∧
4 → 34 → 29 → ∧
```

图 8 – 11 用链地址法解决冲突的哈希表

该方法适用于冲突现象比较严重的情况,它能够很好地解决溢出问题,而且也很容易实现插入和删除操作。不足的是,除了哈希表所占用的存储空间外,其还增加了链域空间。如果哈希函数的均匀性较差,还会造成存储单元的浪费。

2. 开放地址法

开放地址法是在冲突发生时,按照某种方法继续探测表中其他存储单元,直到找到空位置为止,如下式所示:

$$H_i(K) = (H(K) + d_i) \bmod m \quad [i = 1,2,3,\cdots,k(k \leqslant m-1)]$$

其中,$H_i(K)$ 为再探测到的地址,$H(K)$ 为关键字 K 的直接哈希地址,m 为哈希表长,d_i 为再探测时的地址增量。

首先计算出关键字的直接哈希地址 $H(K)$。如果该单元已经被别的元素占用,则继续探测地址为 $H(K) + d_1$ 的单元,如果它也被占用,再继续探测地址为 $H(K) + d_2$ 的单元,直到发现某个单元为空,停止探测,将记录存放到该单元中。

在这里,增量 d_i 的取法有以下几种:

(1) $d_i = 1, 2, 3\cdots$

(2) $d_i = 1^2, -1^2, 2^2, -2^2\cdots$

(3) $d_i = $ 伪随机序列。

以上三种不同的取法分别称为线性探测再散列、二次探测再散列和伪随机再散列。

例 8 - 4 有 8 个记录的哈希地址分别为：

$$H(K_1) = 2, H(K_2) = 2, H(K_3) = 3, H(K_4) = 3,$$
$$H(K_5) = 8, H(K_6) = 0, H(K_7) = 7, H(K_8) = 8。$$

依次将它们存入表长为 10 的哈希表 A 中。用线性探测再散列法来构造哈希表。

首先 K_1 进入 A[2] 中，当 K_2 进入时，与 K_1 发生冲突，继续探测发现 A[3] 为空，因此将 K_2 放入 A[3]。当 K_3 进入时，其直接哈希地址单元 A[3] 已经被 K_2 占用，因此继续探测，A[4] 为空，放入 A[4]。以此类推，K_4、K_5、K_6、K_7、K_8 分别进入 A[5]，A[8]，A[0]，A[7]，A[9] 中，如图 8 - 12 所示。

0	1	2	3	4	5	6	7	8	9
K_6		K_1	K_2	K_3	K_4		K_7	K_5	K_8

图 8 - 12 用线性探测再散列法构造哈希表

在用开放地址法构造哈希表时，可能产生由非哈希函数所引起的冲突。在例 8 - 4 中，用线性探测再散列法构造哈希表时，因为 K_1 和 K_2 发生冲突，K_2 进入了 A[3] 单元，K_3 本来应该进入 A[3] 单元的，但是由于该单元已经被 K_2 占用，所以必须继续向下散列到 A[4] 单元中，K_2 与 K_3 的冲突不是由哈希函数引起的，而是由再散列法本身造成的。

习题

一、单项选择题

1. 线性表只有以（　　）方式存储，才能进行折半查找。
   A. 顺序　　　　　　　　　　　　B. 链接
   C. 二叉树　　　　　　　　　　　D. 关键字有序的

2. 有序表为 {2, 4, 10, 13, 33, 42, 46, 64, 76, 79, 85, 95, 120}，用折半查找值为 85 的结点时，经（　　）次比较后成功查到。
   A. 1　　　　　B. 2　　　　　C. 4　　　　　D. 8

3. 采用顺序查找法对长度为 n（n 为偶数）的线性表进行查找，采用从前向后的方向查找。在等概率条件下成功查找到前 n/2 个元素的平均查找长度为（　　）。
   A. n/2　　　　B. (n+1)/2　　　　C. (n+2)/4　　　　D. (2n+1)/4

4. 对二叉排序树进行（　　）遍历，可以使遍历所得到的序列是有序序列。
   A. 前序　　　　B. 中序　　　　C. 后序　　　　D. 按层次

5. 以下说法正确的是（　　）。
   A. 二叉树中任一结点的值均大于其左孩子的值，小于其右孩子的值，则它
      是一棵二叉排序树

B. 二叉树的根结点的值大于其左子树结点的值，小于其右子树结点的值，则它是一棵二叉排序树

C. 二叉排序树中任一棵子树都是二叉排序树

D. 二叉排序树中某一结点的左孩子一定小于树中任一个结点的右孩子

二、综合题

1. 写一个顺序查找算法，将监视哨放在 A[0] 的位置。假设数组 A 中存放的数据元素是升序排列的。

2. 有这样一组有序的记录，其关键字分别为 {1, 3, 5, 7, 9, 11, 13, 15, 17}，写出用折半查找的方法查找关键字 7 和 15 的具体步骤，并分别计算比较次数是多少。

3. 说明分块查找索引表的记录结构，简述分块查找的查找过程。

4. 已知一组记录的关键字分别为 {46, 22, 78, 65, 12, 40, 88, 31}，画出按此顺序输入所生成的二叉排序树，分别给出中序遍历和后序遍历的结果。

5. 把关键字序列 {19, 1, 23, 14, 55, 20, 84, 27, 68, 11, 10, 77} 插入一个空的哈希表中，给定哈希函数为 H(key) = key%13，使用线性探测再散列法来解决冲突，在 0~18 的散列地址空间中对关键字序列构造散列表。

6. 已知一组记录的关键字为 {1, 3, 5, 9, 13, 16, 17, 18, 20, 30, 40}。试画出对它进行两分查找的相应的判定树，求等概率条件下成功查找的平均查找长度。

7. 根据书中的折半查找函数，写一个只有一个主函数的折半查找程序，并用具体实例验证算法。

8. 说明什么是哈希函数、哈希表、同义词和冲突。

第 9 章　排序

　　排序算法是最基本、最常用的非数值算法，在计算机信息处理、数据分析、数据库操作等方面有着重要的应用。例如，一个班级中每个学生的学习成绩和相关信息构成一个记录，每个记录包含若干个数据项。所有记录组成该班的学生成绩信息表。为了掌握学生的学习成绩和对成绩进行分析，往往要针对某一门课程或平均成绩对信息表中的记录排序。另外，为了便于信息查找，通常希望查找表中的记录是按某个关键字排序的序列，因为对有序的数据表可以用效率较高的折半查找算法。所以有关排序算法的研究和应用一直是计算机"算法设计和分析"领域关注的课题。本章主要内容包括：排序的基本概念、插入排序、交换排序、选择排序、归并排序等。本章重点介绍上述算法的基本原理、实现步骤和程序结构，简单介绍部分算法的时间复杂度。

　　通过本章的学习，要求：
　　(1) 掌握记录序列按关键字排序的确切定义和相关概念。
　　(2) 掌握本章各种算法的实现步骤，能针对小规模的具体实例，按算法手工完成排序。
　　(3) 能在计算机上运行相关算法的程序实例，重点掌握其中的关键语句，能利用算法解决简单的实际应用问题。
　　(4) 了解有关算法的性能和时间复杂度。

9.1　排序的基本概念

　　排序（sorting）就是对一组数据按照由小到大的次序（称为升序）或按照由大到小的次序（称为降序）重新进行排列。本章不做特别说明的都是指升序排列，并且序列中的数据可以有相等的。显然，被排列的数据相互间必须是能比较大小的。例如，数据可以是数字类型的，也可以是字符型的，对字符型数据则是按其对应的 ASCII 码值的大小进行排序。

　　实际应用中需要排序的数据可能是单个的数据项，但更多的情况是这些数据为包含若干数据项的记录，要求根据其中某个数据项（关键字）由小到大的顺序对记录序列排序。例如，表 9-1 所示的记录序列。

表 9-1 记录序列

姓名	学号	平均成绩	姓名	学号	平均成绩
王明	1	76	卢宁	6	75
李伟	2	89	王明	1	76
张红	3	80	张红	3	80
王兰	4	98	李伟	2	89
赵军	5	95	赵军	5	95
卢宁	6	75	王兰	4	98

左表中记录序列是按照学号由小到大排序的，如果按照平均成绩由低到高对上述记录序列排序，结果则为右表。

以下针对记录序列给出排序的确切定义：

设 n 个记录的序列为

$$\{R_1, R_2, \cdots, R_n\}$$

记录中某个关键字排序的相应序列为

$$\{K_1, K_2, \cdots, K_n\}$$

对关键字序列进行排序，使其成为非减（升序）关系或非增（降序）关系：

$$\{K_{p1}, K_{p2}, \cdots, K_{pn}\}$$

而此时相应的记录序列成为按上述关键字排序的有序序列：

$$\{R_{p1}, R_{p2}, \cdots, R_{pn}\}$$

这样的操作称为排序。定义中的关键字 K_i 如果是记录 R_i 的主关键字（$i = 1, 2, \cdots, n$），那么 K_i 能唯一确定一个记录，记录序列经排序后结果是唯一的。若 K_i 是次关键字，因为记录序列中可能存在两个或两个以上关键字相等的记录，当 $K_i = K_j$ 时，排序结果的记录序列就可能会出现 R_i 排在 R_j 之前或 R_i 排在 R_j 之后两种情况，所以排序后的记录序列不唯一。

设用某种排序算法对上述记录序列排序，排序前若关键字 $K_i = K_j$ 的记录 R_i 排在 R_j 之前（$i<j$），而经排序后，R_i 仍排在 R_j 之前，则称所采用的排序算法是稳定的。反之，若排序后的序列中 R_j 可能排在 R_i 之前，则所用的排序算法是不稳定的。

排序中，存放待排序数据的存储器不同，所采用的排序算法也不同。因此，排序算法分为两大类。若排序的数据量不大，在计算机内存可以容纳的情况下，排序过程完全在内存中进行，这样的排序称为内部排序。若排序数据量很大，则需要借助外存完成排序过程，这样的排序称为外部排序。本章只讨论内部排序的相关算法。

在以下讨论中，用结构变量存放待排序的记录，以结构数组存放待排序的记录序列。为了简便起见，设记录中只含一个关键字，且为整数。结构体变量的类型定义如下：

```
typedef struct
{ int key;           /*存放关键字的成员项*/
    ……              /*其他成员项*/
} NODE;
NODE a[MAX];         /*说明了一个长度为 MAX 的结构数组*/
```

9.2 插入排序

9.2.1 直接插入排序

直接插入排序（straight insertion sort）算法是一种常用且简单直观的方法。它的基本思想是：设有 n 个数据的待排序序列，假设前面 1~i-1 个数据已经有序，也即是长度为 i-1 的有序序列，将第 i 个数据逐次与第 i-1 个数据、第 i-2 个数据……进行比较，直到找到第 i 个数据的插入位置，并插入，得到一个新的长度为 i 的有序数列。这一过程称为一趟插入，对第 i 个元素的插入称为第 i 趟插入。

直接插入排序的步骤为：首先令 i=1，取第一个元素，得到长度为 1 的序列，再令 i=2，完成对第二个数据的第二趟插入，得到长度为 2 的有序序列，以下逐次令 i=3，4，…，直到完成对第 n 个元素的第 n 趟插入，得到长度为 n 的有序序列。

例如，一组待排序的数据记录的关键字为：47，83，41，53，68，经 5 趟插入完成排序的过程如下：

```
取第一个元素   47
第二趟        47  83
第三趟        41  47  83
第四趟        41  47  53  83
第五趟        41  47  53  68  83
```

【算法 9-1】 直接插入排序

```
void disort(NODE a[],int n)
/*对存放在 a[0],a[1],...a[n-1]中,长度为 n 的序列进行排序*/
{
    int i,j;
```

```
NODE temp;
for(i=1;i<n;i++)              /*从a[1]开始到a[n-1]进行n-1趟插入*/
{
    temp=a[i];                /*把a[i]暂时保存*/
    j=i-1;                    /*从a[i]前边的第一个元素开始比较*/
    while(j>=0&&temp.key<a[j].key)
    {
        a[j+1]=a[j];          /*边比较边后移*/
        j--;                  /*向前边再取一个元素比较*/
    }
    a[j+1]=temp;              /*第i号元素插入到位*/
}
```

上述直接插入排序算法在最好的情况下，也即待排序的记录序列本身就是有序的，每一趟插入只进行一次记录间的比较，整个排序过程共进行了 n-1 趟，所以只进行了 (n-1) 次比较。在最坏的情况下，也即待排序的记录序列完全是逆序，第 i 趟插入要进行 i-1 次记录间的比较，所以整个排序过程共进行 $\sum_{i=2}^{n}(i-1) = n(n-1)/2$ 次比较。一般情况下，平均比较次数为 $O(n^2)$。另外，插入排序在查找插入位置时，边查找边进行记录的移动，所以插入 n 个记录的平均移动次数为 $O(n^2)$。

9.2.2 折半插入排序

折半插入排序（binary insertion sort）是对直接插入排序的改进。在直接插入排序中，在寻找插入位置时，对已排好序的子序列从后向前通过顺序比较查找插入位置，当 n 很小时是较实用的方法。当 n 较大时，数据间的比较次数较多，效率不高。折半插入排序法在寻找插入位置的方法上进行了改进。其基本思想是对已排好序的有序子表，利用折半查找法寻找插入位置，以减少每一趟插入过程中数据间的比较次数。

设待排序的序列已存放在数组元素 a[1]~a[n] 中，以 a[0] 作为辅助工作单元。以下要把 a[i] 插入已经有序的序列 a[1]~a[i-1] 之中，一趟折半插入排序的步骤如下：

(1) 设定折半查找的区间。

```
a[0]=a[i];/*保存a[i]*/
s=1;j=i-1;/*设定折半查找区间的起、止下标*/
```

（2）利用折半查找法求插入位置：

```
当 s<=j do
{ m←⌊(s+j)/2⌋;              /*求区间中点坐标*/
  如果 a[0].key<a[m].key
      j=m-1;                  /*取前半区间*/
  否则 s=m+1;                 /*取后半区间*/
}
```

（3）将找到的插入位置的元素及其后面的元素逐次后移一个位置。

（4）将 a[0] 插入。

【算法 9-2】折半插入排序

```
/*对存放在 a[1],a[2],…,a[n]中的序列进行折半插入排序*/
void binsort(NODE a[],int n)
{
  int x,i,j,s,k,m;
  for(i=2;i<=n;i++)
  { a[0]=a[i];                /*保存待插入的第 i 号记录*/
    x=a[i].key;               /*待插入记录的关键字*/
    s=1;                      /*区间的起始下标*/
    j=i-1;                    /*区间的终止下标*/
    while(s<=j)               /*当起始下标大于终止下标时结束循环*/
    {
      m=(s+j)/2;
      if(x<a[m].key)
          j=m-1;              /*取前半区间*/
      else
          s=m+1;              /*取后半区间*/
    }
    for(k=i-1;k>=j+1;k--)
        a[k+1]=a[k];          /*记录逐次后移,为插入记录留出空间*/
    a[j+1]=a[0];              /*把第 i 个记录插入*/
  }
}
```

例如，一组记录序列的关键字为 1，3，5，7，8，4。前面 5 个有序，现在要把第 6 个关键字插入，插入过程如图 9-1 所示。

折半插入排序法改进了直接插入排序算法中查找插入位置的方法，减少了关键字间的比较次数，但记录的移动次数并没有得到改善。在数据量较大时，所用时间有所减少，但时间复杂度为 $O(n^2)$。按上述方法，折半插入排序算法是稳定的。

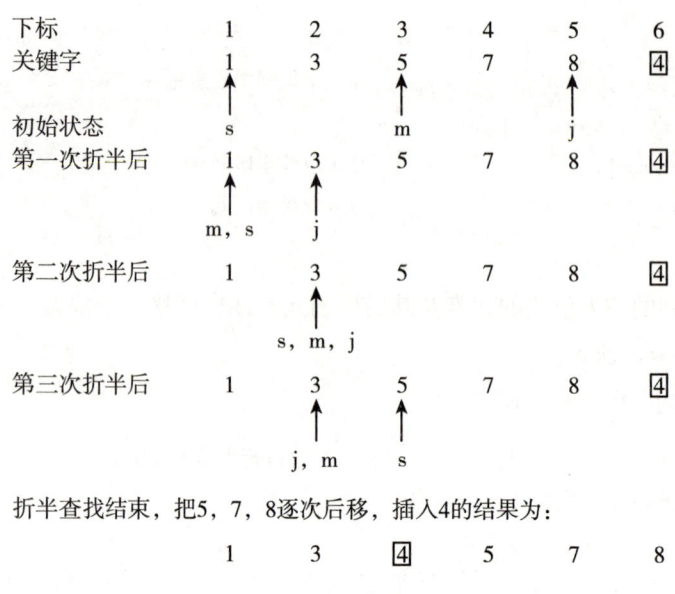

```
下标          1       2       3       4       5       6
关键字        1       3       5       7       8       ④
             ↑               ↑               ↑
初始状态      s               m               j
第一次折半后  1       3       5       7       8       ④
             ↑       ↑
             m, s    j
第二次折半后  1       3       5       7       8       ④
                     ↑
                     s, m, j
第三次折半后  1       3       5       7       8       ④
                     ↑       ↑
                     j, m    s
```

折半查找结束，把5，7，8逐次后移，插入4的结果为：

```
             1       3       ④      5       7       8
```

图 9 – 1　一趟折半插入过程

9.3　交换排序

交换排序是一类在排序过程中按照某种规则，逐次找到不满足排序要求的两个记录，通过不断交换记录之间的位置，使序列逐步有序或部分符合有序的相关条件而最终完成排序的方法。本节介绍交换排序的两种方法，即冒泡排序和快速排序。

9.3.1　冒泡排序

冒泡排序（bubble sort）是一种比较简单的交换排序方法，待排序的 n 个记录存放在数组元素 a［1］~a［n］中，关键字较小的记录被看成浮力较小的气泡，而关键字较大的记录是浮力较大的气泡。从前向后浮力大的气泡逐次向后漂起，完成排序。

具体步骤是：逐次进行相邻记录关键字的比较和必要的换位。首先比较第一个和第二个记录的关键字，将较小的一个放在前面，即第一个位置，将较大的放在后面，即第二个位置。然后以同样的方式比较第二个和第三个……，直至完成第 n – 1 个和第 n 个记录的关键字比较。共进行 n – 1 次比较，其结果是最大关键字的记录排序到位，并占据了第 n 个位置，称上述过程为第一趟冒泡。第二趟冒泡对第一个记录到第 n – 1 个记录实施与第一趟冒泡相同的处理，共进行 n – 2 次比较，使次大的关键字记录占据第 n – 1 个位置。第 i 趟冒泡从第一个记录到第 n – i + 1 个记录进行两两比较，共进行 n – i 次比较,直到第 n-1 趟冒泡,进行第一个记录与第二个记录的一次比较,完成排序。

例如,一组记录的关键字序列为 {81,63,45,72},冒泡过程如下:

初始状态	81	63	45	72		
第一趟冒泡后	63	45	72	[81]	比较了 3 次
第二趟冒泡后	45	63	[72]	[81]	比较了 2 次
第三趟冒泡后	[45]	[63]	[72]	[81]	比较了 1 次

【算法 9-3】 冒泡排序

```
void bsort(NODE a[],int n)
/*对存放在 a[1],a[2],…,a[n]中的序列进行冒泡排序*/
{
 NODE temp;
  int i,j,flag;
  for(j=1;j<=n-1;j++)                /*共进行 n-1 趟冒泡*/
  {
      flag=0;
      for(i=1;i<=n-j;i++)             /*第 j 趟共进行 n-j 次比较*/
          if(a[i].key>a[i+1].key)
          {
              flag=1;                  /*说明本趟有元素交换*/
              temp=a[i];
              a[i]=a[i+1];
              a[i+1]=temp;
          }
      if(flag==0)break;               /*没有元素交换,说明已排好序*/
  }
}
```

上述算法中,外层循环控制冒泡趟数,内层循环控制每趟冒泡时记录关键字的比较次数。在每趟冒泡中,用 flag 标志量记录是否出现过记录的交换,如果没有出现过交换,说明记录序列已经有序,结束冒泡,这样可避免不必要的计算过程。例如,在最好的情况下,待排序的记录序列已经有序,程序只需要一趟冒泡,进行 n-1 次元素的比较。在最坏的情况下,待排序的记录序列为逆序,则程序要完成双重循环的全过程。显然,冒泡排序的时间复杂度为 $O(n^2)$,并且是稳定的。

9.3.2 快速排序

冒泡排序算法经一趟冒泡只能使一个记录排序到位,**快速排序**(quick sort)是对冒泡法的改进，算法中经一趟操作后，不仅使某个记录排序到位，同时以该记录的关键字为划分标准（称它为划分记录），把记录序列划分为两个子序列。所有记录的关键字中比划分记录关键字小的被排放到它的前面，大的被排放到它的后面，称为一趟快速排序（一次划分）。在原序列中除去划分记录后的两个子序列可以分别进行相同的操作，把每个序列再分成两个更小的子序列，直到序列的长度为 1，完成排序为止。整个排序过程可以通过递归来实现。

设待排序的记录序列存放在 a 数组中，一趟快速排序的步骤如下：

（1）选取划分记录，通常设定序列中的第一个为划分记录，用变量 mid 暂存划分记录。另外设置序列的起、止下标，不妨将其设为 start 和 end。

（2）设置两个指示记录下标的变量 i、j，初值分别指向序列的起、止位置。

（3）j 从当前位置开始，从后向前扫描，直到 a[j].key < mid.key，然后使 a[j] 位于 a[i] 的位置，使 i 增 1，后移一个位置。

（4）i 从当前位置开始，从前向后扫描，直到 a[i].key >= mid.key，然后使 a[i] 位于 a[j] 的位置，使 j 减 1，前移一个位置。

（5）重复步骤（3）、（4），直到 i 和 j 相等为止。然后把划分记录置于 a[i] 中，这样划分记录排序到位，且把原序列划分为要求的两个子序列。称上述过程为一次划分。

例如，一组记录的关键字序列为 {40, 35, 60, 38, 30, 90}，一趟划分的过程如图 9 – 2 所示，其中划分关键字 mid = 40。

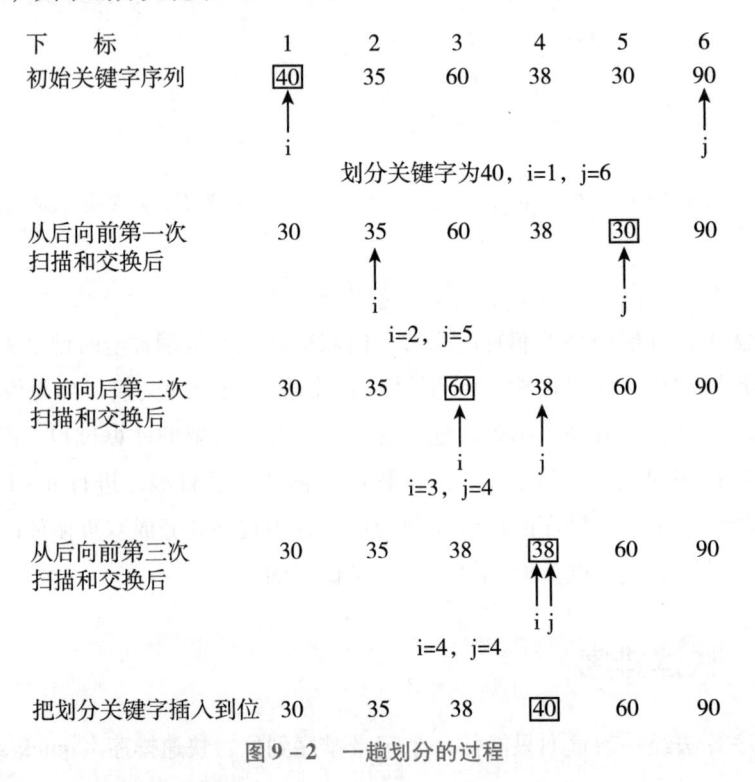

下标	1	2	3	4	5	6
初始关键字序列	[40]↑i	35	60	38	30	90↑j

划分关键字为40，i=1, j=6

| 从后向前第一次扫描和交换后 | 30 | 35↑i | 60 | 38 | [30]↑j | 90 |

i=2, j=5

| 从前向后第二次扫描和交换后 | 30 | 35 | [60]↑i | 38↑j | 60 | 90 |

i=3, j=4

| 从后向前第三次扫描和交换后 | 30 | 35 | 38 | [38]↑↑ij | 60 | 90 |

i=4, j=4

| 把划分关键字插入到位 | 30 | 35 | 38 | [40] | 60 | 90 |

图 9 – 2　一趟划分的过程

图 9-2 中的方框表示其中数据已移走,可以被其他数据覆盖。

【算法 9-4】 快速排序

```
void quicksort(NODE a[],int start,int end)
/*对 a[start]到 a[end]的记录按关键字进行快速排序*/
{
    int i,j;
    NODE mid;
    if(start > = end)
        return;
    i = start;
    j = end;
    mid = a[i];
    while(i < j)                        /*一次划分直到 i 等于 j*/
    {
        while(i < j &&a[j].key > mid.key)
            j--;
        if(i < j)
        {
            a[i] = a[j];                /*把 a[j]置于 a[i]的位置*/
            i++;                        /*后移一个位置*/
        }
        while(i < j&&a[i].key < = mid.key)
            i++;                        /*从前向后扫描,把等于划分关键字的记
                                          录也跳过*/
        if(i < j)
        {
            a[j] = a[i];                /*把 a[i]置于 a[j]的位置*/
            j--;/*前移一个位置*/
        }
    }
    a[i] = mid;                         /*划分记录到位,一次划分结束*/
    quicksort(a,start,i-1);             /*递归调用对前一子序列划分*/
    quicksort(a,i+1,end);               /*递归调用对后一子序列划分*/
}
```

快速排序的时间复杂度取决于所选的划分记录,最坏的情况是每次划分记录的关键字正好是记录序列中的最大值或最小值,此时它类似于冒泡法,时间复杂度为 $O(n^2)$。在平均情况下快速排序的时间复杂度为 $O(n\log_2 n)$,是目前认为较好的一种内部排序方

法。快速排序算法是不稳定的。

9.4 选择排序

选择排序的基本思想是：第一趟是从 n 个记录中选取关键字最小的记录作为排序后序列的第一个记录，第 i 趟是在前面 i-1 个记录已有序的情况下从余下的 n-(i-1) 个记录中选取关键字最小的记录作为有序序列中的第 i 个记录。经过 n-1 趟选择完成排序。

9.4.1 直接选择排序

直接选择排序（simple selection sort）是最简单直观的选择排序算法，它的基本操作是顺序比较。设待排序的记录存储在数组元素 a[1]~a[n] 中，算法的步骤为：第一趟选择是用 a[1] 顺次与它后面的记录 a[2]~a[n] 比较，得到 n 个记录中关键字最小的记录所在的下标 k_1，把 a[1] 与 a[k_1] 交换。第 i 趟选择用 a[i] 顺次与 a[i+1]~a[n] 比较，得到记录中关键字最小的记录所在的下标 k_i，把 a[i] 与 a[k_i] 交换……，直到 i=n-1 为止。

【算法 9-5】直接选择排序

```
void selsort(NODE a[],int n)
/*对 a[1],a[2],…,a[n]中的记录进行直接选择排序*/
{
    int i,j,k;
    NODE temp;
    for(i=1;i<=n-1;i++)                    /*共进行 n-1 趟选择*/
    {
        k=i;                               /*k 用作记录第 i 趟中最小
                                             关键字值记录的下标*/
        for(j=i+1;j<=n;j++)                /*顺序与后面记录的关键字
                                             比较*/
            if(a[j].key<a[k].key) k=j;     /*当前最小关键字的下标*/
        if(i!=k)                           /*把第 i 趟选择的最小关键
                                             字值的记录与第 i 个记录
                                             对换*/
        {
```

```
                    temp = a[i];
                    a[i] = a[k];
                    a[k] = temp;
                }
        }
    }
```

直接选择排序算法与冒泡排序算法相比，减少了记录间的交换次数，但其时间复杂度仍为 $O(n^2)$，它是一个稳定的排序算法。

9.4.2　堆排序

堆排序（heap sort）是利用被称为"堆"的结构所具有的性质，从堆中逐次得到待排序记录中关键字最小（最大）的记录来完成排序。

堆的定义如下：一个有 n 个记录的线性序列（R_1，R_2，…，R_n），其相应的关键字序列为（K_1，K_2，…，K_n），若其满足如下条件：

$$\begin{cases} K_i \leqslant K_{2i}, & 2i \leqslant n \\ K_i \leqslant K_{2i+1}, & 2i+1 \leqslant n \end{cases} \quad \text{或} \quad \begin{cases} K_i \geqslant K_{2i}, & 2i \leqslant n \\ K_i \geqslant K_{2i+1}, & 2i+1 \leqslant n \end{cases}$$

则上述线性序列称为堆。满足左式的称为小根堆，满足右式的称为大根堆。

本节只讨论满足上面左式的堆。若用一维数组存放堆，并把它看成一棵完全二叉树的顺序存储表示，这样一个堆就对应一棵具有以下性质的完全二叉树：该二叉树中任意一个非叶子结点所对应的记录的关键字均不大于其左、右孩子结点对应记录的关键字的值。例如，满足堆的条件的关键字序列为 ｛14，40，30，50，80，65，50，100｝，它对应的完全二叉树如图 9-3 所示。

显然，根结点是完全二叉树所有结点对应的记录中关键字最小的，当然它也是堆中最小的，把它称为堆顶元素。堆对应的完全二叉树中任何一棵子树也都对应一个子堆。因而子树的根结点是子堆的堆顶元素。它也是该子树中所有结点对应的记录中关键字最小的。

堆排序的基本思想是：对一组待排序的，有 n 个记录的记录序列，按照它们的关键字的大小构造一个堆，输出堆顶记录，也就是具有最小关键字值的记录。对剩余的 n-1 个记录再构造一个堆，输出堆顶记录，也就是具有次小关键字值的记录……直到输出具有第 n 个小关键字的记录。这样依次输出的记录构成一个有序序列。上述过程称为堆排序。

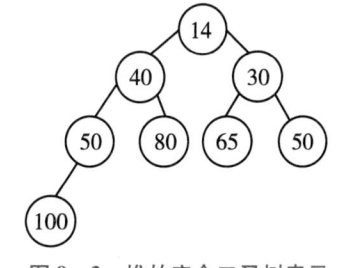

图 9-3　堆的完全二叉树表示

通过以上分析可以把堆排序归纳为以下两步操作：

(1) 将一个无序的记录序列建成一个初始堆。

(2) 在逐次取走堆顶元素（记录）后，将剩余记录再调整成为一个新堆。

上述操作中最根本的是第二步操作。设堆中有 n 个记录，当堆顶元素被输出后，以堆中最后一个记录取代它的位置，这时剩余的 n-1 个记录不构成堆，但是根结点的左、右子树仍为堆，只要根据堆的性质，把根结点的记录调整到左子树或右子树的某个适当位置就可以构建成一个有 n-1 个记录的新堆。具体做法是，以根结点记录的关键字与左、右子树根结点记录的关键字中的较小者进行比较，若它大于较小者，则根结点记录与较小者进行交换。设它与左子树或右子树进行了交换，调整后，若破坏了左子树或右子树的子堆，则需对该子树进行上述类似的调整，直至调整后子树堆没有被破坏或一直调整到叶子结点为止。如图 9-4 所示是输出堆顶元素后调整并构造新堆的过程。

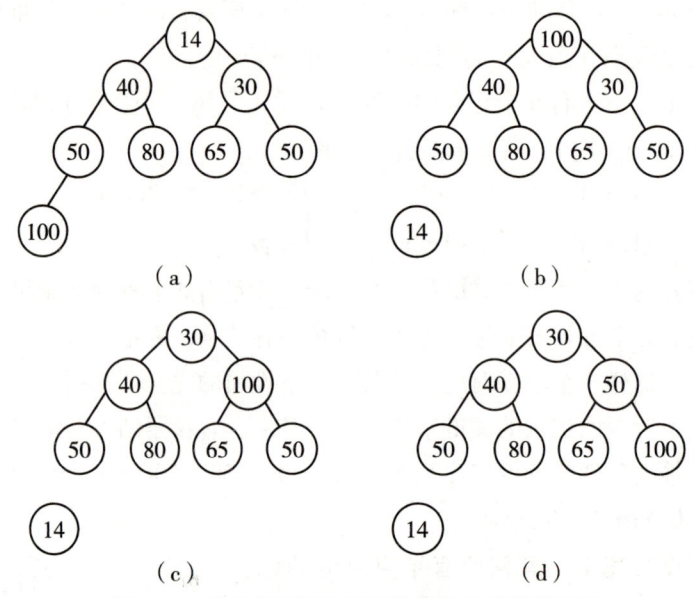

图 9-4 输出堆顶元素后调整并构造新堆的过程

(a) 初始堆；(b) 输出堆顶元素，14 和 100 交换；(c) 30 和 100 交换；

(d) 100 和 50 交换，得到 7 个元素的新堆

上述自顶向下的调整过程称为"筛选"。

利用"筛选"过程，也很容易完成上述第一步操作，建堆过程可以被归结为一个自下至顶建立子堆，子堆由小到大的反复"筛选"过程。具体做法是：把将要排序的序列看成一棵完全二叉树，由树的性质，最后一个非叶子结点的序号为 k = n/2 的整数部分，从结点 k 开始依次取结点 k，k-1，…，直到第一个结点，逐次以每个结点作为它的左、右子堆的父结点进行一次"筛选"，就完成了建堆的过程。例如，关键字序列 {40，80，65，100，14，30，55，50} 如图 9-5 所示。

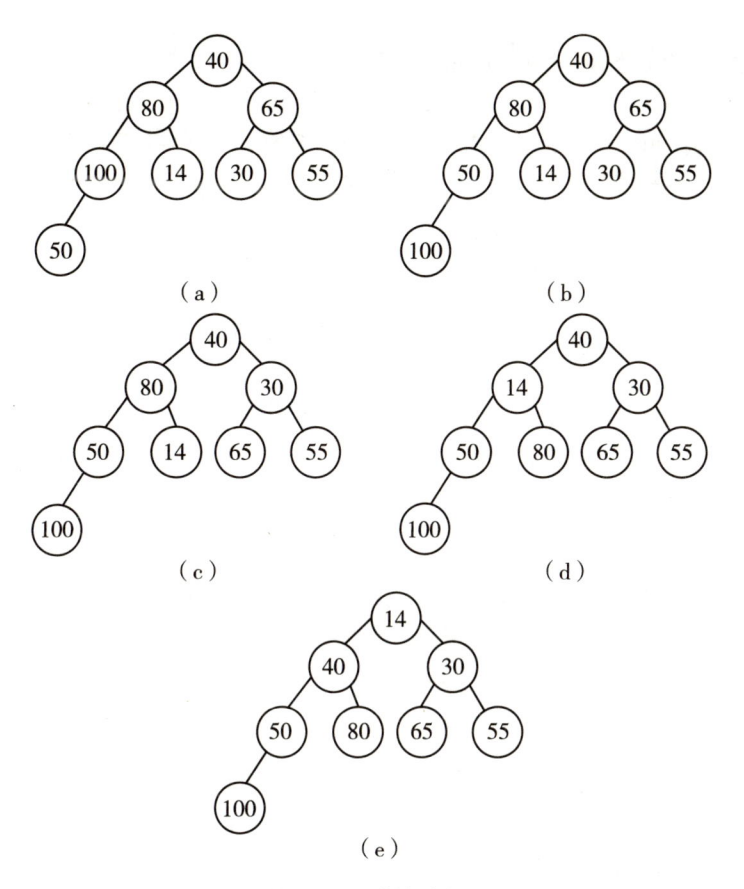

图 9-5　建堆过程

(a) 初始完全二叉树；(b) 筛选 100 后的完全二叉树；(c) 筛选 65 后的完全二叉树；
(d) 筛选 80 后的完全二叉树；(e) 筛选 40 后建成堆

【算法 9-6】 筛选

```
    void heapshift(NODE a[],int i,int n)
 /*设记录序列存放在 a[1],…,a[n]中,其中 a[i],…,a[n]中存放的记录除 a[i]外,
其他记录的关键字的序列满足堆的条件,对 a[i]进行筛选,使 a[i],…,a[n]中的记录的关
键字序列成为堆 */
    {
        NODE temp;int j;
        temp = a[i];              /*保存待筛选的根结点 */
        j = 2 * i;                /*根结点的左孩子的下标(序号)*/
        while(j < = n)            /*最多调整到最后一个非叶结点 */
        {
            if(j +1 < = n&&a[j].key > a[j+1].key)
                j ++;             /*若存在右孩子,则使 j 指向左右孩子中记录关键字较
                                    小者 */
```

```
            if(temp.key>a[j].key)
            {
                a[i]=a[j];      /*把较小的子结点的记录调整到它的父结点的位置*/
                i=j;            /*i是被调整了的子树的根的下标,准备对子树进行筛选*/
                j=2*i;          /*j是子树根结点的左孩子的下标*/
            }
            else
                break;          /*已经满足堆的条件,筛选结束*/
        }
        a[i]=temp;              /*原根结点的记录筛选到位*/
}
```

【算法 9-7】堆排序

```
void heapsort(NODE a[],int n)
/*对存放在 a[1]-a[n]中的序列进行堆排序*/
{
    int i;
    NODE temp;
    for(i=n/2;i>=1;i--)
        heapshift(a,i,n);       /*从最后一个非叶子结点开始从后向前筛选建堆
                                 */
    for(i=n;i>1;i--)
    {
        temp=a[1];a[1]=a[i];a[i]=temp;
                                /*将最小值与当前筛选序列的最后一个元素互
                                 换*/
        heapshift(a,1,i-1);     /*在 a[1]-a[i-1]继续筛选*/
    }
}
```

堆排序的时间复杂度为 $O(n\log_2 n)$，是一种不稳定的排序算法。算法中堆顶元素依次被放到数组元素 a[n]，a[n-1]，…，a[1]，按记录关键字由大到小排好序，不需要为输出的记录另外开辟存储空间。

9.5 归并和归并排序

9.5.1 归并两个有序的序列

"归并"是指将两个有序序列合并成一个新的有序序列，最简单的方法是：将存放

在一维数组中的两个有序的序列，分别依下标由小到大的顺序，逐次各取出当前两个序列的最小值进行比较，取其中小的存入另一个存放归并结果的数组中，直至其中某一个序列的全部元素取完为止，再把另一个序列的剩余元素全部按序存放到结果数组的尾部。具体实现时，通常设定两个变量，初始值分别是两个序列的第一个元素的下标，当经过比较，某个序列的元素被放入归并结果中时，则其相应的下标加1，指向序列中的下一个数据，然后继续类似的处理。例如，序列 {1, 12, 13} 和 {2, 14, 25, 40, 50} 的归并过程如图9-6所示。

【算法9-8】两个有序序列的归并

```
/*已有两个记录序列分别存放在 a[s],a[s+1],…,a[m]和 a[m+1],a[m+2],
 …,a[n]中,它们分别已经按记录的关键字有序,归并上述两个序列,将结果存放到
 b[s],b[s+1],…,b[n]中 */
void merge(NODE a[],int s,int m,int n,NODE order[])
{
    int i=s,j=m+1,k=s;              /*初始化下标变量*/
    while((i<=m)&&(j<=n))           /*直到至少一个序列被取完才结束
                                       循环*/
        if(a[i].key<=a[j].key)
            order[k++]=a[i++];
        else
            order[k++]=a[j++];      /*通过比较取小者存入结果数组*/
    if(i>m)
        while(j<=n)
            order[k++]=a[j++];      /*拷贝剩余元素到结果数组尾部*/
    else
        while(i<=m)
            order[k++]=a[i++];
}
```

9.5.2 归并排序

归并排序（merge sort）是基于两个有序序列归并的一种排序算法，设待排序的序列有n个记录，这n个记录可以被看成n个有序序列，可以每两个一组，分别进行两个长度为1的有序序列的归并，称它为（1，1）归并，这样原序列就成为若干个长度为2的有序序列了（当元素个数为奇数时也可能有长度为1的有序序列，程序将另行处理）。再把长度为2的相邻的子序列每两个一组，进行（2，2）归并，得到若干个长度为4的有序序列（也可能有长度小于4的有序序列，程序将另行处理），接着进行（4，4）

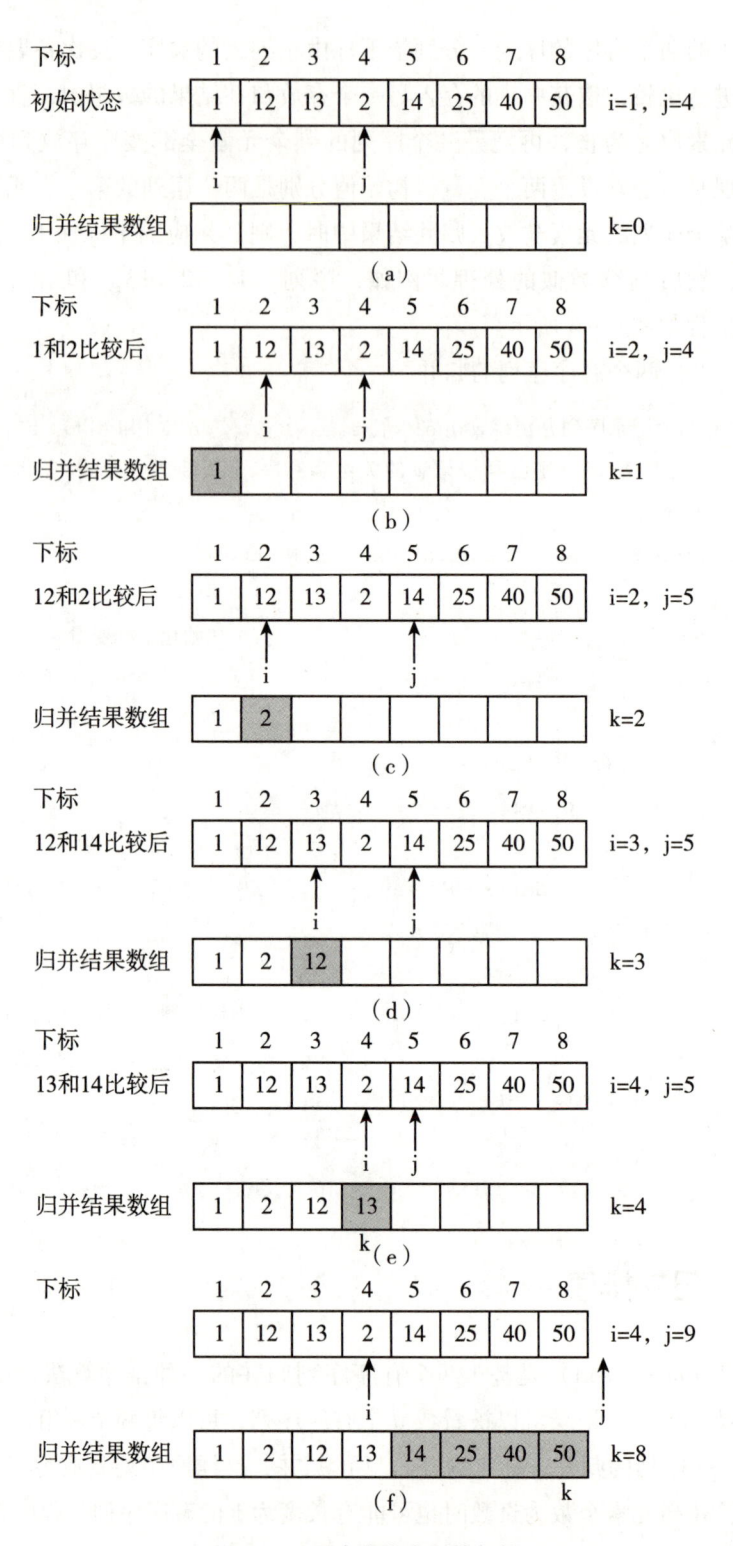

图 9-6 两个有序序列的归并

归并……最后得到排好序的长度为 n 的序列。称上述过程中的一次归并为一趟归并。例如，有一组记录的关键子序列（30，25，45，15，60，90，20，65），采用归并排序算法对其排序，排序过程如图 9-7 所示。

```
初始状态        30  25   45  15   60  90   20  65
(1,1) 归并后  [25  30] [15  45] [60  90] [20  65]
(2,2) 归并后  [15  25   30  45] [20  60   65  90]
(4,4) 归并后  [15  20   25  30   45  60   65  90]
```

图 9-7 归并排序过程示例

【算法 9-9】 一趟归并

```
/*把 a[0],a[1],…,a[n-1]中的记录序列按关键字进行一趟归并,其中对每个子序列
进行长度为 s 的(s,s)归并,将结果存入数组 order 中*/
mergepass(NODE a[],NODE order[],int s,int n)
{
    int i=0;
    while(i+2*s-1<=n-1)
    /*s 为一趟归并中子序列的长度,在划分中只要够两个子序列就继续归并*/
    {
        merge(a,i,i+s-1,i+2*s-1,order);
        /*i 和 i+s-1 分别为第一个序列开始和终止下标,i+2*s-1 为第二个
            序列的终止下标,进行两个序列的归并*/
        i=i+2*s;      /*下一段两个子序列的起始下标*/
    }
    if(i+s<n-1)
        merge(a,i,i+s-1,n-1,order);/*最后两个子序列中有一个长度不
                                        足 s*/
    else
        while(i<n)
            order[i++]=a[i++];
        /*最后只剩下一个长度<=s 的子序列,直接复制到结果数组中*/
}
```

在一趟归并排序算法的基础上，就能完成对长度为 n 的整个序列的归并排序，具体做法是逐次进行 (1,1)、(2,2)、(4,4) 等归并，最终得到长度为 n 的有序序列。值得注意的是，在一趟归并排序算法中作为形式参数的两个数组，一个是原始数组 a，另一个是一趟归并后的结果 order，在调用时，如果相应于它们的实参分别是数组 a_1 和 a_2，则下一趟归并要把 a_2 作为原始数组，把 a_1 作为结果数组，这样交替使用。

【算法 9-10】 归并排序

```
/*对存储在数组 c1 中,长度为 n 的记录序列按关键字进行归并排序,将结果存放于数组
   c1 中*/
mergesort(NODE c1[],int n)
{
    int i,s=1;                  /*s 中存放每一趟两两归并时,每个子序列的长
                                   度*/
    NODE c2[MAX];               /*MAX 表示数组 c2 有足够大的长度,数组 c1,
                                   c2 轮换着作为原始序列和一趟归并后的结果
                                   序列*/
    while(s<n)                  /*当子序列长度小于 n 时继续进行一趟归并*/
    {
        mergepass(c1,c2,s,n);/*奇数次一趟归并后,结果存放于 c2 中*/
        s=s*2;                  /*每进行一趟归并子序列长度加倍*/
        if(s<n)
        /*子序列长度不超过 n,进行偶数次一趟归并,c2 作为原始序列,结果存放于
c1 中*/
        {
            mergepass(c2,c1,s,n);
            s=s*2;
        }
        else                    /*如果子序列长度已等于 n,证明已排序结束,且
                                   没有进行偶数次一趟归并,此时结果在 c2 中,
                                   从 c2 中把数据拷贝到 c1 中*/
        {
            for(i=1;i<=n;i++)
                c1[i]=c2[i];
        }
    }
}
```

归并排序的时间复杂度是 $O(n\log_2 n)$,是一种稳定的排序算法。

习题

一、单项选择题

1. 在排序算法中,从未排序序列中依次取出元素与已排序序列(初始为空)中的元素进行比较(要求比较次数尽量少),然后将其放入已排序序列的正确位置的算法,是(   )排序。

A. 直接插入　　　B. 折半插入　　　C. 冒泡　　　D. 选择

2. 对 n 个元素进行冒泡排序，要求按升序排序，程序中设定某一趟冒泡没有出现元素交换，就结束排序过程。某 n 个元素的序列 2，1，4，3，…，n，n-1 共进行了（　　）次比较就完成了排序。

A. n　　　　　　B. n-1　　　　　C. 2n　　　　　D. 2n-3

3. 一组记录的关键字序列为（36，69，46，28，30，74），利用快速排序，以第一个关键字为分割元素，经一次划分后的结果为（　　）。

A. 30，28，36，46，69，74　　　　B. 28，30，36，46，69，74
C. 30，28，36，69，46，74　　　　D. 30，28，36，74，46，69

4. 设已有 m 个元素有序，在未排好序的序列中挑选第 m+1 个元素，并且只经过一次元素间的交换就使第 m+1 个元素排序到位，该算法是（　　）。

A. 冒泡排序　　　B. 折半排序　　　C. 简单选择排序　　D. 归并排序

5. 一组记录的关键字序列为（46，79，56，38，40，45），利用堆排序（堆顶元素是最小元素）的算法建立的初始堆为（　　）。

A. 38，40，45，79，46，56　　　　B. 38，46，45，79，40，56
C. 40，38，45，46，56，79　　　　D. 38，79，45，46，40，56

二、问答题

1. 一组记录的关键字序列为（55，39，95，24，16，74，62，43，88），对其进行直接插入排序，当把第 7 个关键字 62 插入有序表时，为找插入位置需进行多少次元素的比较？

2. 一组记录的关键字序列为（48，82，58，40，42，47），请用堆排序做升序排序，给出前三趟的每一趟的结果（以二叉树描述 6 个元素的堆，以及逐次取走堆顶元素后，5 个元素、4 个元素、3 个元素的堆）。

3. 已知序列 {12，20，6，5，8，14，3，12，20，10}，请给出采用归并排序法对该序列做升序排序时每一趟的结果。

4. 已知序列 {68，32，78，52，6，20，10，12，22，50}，要求按升序排序，采用快速排序法，试写出每一趟划分的结果。

5. 举例说明快速排序是一种不稳定的排序算法。

6. 已知序列 {13，3，18，32，8，29，4，10，20，5，19}，要求对其按下述算法进行升序排序，写出每一趟的结果：

(1) 冒泡排序；
(2) 选择排序；
(3) 插入排序。

附录 1　实验

实验是"数据结构"课程的一个重要教学环节。实验旨在使学生加深对所学知识的理解，并进一步培养学生分析问题和解决问题的能力。

本书共安排了 6 个实验，涉及的内容包括：线性表、栈和队列、二叉树、图、查找、排序。建议在进行实验前认真复习相关章节的有关内容，熟悉实验所需要的运行环境，同时复习先修课程"C 语言程序设计"的相关知识。与本实验有关的"C 语言"知识要点主要包括：数组、结构体、指针、函数、迭代、递归、编译预处理等。

实验的总体要求如下：

（1）能根据实验题目的要求，正确地选用算法和采用相应的数据结构。

（2）设计的程序要逻辑清晰、书写规范，程序中要有详细注释。

（3）能自行设计测试数据或测试用例对实验结果进行分析。

（4）实验完成后要撰写实验报告，内容一般包括：问题描述（需求分析）、设计思路和要点（包括算法、数据结构、程序总体框架、关键技术或要点）、源程序、测试用例或测试数据、程序运行结果和分析、体会和收获等。

（5）实验以个人完成为主，少部分实验也可以由小组合作完成，但必须要有明确分工，并在实验报告中体现出来。对难以解决的问题要学会查阅相关资料。

（6）选做题是为学有余力的学生安排的。

实验 1　线性表

1.1　线性表的链式存储结构

［问题描述］

在某项比赛中，评委们给某参赛者的评分信息存储在一个带头结点的单向链表中，编写程序：

（1）显示在评分中给出最高分和最低分的评委的有关信息（姓名、年龄、所给分数等）。

（2）在链表中删除一个最高分和一个最低分的结点。

（3）计算该参赛者去掉一个最高分和一个最低分后的平均成绩。

［基本要求］

（1）建立一个评委打分的单向链表。

（2）显示删除相关结点后的链表的信息。

（3）显示要求的结果。

［测试数据］

自行设计。

［实现提示］

（1）结点用结构变量存储，至少包含 3 个成员项，即姓名、年龄、评分。

（2）用头插法或尾插法建立链表。

（3）扫描链表并逐次比较以求最高分和最低分。

1.2 线性表的顺序存储结构

［问题描述］

用顺序表 A 记录学生的信息，编写程序：

（1）将表 A 分解成两个顺序表 B 和 C，使表 C 中含原表 A 中性别为男性的学生，表 B 中含原表中性别为女性的学生，要求学生的次序与原表 A 中相同。

（2）分别求男生和女生的平均年龄。

［基本要求］

（1）建立学生信息的顺序表 A。

（2）显示表 B 和表 C 中的相关信息。

（3）显示计算结果。

［测试数据］

自行设计。

［实现提示］

（1）用结构数组存放学生的信息表，每个数组元素（结构变量）存放一个学生的相关信息（相关信息至少包含姓名、性别、年龄），另设两个结构数组存放结果。

（2）通过扫描数组查询性别信息，并分别将之存放到不同结果数组中。

（3）分别求表 B、表 C 中学生的平均年龄。

实验 2　栈、队列、递归程序设计

2.1　栈和队列的基本操作

[问题描述]

编写一个算法，输出指定栈中的栈底元素，并使得原栈中的元素倒置。

[基本要求]

（1）正确理解栈的先进后出的操作特点，建立初始栈，通过相关操作显示栈底元素。

（2）程序中要体现出建栈过程和取出栈底元素后恢复栈的入栈过程，按堆栈的操作规则打印结果栈中的元素。

[测试数据]

自行设计。

[实现提示]

（1）采用顺序栈，即用数组存储栈元素。

（2）设定一个临时队列，用来存放从初始栈中出栈的元素。

（3）取出栈底元素后，要将队列中的元素逐一出队并压入初始栈中。

2.2　递归程序设计

[问题描述]

给定一个 5 位的十进制正整数，用递归法分别编制程序：

（1）要求从低位到高位逐次输出各位数字。

（2）要求从高位到低位逐次输出各位数字。

[基本要求]

（1）比较题中两种不同要求的递归程序设计和执行过程的差别。

（2）正确理解递归程序的执行过程。

（3）显示计算结果。

[测试数据]

正整数为：13 579。

[实现提示]

（1）求 n 的个位数的算式为 n%10，求 n 去掉个位数后的值用算式 n/10。

(2) 对问题（1）可以先显示 n 的个位数字，即 n mod 10，再递归地求 n/10 的个位数。对问题（2）可以先递归地求 n/10 的个位数字，在递归返回时才逐次显示相应数的个位数。

(3) 递归结束的条件是 n < 10。

(4) 设定的正整数不能超过计算机容许的上界。

实验 3　二叉树

3.1　二叉树的顺序存储结构和链式存储结构

［问题描述］

设一棵完全二叉树用顺序存储方法存储于数组 tree 中，编写程序：

(1) 根据数组 tree，建立与该二叉树对应的链式存储结构。

(2) 对该二叉树采用中序遍历法显示遍历结果。

［基本要求］

(1) 在主函数中，通过键盘输入建立设定的完全二叉树的顺序存储结构。

(2) 设计子函数，其功能为将顺序结构的二叉树转化为链式结构。

(3) 设计子函数，其功能为对给定二叉树进行中序遍历，显示遍历结果。

(4) 通过实例判断算法和相应程序的正确性。

［测试用例］

测试用例见附图 1-1。

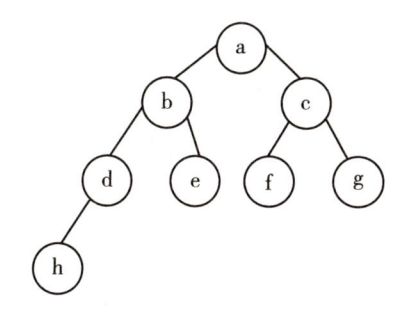

附图 1-1　二叉树

［实现提示］

(1) 顺序存储的二叉树转化为链式存储结构，采用递归算法，递归函数的形式为 creah (tree, n, i, h)，其中形参 n 为二叉树的结点数，h 为要建立的链式结构的根结点的指针，tree 为顺序存储二叉树的数组，i 是二叉树某结点在数组 tree 中的下标（初始值为1）。

（2）上述递归算法的设计思想是：先建立一个链式结构的结点 *b，将 tree[i] 的值域给 *b 的数据域，再通过递归调用 creah（tree，n，2*i，b->left）和 creah（tree，n，2*i+1，b->right），为结点 *b 建立左子树和右子树。

（3）中序遍历算法仍采用递归算法，请参阅课本或相关资料。

[思考问题]

如果已知的二叉树不是完全二叉树，如何改进程序？

3.2 二叉树的遍历

[问题描述]

设一棵二叉树采用链式方式存储，编写一个前序遍历该二叉树的非递归算法。

[基本要求]

（1）掌握前序遍历二叉树的步骤，针对任意一棵二叉树能人工完成对二叉树的前序遍历。

（2）掌握栈的工作特点，并能正确应用这一特点实现对二叉树的遍历。

[测试用例]

利用实验 3.1 中已建立的完全二叉树作为前序遍历的测试实例。

[实现提示]

（1）前序遍历的次序为：根结点、左子树、右子树。

（2）使用一个栈（指针数组），首先将根结点（指针）入栈，然后逐次循环，从栈中退出栈顶元素，将其作为当前要操作结点的指针（设为 p），访问 p 的数据，然后令其右结点（指针）入栈，再将其左结点（指针）入栈，直至栈空为止。

实验 4　图的存储方式和应用

4.1 建立图的邻接矩阵

[问题描述]

根据图中顶点和边的信息编制程序建立图的邻接矩阵。

[基本要求]

（1）程序要有一定的通用性。

（2）直接根据图中每个结点与其他结点的关联情况输入相关信息，程序能自动形成邻接矩阵。

［测试用例］

测试用例见附图 1-2。

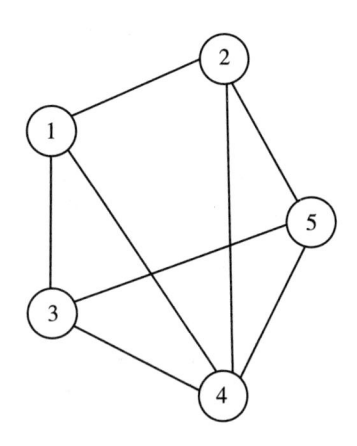

附图 1-2　图的存储

［实现提示］

（1）对图的顶点编号。

（2）在附图 2 中，以顶点①为例，因为顶点②，③，④与顶点①关联，可以输入信息"1，2，3，4"，然后设法求出与顶点①关联的结点，从而求得邻接矩阵中相应于顶点①的矩阵元素。

4.2　图的邻接表（选做）

［问题描述］

根据已知图的信息建立图的邻接表，并输出邻接表。

［基本要求］

（1）掌握邻接表的结构特征。

（2）能针对某一给定图画出相应的邻接表，并用程序具体实现（不一定具有通用性）。

（3）能按单向链表的输出方式输出邻接表。

［测试用例］

测试用例见附图 1-3。

［实现提示］

实现提示见附图 1-4。

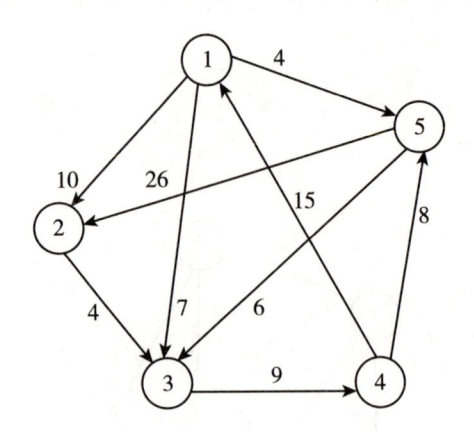

附图 1-3 图的邻接表

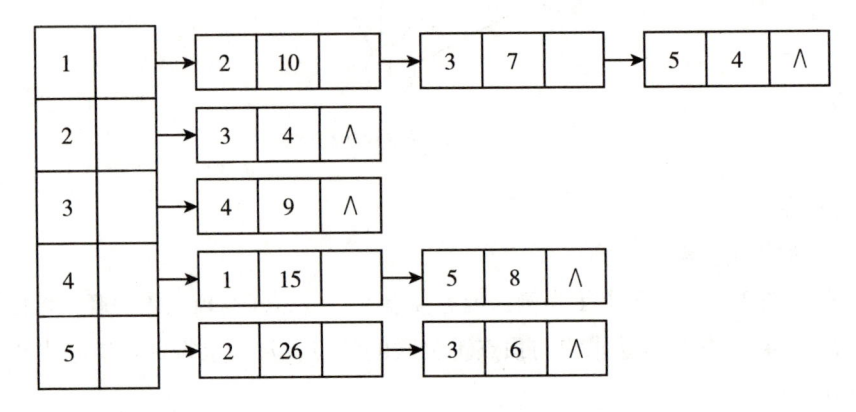

附图 1-4 实现提示

（1）画出图的邻接表。

（2）邻接表左边是一个表头结点，可以用结构数组存储。其中每个数组元素包含两个域：结点序号和指针域。附图 4 中共有 5 个结点，每个结点分别对应一个单向链表。以第 1 个结点为例，与它相应的单向链表由 3 个结点组成，它们是在图中与结点 1 相邻的结点。链表中的每个结点包含 3 个域：结点序号、权值和指针域。

4.3 求图的最短路径（选做）

［问题描述］

参考相关资料，阅读利用广度优先搜索求图的最短路径的相关程序。

［基本要求］

（1）掌握图的广度优先搜索的方法。

(2) 掌握用邻接矩阵表示图的方法。

(3) 掌握队列的工作特点,并能正确将其应用于图的广度优先搜索。

(4) 掌握队列先进先出的特点。

(5) 试运行相关程序。

实验 5　查找

5.1　折半查找

[问题描述]

某班学生的成绩信息表中,每个学生的记录已按平均成绩由高到低排好序,后来发现某个学生的成绩没有被登记到信息表中,使用折半查找法把该同学的记录插入信息表中,使信息表中的记录仍按平均成绩排序。

[基本要求]

(1) 建立现有学生信息表,平均成绩已有序。

(2) 输入插入学生的记录信息。

(3) 用折半查找找到插入位置,并插入记录。

(4) 显示插入后的信息表。

[测试数据]

自行设计。

[实现提示]

(1) 用结构数组存储成绩信息表。

(2) 对记录中的平均成绩进行折半查找。

5.2　二叉排序树的建立

[问题描述]

参阅相关资料,阅读建立二叉排序树的程序。

[基本要求]

(1) 掌握建立二叉排序树的原理和方法。

(2) 能跟踪程序人工建立二叉排序树。

实验 6　排序

6.1　冒泡排序的改进算法

［问题描述］

某班学生的成绩信息表中每个学生的记录包含各门功课的成绩和平均成绩，以及按平均成绩的排名等信息，要求从键盘输入每个学生各门功课的成绩，计算出平均成绩，按平均成绩由高到低对信息表的记录重新排序，并定出每位同学的名次，打印排序后的信息表。

［基本要求］

（1）建立学生成绩信息表，计算平均成绩。

（2）用冒泡法对平均成绩进行排序，程序中要求一旦序列被排好序就结束相应排序操作。

［测试数据］

自行设计。

［实验提示］

（1）用结构数组存放学生成绩信息表。

（2）在某趟冒泡中没有发生元素间的交换则说明已排好序。

6.2　堆排序

［问题描述］

阅读建堆和筛选的程序，针对某一个待排序的序列，通过人工跟踪程序的执行，完成排序的全过程。

［基本要求］

（1）掌握建堆、筛选的基本原理和算法步骤。

（2）写出主函数，试运行堆排序的程序。

（3）掌握堆排序的算法程序，能针对实例按步骤人工完成建堆和排序的过程。

［测试数据］

自行设计。

[实验提示]

（1）筛选是建堆的基本算法。

（2）把要排序序列看成一棵完全二叉树，用循环方式从最后一个非叶子结点（设序号为 k）开始，逐次对序号为 k，k–1……的结点进行筛选，直至根结点调用筛选算法，完成建堆。

（3）不断通过堆顶元素与堆中最后一个元素的交换并筛选，完成排序。

附录 2　各章部分知识点提示和简单解析

第 1 章　绪论

- 数据结构

相互之间存在一种或多种特定关系的数据元素的集合，一般包括以下内容：逻辑结构、存储结构（物理结构）、数据的运算等。

- 逻辑结构

数据元素间的逻辑关系，也就是数据元素间抽象关系的描述。

例：数据结构中，与所使用的计算机无关的是数据的（A）结构。

A. 逻辑　　　　　B. 存储　　　　　C. 逻辑与存储　　　　　D. 物理

例：数据结构中，数据元素之间的抽象关系称为（逻辑）结构。

- 4 种基本结构

集合：结构中的数据除了属于"同一个集合"外，不存在其他关系。

线性结构：一对一的关系。

树形结构：一对多的关系。

图状结构：多对多的关系。

- 存储结构（物理结构）

数据的逻辑结构在计算机中的表示称为存储结构，包括数据元素的表示和关系的表示。同一种逻辑结构可以对应不同的存储结构。

例：第 2 章的线性表，可以顺序存储（顺序表），也可以链式存储（链表）。

例：数据的存储结构包括数据元素的表示和（C）。

A. 数据处理的方法　　　　　B. 相关算法

C. 数据元素间关系的表示　　D. 数据元素的类型

- 程序设计的要素

算法语言、算法、数据结构和程序设计技术。

- 算法的 5 个特征
- 算法的时间复杂度

第 2 章　线性表

- 线性表的定义

线性表是属于同一个数据对象的数据元素的有限序列，线性表中数据元素的个数为线性表的长度。

- 线性表的逻辑结构

线性表的逻辑结构是指线性表中数据元素之间的逻辑（抽象）关系，简单来说，线性表的元素间存在一对一的关系。

- 有关线性表的几个名词

表中的第一个元素、最后一个元素、前驱、后继、直接前驱、直接后继等。

- 线性表的顺序存储结构

线性表的顺序存储是：使用一组地址连续的存储单元依次存放线性表的元素，体现了元素间一对一的关系。

例：顺序存储的线性表称为（顺序表）。

例：顺序表所具备的特点之一是（A）。

A. 可以随机访问任一结点。

B. 不需要占用连续的存储空间。

C. 插入元素的操作不需要移动元素。

D. 删除元素的操作不需要移动元素。

例：在线性表的顺序结构中，以下说法正确的是（C）。

A. 逻辑上相邻的元素在物理位置上不一定相邻。

B. 数据元素是不能随机访问的。

C. 逻辑上相邻的元素在物理位置上也相邻。

D. 进行数据元素的插入、删除效率较高。

- 线性表的 5 种基本操作

存取、插入、删除、查找、求表长。

- C 语言中可用数组存储线性表。
- C 语言中顺序表的插入、删除操作的程序实现、移动元素的个数、移动元素操作中的注意事项。

例：设顺序表的表长为 n，现要插入一个元素并作为新表的第 i 个元素，需移动元素的个数为（n-i+1）。要删除第 i 个元素，需移动元素的个数为（n-i）。

例：设有一个长度为 35 的顺序表，要在第 5 个元素之前插入 1 个元素（插入元素作为新表的第 5 个元素），则移动元素个数为（B）。

    A. 30   B. 31   C. 5   D. 6

- 顺序表的特点

可以随机访问，但插入或删除元素需要移动元素。

- 线性表的链式存储结构

链式存储的线性表称为链表。链表由结点组成，结点包含数据域和指针域，数据域存放线性表的数据，结点间由指针进行链接，以体现线性表的一对一的关系。

- 链式存储结构特点

不需要连续的空间；不能随机访问；插入和删除操作不需要移动元素。

- 单向链表

头指针、尾结点、带头结点的单向链表、不带头结点的单向链表。

- 单向链表的主要操作

在一个已知结点后插入一个新结点；删除某已知结点的直接后继结点；查找结点；输出链表。

- 头插法建立单向链表、尾插法建立单向链表

例：在一个单向链表中要删除 p 所指结点的后继结点，可执行 q = p -> next；和（A）。

    A. p -> next = q -> next；   B. p = q -> next；
    C. p -> next = q；   D. p -> next = q；

提示：可画简图，此时 q 指向的是 p 的直接后继结点。

- 单向循环链表

当单向链表带有头结点时，尾结点的指针域指向头结点。当单向链表不带有头结点时，尾结点的指针域指向链表的第一个结点。

- 单向循环链表与单向链表的判断和互相转换

例：设有头指针为 head 的非空的单向链表，指针 p 指向其尾结点，要使该单向链表成为单向循环链表，则可利用下述语句（C）。

    A. p = head；   B. p = NULL；
    C. p -> next = head；   D. head = p；

例：在一个不带头结点的单向循环链表中，p、q 分别指向表中第一个结点和尾结点，现要删除第一个结点，且 p、q 仍然分别指向新表中第一个结点和尾结点。可用语句：p = p -> next；和（D）。

    A. p = q -> next；   B. p -> next = q；
    C. q = p；   D. q -> next = p；

提示：可画简图，此时，p 指向新表的第一个结点。

- 了解双向链表的构造特点

第3章 栈和队列

- 栈的定义及基本操作

栈是操作受限的线性表，仅限定在表的尾部进行插入、删除操作，表尾端称为栈顶，表头端称为栈底。

- 栈的基本操作

进栈操作：在栈顶的下一个位置插入元素。

栈的出栈操作：取走栈顶元素，使前一个元素成为栈顶。

- 栈的特点：后进先出（先进后出）。

例：设一个栈的进栈序列是1，2，3，4，则栈的出栈序列不可能是（B）

A. 3．2．4．1　　　　　　　　B. 1．4．2．3
C. 4．3．2．1　　　　　　　　D. 3．2．1．4

提示：情况B：1进栈，出栈；2，3，4进栈，4出栈；此时3在栈顶，2无法出栈。

- 掌握栈的顺序存储结构及其操作，掌握栈的链存储结构及其操作（重点是关键语句）。

例：对一个栈顶指针为top的链栈进行出栈操作，用变量e保存栈顶元素的值，则执行操作（B）。

A. e = top -> next；top -> data = e；
B. e = top -> data；top = top -> next；
C. top = top -> next；e = top -> data；
D. top = top -> next；e = data；

提示：出栈操作在栈顶进行，B中语句1用e保存栈顶元素的值，语句2使头指指向前一个栈元素。

例：对一个栈顶指针为top的链栈进行入栈操作，通过指针变量p生成入栈结点，并给该结点赋值a，则执行：p =（struct node ＊）malloc（sizeof（struct node））；p -> data = a；和（A）。

A. p -> next = top；top = p；
B. top -> next = p；p = top；
C. top = top -> next；p = top；
D. p -> next = top；p = top；

提示：可画简图，A中语句1，使新结点与原栈顶结点链接；语句2使栈顶针指向新结点。

- 队列的定义

队列是操作受限的线性表，只允许在表的一端进行插入元素，在另一端删除元素的操作。在队尾插入，插入位置在队尾的下一个元素。在队头删除。

- 队列的特点：先进先出
- 掌握队列的顺序存储结构及其操作，掌握队列的链存储结构及其操作（重点是关键语句）

例：在一个链队中，假设 f 和 r 分别为队头和队尾指针，p 指向一个新结点，要为结点 p 所指结点赋值 x，并入队的运算为：p –> data = x；p –> next = NULL；（B）。

A. f –> next = p；f = p；
B. r –> next = p；r = p；
C. r = p；p –> next = r；
D. p –> next = f；f = p；

提示：入队是在队尾。B 中语句 1 把新结点链入队尾，语句 2 尾指针指向新结点。

- 了解循环队列的原理

第 4 章 字符串

- 字符串是一个字符序列，字符串中的字符可以是字母、数字字符或其他字符。C 语言中规定用双引号作为字符串的起、止标记

例："ab12cd"

- 字符串中的字符个数称为字符串的长度
- 字符的比较

两个字符的比较是它们的 ASCⅡ 码大小的比较。

- 两个字符串的比较

当字符串 s1 和 s2 比较时，采用从第一个字符开始，逐个字符对应比较法。

例：字符串 a1 = " CDEIJING"，a2 = " CDEI"，a3 = " CDEFANG"，a4 = " CDEFI" 中最大的是（D）。

A. a4　　　　　　　　　　　B. a2
C. a3　　　　　　　　　　　D. a1

提示：4 个选项的前 3 个字符都相同，第 4 个字符 a1 和 a2 大，且 a1 较 a2 长。

- C 语言中规定

数组下标从 0 开始，在每一个字符串常量的结尾由系统自动加一个字符串的结束标志 '\0'，它是一个 ASCⅡ 码为 0 的字符，是一个空操作，不可显示也不引起任何动作。

- 字符串的基本操作和相应程序中的关键语句

例：程序段

char a [ ] = "abdcacdef";

char *p = a;   int n = 0;

while (*p! = '\0') {n + +; p + +;} 结果中，n 的值是（D）

A. 6   B. 8   C. 6   D. 9

提示：统计字符串的长度。循环中遇到字符串的结束符结束。

- 字符串的模式匹配

设 s 和 t 是两个给定的字符串，在字符串 s 中查找等于字符串 t 的过程，称为模式匹配，s 称为主串；t 称为子串，又称模式串。若在字符串 s 中找到了等于字符串 t 的子串，则匹配成功，否则匹配失败。

例：字符串（A）是 "abcd321ABCD" 的子串。

A. "21AB"

B. "abcD"

C. "aBCD"

D. "321a"

提示：注意字母大小写。

- 例：设字符串中第一个字符的位置是 1，子串 "acd" 在主串 "abdcacdefac" 中的位置是（B）。

A. 3   B. 5   C. 7   D. 1

第 5 章 数组与广义表

- 数组是程序设计中最常用的数据类型，数组的使用使程序更简洁、灵活
- 数组和广义表是线性表的拓展，特别是广义表既具有线性表操作简单明了的基本特点，又较线性表更灵活，它使一类较为复杂的数据类型得以在计算机实现和处理，在相关领域有重要应用
- C 语言中数组的定义、特点、存储结构、基本操作
- 了解几种特殊矩阵的特点
- 二维数组有以行序为主序的存储方式和以列序为主序的存储方式
- C 语言中数组以行序为主序存储
- 重点掌握对称矩阵的压缩存储方法，即对称矩阵的元素和压缩存储后的一维数组元素的对应关系

例：设有一个 18 阶的对称矩阵 A，采用压缩存储的方式，将其下三角部分以行序

为主序存储到一维数组 B 中（数组下标从 1 开始），则矩阵中元素 $a_{10,8}$ 在一维数组 B 中的下标是（D）。

A. 62　　　　　B. 63　　　　　C. 51　　　　　D. 53

提示：元素在矩阵中位于第 10 行第 8 列，矩阵下三角前 9 行共有元素为：$1+2+\ldots+9=9\times10/2=45$，所以该元素位于一维数组 B 中 $45+9=53$ 的位置。

例：设有一个 28 阶的对称矩阵 A，采用压缩存储的方式，将其下三角部分以行序为主序存储到一维数组 B 中（数组下标从 1 开始），则数组中第 26 号元素对应于矩阵中的元素是（A）。

A. $a_{7,5}$　　　B. $a_{7,6}$　　　C. $a_{6,5}$　　　D. $a_{7,4}$

提示：矩阵下三角前 6 行共有元素为 $6*7/2=21$（个）。$21+5=26$，数组中第 26 号元素对应于矩阵中的元素是第 7 行第 5 列。

- 稀疏矩阵的存储模式

对每一个非零元素设定一个三元组（i, j, a_{ij}），将所有三元组按行优先，（同一行中按列号由小到大排列），组成一个三元组表（线性表）。

例：对稀疏矩阵进行压缩存储，可采用三元组表，一个 10 行 8 列的稀疏矩阵 A 共有 73 个零元素，其相应的三元组表共有（C）个元素。

A. 8　　　　　B. 80　　　　　C. 7　　　　　D. 10

提示：该矩阵共有：$10\times9=90$ 个元素，有 $90-73=7$ 个非零元素。

- 广义表的定义、结构特点，了解其存储方法
- 广义表的相关名词，如表头、表尾、原子、子表、广义表的长度、广义表的深度等

例：广义表 ((b, a, c), c, d, f, e, ((i, j), k)) 的长度是（6）。

提示：广义表中元素的个数是广义表的长度，元素既可以是原子，也可以是子表。

例：广义表 ((b, a, c), c, d, f, e, ((i, j), k)) 的表头是 ((b, a, c))。

例：广义表 ((b, a, c), c, d, (e, i, j, k)) 的表尾是 (c, d, (e, i, j, k))。

提示：表头以外的，其余元素组成的表是表尾。

第 6 章　树和二叉树

- 树的定义（数据结构中所指的树）

树是 n（n≥0）个结点的有限集 T，当 n＝0，为空树；当 n＞0，为非空树。非空树中：

（1）有且仅有一个称为根的结点。

（2）当 n＞1 时，其余结点可分为 m 个的有限集 T_1, T_2, …, T_m，而每一个 T_i（i =

1，2，…，m）也是一棵树。T_i 称为根的子树。
- 树的定义的注释

（1）习惯上把树视为一棵倒长的树，根在上，边的方向朝下，通常在图中省略方向。

（2）树中任一个结点及其所有后继也是一棵树，是一种递归定义。
- 树的性质

包括树中的结点数与边数的关系；度为 k 的树中，第 i 层（本书约定根在第一层）至多具有的结点数；深度为 h 的 k 叉树至多具有的结点数等。
- 二叉树（重点掌握）
- 二叉树的定义

或者是一棵空树，或者是一棵由一个根结点和两棵互不相交的分别称为根的左子树和右子树所组成的非空树，左、右子树也是一棵二叉树。
- 二叉树定义的注释

（1）每个结点至多有两棵子树，且子树有左、右之分。

（2）一种递归定义，这种递归特点在二叉树的遍历和相应程序设计中有重要应用。
- 二叉树的性质

树中的结点数 = 树的边数 + 1。

二叉树的终端结点（叶结点）数等于双分支结点数加 1。

第 i 层上至多有 2^{i-1} 个结点。

深度为 h 的 2 叉树至多有 $2^h - 1$ 个结点。

编号为 i 的结点，其左孩子编号为 2i，右孩子号为 2i + 1。
- 二叉树的相关计算

利用二叉树的上述性质的组合和已知条件，找出相互关系或建立相应方程组，求解。

例：二叉树中，结点的度之和为 11，左子树有 5 个结点，右支树有多少个结点？

提示：树中的结点数等于所有结点的度数（边数）之和加 1，所以该二叉树共有 12 个结点。由此容易得到结果为 6。

例：一棵有 18 个结点的二叉树，其 2 度结点数的个数为 8，则该树有（1）个 1 度结点。

提示：由 2 度结点数的个数为 8，得知叶子结点个数为 9，所以有 1 个 1 度结点。

例：一棵有 8 个叶子结点的二叉树，其 1 度结点的个数为 3，则该树共有（18）个结点。

提示：与上例类似。
- 满二叉树及编号规则
- 完全二叉树

除最后一层外，其余各层结点数都是满的，并且最后一层或者是满的，或仅仅从右到左缺少若干个连续的结点。

例：一棵具有5层的完全二叉树，最后一层有4个结点，则该树总共有（C）个结点。

A. 14　　　　　B. 15　　　　　C. 19　　　　　D. 18

提示：树的层数、每层最多结点数、完全二叉树的特点。

$$1+2+4+8+4$$

例：设一棵有n个叶结点的二叉树，度数为1的结点有3个，则该树总共有（B）个结点。

A. 2n　　　　　B. 2n+2　　　　C. 2n+1　　　　D. 2n-1

提示：二叉树的终端结点（叶结点）数等于双分支结点数加1。

- 二叉树的顺序存储结构
- 二叉树的链式存储结构

链式存储的二叉树可通过某结点的左、右指针访问到结点的左、右孩子结点。

例：说明链接存储的有n个结点的二叉树，共有（n+1）个指针域为空指针。

提示：每个结点有两个指针，除根结点外，链接每一个结点需要一个指针。

解：$2n-(n-1)=n+1$。

- 遍历二叉树的相关概念

（1）遍历的三个子问题：根结点、左子树、右子树。

（2）遍历次序规定先左后右，访问根结点的次序分为：先序、中序、后序。

① 先序：访问根结点、先序遍历左子树、先序遍历右子树。

② 中序：中序遍历左子树、访问根结点、中序遍历右子树。

③ 后序：后序遍历左子树、后序遍历右子树、访问根结点。

注意：根据树的递归定义的特点，遍历是一个递归过程。

例：给出中序遍历如附图2-1所示二叉树的结果序列。

答案：6，8，10，12，13，14，16，17，18

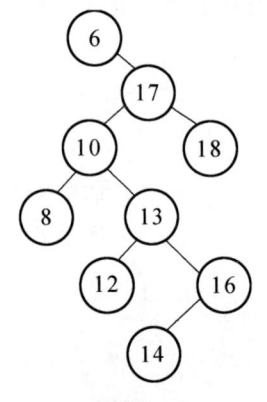

附图2-1

提示：根据二叉树的定义，遍历过程是一个递归过程，只有在访问根结点时进行实质性操作。中序遍历：左子树，左左子树……直到左子树空，再逐次返回，访问根结，中序遍历右子树。

- 掌握三种遍历方法的递归程序实现的关键语句

例：已知对某二叉树的中序遍历结果为 10，6，8，17，18。前序遍历结果为 6，10，17，8，18，能否确定该二叉树。

答案：能。

由前序遍历结果，得到树的根结点 6。

由中序遍历结果和根结点 6 得到左子树 10 和右子树 8，17，18。

由右子树的前序遍历结果得到右子树的根结点 17。

由右子树的中序遍历结果和根结点 17，得到左子树 8 和右子树 18。如附图 2-2 所示。

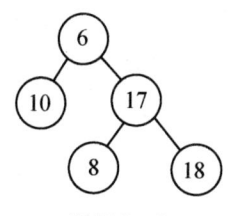

附图 2-2

思考：1. 已知某树的后序和中序遍历序列，能否确定该树。
　　　2. 已知某树的后序和前序遍历序列，能否确定该树。

- 路径

从树中一个结点到另一个结点的通路，称为两个结点间的路径。

- 路径长度

路径上的边（分支）数称为路径长度。

- 结点的权

给结点所赋的值。

- 结点的带权路径长度

根到该结点的路径长 × 结点的权。

- 树的带权路径长度

所有叶结点的带权路径长度之和。

- 哈夫曼树（最优树）的定义

以 n 个带权结点作为叶子结点，构造的所有二叉树中，树的带权路径长度 WPL 最小的树。

- 哈夫曼树的性质

（1）除叶结点外，其余结点全为双分支结点。

（2）叶子结点数比非叶子结点数多 1。

例：一棵有18个叶子结点的哈夫曼树，则该树共有（35）个结点。

提示：哈夫曼树的性质2。

- 初始为一棵空树，给定一组权值 w，构造哈夫曼树的步骤

（1）在 w 中选取最小的两个权值，w_i，w_j，以 w_i，w_j 为兄弟结点，以 $w_s = w_i + w_j$ 为父结点构建二叉树。

（2）在 w 中删除 w_i，w_j，加入 w_s（w_s 将在构建中作为树的非叶子结点）。

（3）在已建树中继续步骤1和2，直到 w 中只有一个权值。

- 哈夫曼编码的构造步骤

（1）构建哈夫曼树。

（2）在树中，兄弟结点的引入边按照：左0右1的规则编号。

（3）取根结点到叶子结点路径上的0、1序列作为相应叶子结点的编码。

例：（1）以3，4，5，8，9，10作为叶结点的权，构造一棵哈夫曼树。

（2）给出相应权重值叶结点的哈夫曼编码。

答案：（1）附图2-3。

   （2） 3 0000

      4 0001

      5 001

      8 10

      9 11

      10 01

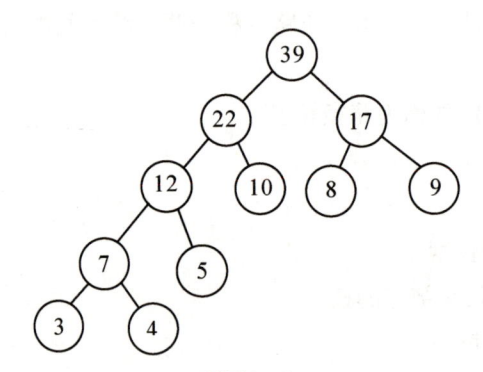

附图2-3

第7章 图

- 图是非线性结构，结点间存在（多对多）的关系
- 无向图的定义和有向图的定义

- 图的基本术语

顶点的度、子图、路径（简单路径、复杂路径和回路）、网等。

- 图的存储

（1）图的邻接矩阵：图的一种表现形式，可利用程序设计中的二维数组存储图的邻接矩阵。

（2）图的邻接表：图的另一种表现形式，是图的重要存储手段。其基本思路是利用多个单向链表描述图结点的邻接关系。

- 图的遍历

图的遍历是指在图中从任意指定的一个初始顶点出发，按照一定的规则（方法）访问图中每个顶点一次且仅一次的过程。

- 图的遍历与树的遍历的不同点

树：从根出发，到达每个结点只有一条路径。

图：从初始点出发，到达每个顶点可能存在多条路径。

- 图的遍历的两种方法

（1）深度优先搜索遍历。

（2）广度优先搜索遍历。

- 图的深度优先搜索遍历

（1）访问某顶点 V_i（初始点）并做标记，再以 V_i 的任一未被访问过的邻接点作为新初始点，继续进行深度优先搜索遍历。

注意：遍历是一个递归过程。

（2）避免重复访问。若遍历过程中某结点 V_k 的所有邻接点被访问过，则返回上一个结点继续深度遍历……

（3）递归过程结束的条件：直至退回初始点，并且没有未被访问过的邻接点。

- 图的广度优先搜索遍历

（1）访问初始点 V_i，并做标记。

（2）访问 V_i 的所有未被访问过的邻接点（次序可任意），设为 V_{i1}，V_{i2}，…，V_{it}，做标记。

（3）依次对 V_{i1}，…，V_{i2}，…，V_{it} 做广度优先搜索遍历。

注意：①在从某点向下一层遍历时，下一层结点遍历次序可任意。

②同一层遍历结束，在向下一层遍历时，必须按同层结点遍历的先后次序进行。

简言之：点到下一层无序，同一层选点有序。

例：如附图 2-4 所示，若从顶点 *a* 出发，按图的深度优先搜索法进行遍历，则可能得到的一种顶点序列为（D）。

A. abecdfg   B. acfebgd   C. aebcfgd   D. aedfcgb

提示：A 中 a 到 b 不对；B 中 f 到 e 不对；C 中 b 到 c 不对。

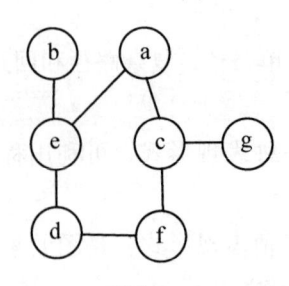

附图 2-4

例：如附图 2-5 所示，若从顶点 a 出发，按广度优先搜索进行遍历，则可能得到的一种顶点序列为（A）。

A. abcdfhge
B. abcfehdg
C. acbfdhge
D. abchfdeg

提示：B 中 f 到 e 错误；C 中 b 到 f 错误；D 中 c 到 h 错误。

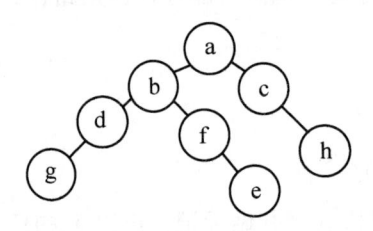

附图 2-5

- 图的生成树

对连通图 G，取 G 的全部顶点，部分或全部边构成子图 G'，如果 G' 连通且不含回路，称 G' 为 G 的生成树。

- 求生成树的破圈法和避圈法
- 遍历法（深度遍历、广度遍历）求生成树
- 最小生成树；求最小生成树的克鲁斯卡尔算法
- AVO 网的应用和拓扑排序的概念
- 拓扑排序的算法步骤（循环执行以下两步）

（1）选择一个入度为 0 的顶点并输出（前面无影响）。

（2）从网中删除该顶点及该顶点的所有出边（不影响后面），重复（1）~（2），直到不存在入度为 0 的顶点为止。

注：循环结束时，若输出的顶点数小于网中顶点数，则输出有回路，否则输出的顶点序列就是一种拓扑序列。

例：设有向图如附图 2-6 所示，写出首先删除顶点 1 的 3 种拓扑序列。

答案：152364 或 152634 或 156234

附图 2-6

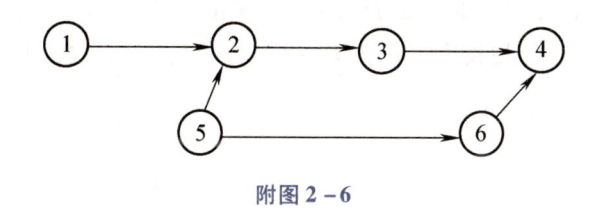

第 8 章　查找

- 查找操作的相关名词

查找表、关键字、主关键字、次关键字、成功查找、不成功查找等。

- 主关键字

在查找表中，通过记录的关键字能唯一地确定一个记录。

- 次关键字

在查找表中，通过记录的某关键字能确定多个记录。

- 查找算法的基本操作

记录的关键字与给定查找值的比较。

- 求查找成功时的平均查找长度

设查找表有 n 个记录，在等概率条件下，设 P_i 是查找第 i 个记录的概率，C_i 是为查找到其关键字与给定值相等的第 i 个记录时，需要进行比较操作的次数。

$$ASL = 1/n \sum_{i=1}^{n} C_i \quad P_i = 1/n$$

- 顺序查找算法

要求掌握程序中判断语句的作用；改进算法中监视哨的作用。

- 在顺序表中，记录所相应的关键字有序的条件下，可以应用折半查找算法，能有效减少元素间的比较次数

- 折半查找算法的具体步骤、和程序实现、掌握关键语句

具体步骤：从顺序存储的有序表的中间位置元素开始查找，若没有查到，可以排除掉大约一半的元素，以缩小查找范围……反复上述过程。

注意：折半查找的存储结构查找表（顺序表）中记录所相应的关键字必须有序。

- 折半查找对应的判定树

（1）折半查找过程可用一棵二叉判定树描述。

（2）判定树的构造。

根结点的值为查找表的中间元素的值或序号；左子树的根结点是左子表的中间元素

的值或序号；右子树的根结点是右子表的中间元素的值或序号；依此类推……
- 折半查找的平均查找长度、查找某一个元素的查找次数、不成功查找某一个元素的查找次数

例：查找表

序号	0	1	2	3	4	5	6	7	8	9	10
	6	14	20	21	38	56	68	78	85	86	100

(1) 构建折半查找对应的判定树。
(2) 查到85，要进行多少次元素间的比较？
(3) 查到101，要进行多少次元素间的比较？
(4) 求成功查找的平均查找长度。
(5) 给出对该树后序遍历的序列。

答案：(1) 附图2-7。

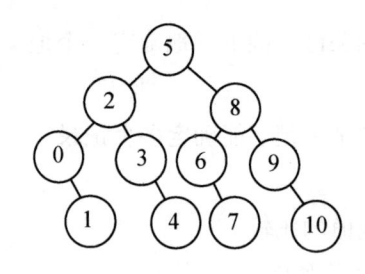

附图2-7

(2) 2次比较。
(3) 进行了4次比较，表明查不到。
(4) ASL = (1 + 2*2 + 3*4 + 4*4) /11 = 3
(5) 1 0 4 3 2 7 6 10 9 8 5

- 二叉排序树

或者是一棵空树，或者是具有以下性质的二叉树。
(1) 若左子树非空，左子树的所有结点的值小于它的根结点的值。
(2) 若右子树非空，右子树的所有结点的值大于（或等于）它的根结点的值。
(3) 左、右子树也分别是一棵二叉排序树。

注意：(1) 定义的递归性质。
(2) 不要与"二分查找的判定树"混淆。

- 二叉排序树的性质

中序遍历二叉排序树，可以得到一个由小到大的有序序列。

- 二叉排序树的构建

通过插入操作。插入步骤：

动态生成一个新结点。

(1) 若二叉排序树为空，则新结点作为根结点插入。

(2) 若二叉排序树非空：对新结点与根结点的关键字进行比较，若新结点关键字小于根结点关键字，则将新结点插入左子树；若新结点的关键字大于或等于根结点关键字，则将新结点插入右子树。

(3) 在左子树或右子树进行上述 1 和 2 同样操作。

例：关键字序列为 {60，40，70，20，80，25}，按关键字顺序：

(1) 用插入法构造一棵二叉排序树。

(2) 给出中序遍历该二叉排序树的结果序列。

答案：(1) 附图 2-8。

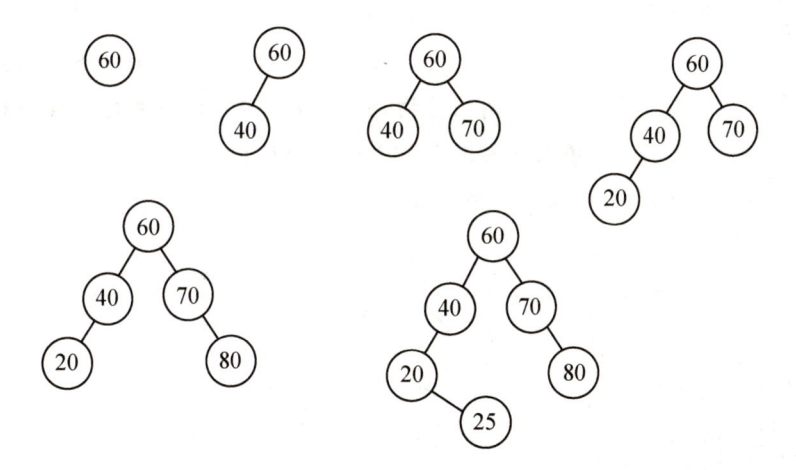

附图 2-8

(2) 20 25 40 60 70 80。

● 同一组数，由于插入的先后次序不同，生成的二叉排序树不同

例：相关概念的讨论：二叉排序树定义中，

(1) 附图 2-9 中，二叉排序树定义中第 3 个条件可以去掉吗？

(2) 附图 2-10 中，定义能否改为任一结点的值都大于左孩子的值，小于右孩子的值（左、右孩子若存在）。

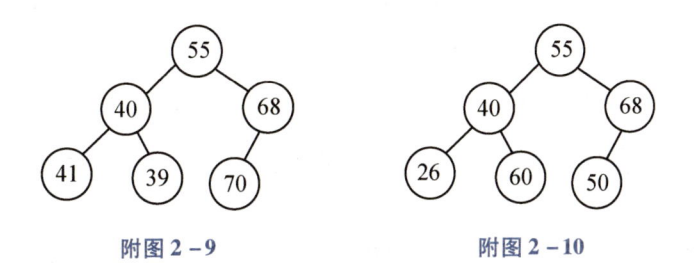

附图 2-9　　　　　　　　附图 2-10

(3) 能否改为每一个结点大于它的左子树所有结点的值，小于右子树上所有结点的值？

答案：(1) 不可以，因为 70 大于 68。

(2) 不可以，因为 50 小于 55。

(3) 可以。

例：(1) 判断附图 2-11 是否是二叉排序树。

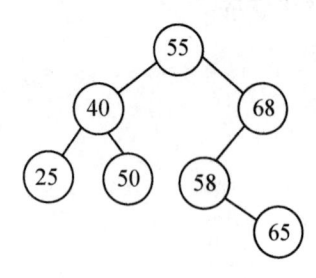

(2) 给出对该树中序遍历的结果。

(3) 由此，说出二叉排序树的一条性质。

答案：(1) 是二叉排序树。

(2) 25 40 50 55 58 65 68。

(3) 中序遍历二叉排序树，结果一定是一个有序序列。

例：设数据集合 a = {62, 74, 30, 15, 56, 48}，在不改变树的结构的条件下，能否把 a 中除了 48 以外的数据填入如附图 2-12 所示两棵树的树结点中，使树成为二叉排序树。如不能说明理由，如果能，则把数据填入。

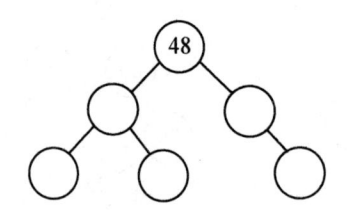

附图 2-11

附图 2-12

答案：附图 2-12 不可能，因为左子树有 3 个结点，但集合中只有 2 个比 48 小的数据元素。

附图 2-13 可以，按插入规则插入后，如附图 2-14 所示。

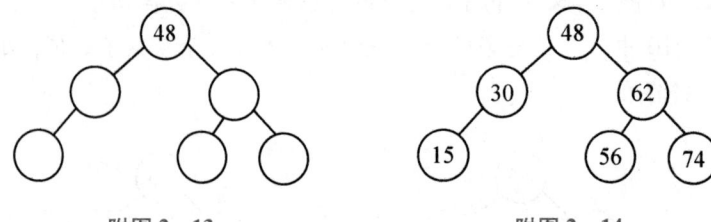

附图 2-13

附图 2-14

例：把 1, 2, 3, 4, 5, 6, 7, 8 填入如附图 2-15 所示的二叉树，使其成为二叉排序树。

答案：若附图 2-15 所示的是二叉排序树，对其进行中序遍历，结果应该有序。

得到：a4, a2, a1, a7, a5, a3, a8, a6

令：1，2，3，4，5，6，7，8，与上述序列对应填入即可，如附图 2-16 所示。

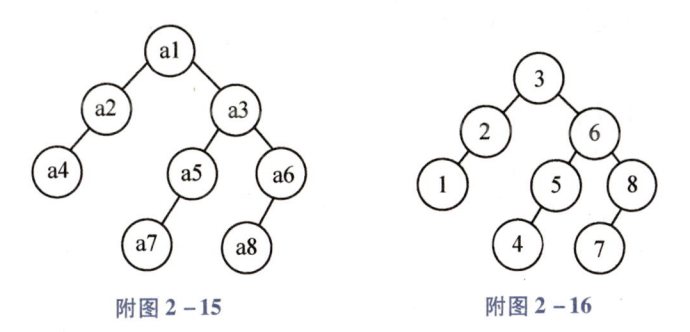

附图 2-15

附图 2-16

- 哈希查找的原理

通过对待查找记录的关键字值进行相关计算，就能找到满足条件的记录。

- 哈希函数

记录的关键字值与该记录的存储地址之间所构造的对应关系。

- 哈希表

存放查找表中记录的表，每个记录的存储位置是以该记录的关键字为自变量，由相应的哈希函数及相关规则得到，其存储位置称为哈希地址或散列地址。

第 9 章 排序

- 相关概念
- 排序：对一组数据按由小到大的次序（升序）或由大到小的次序（降序）进行排列。
- 记录序列按某个数据项（关键字）的大小排序，若选定用于排序的关键字为主关键字，则排序结果唯一。若选定用于排序的关键字为次关键字，则排序结果不唯一。
- 直接插入排序原理

逐次比较，逐个插入，逐步有序。（n 个元素要进行 n 趟插入，不计第一个元素的插入，则为 n-1 趟）。

- 直接插入排序算法步骤（n 个元素）

令 i=1，取第一个元素，得到长度为 1 的（有序）序列；再令 i=2，取第二个元素与第 1 个元素比较，得到长度为 2 的（有序）序列……以下令 i=3，4，…依次取元素与已经有序的序列中的元素从后向前逐次比较，找到插入位置。

例：对一组记录（54，38，96，23，15，72，60，45，83）进行直接插入排序，当把第 7 个记录 60 插入有序表时，为寻找插入位置需比较多少次？

分析：当要把第 7 个记录插入有序表时，前 6 个已有序，即 15，23，38，54，72，96，60，45，83，当第 7 个记录 60 插入时，要比较到 54 为止。共进行 3 次比较。

- 折半插入排序

算法要点：在寻找插入位置的方法上进行改进，对已排好序的子表，利用折半查找确定插入位置。

- 冒泡排序（以升序为例）

（1）算法要点（共 n 个记录）

由前向后相邻记录关键字逐次比较，使小的在前，大的在后，直至完成最后两个记录关键字的比较和换位，结果使最大关键字的记录排序到位，完成一趟冒泡。逐次对 n-1 个记录，n-2 个记录，…，2 个记录重复上述过程。

（2）共进行 n-1 趟冒泡，完成排序。

（3）第 j 趟冒泡需要进行 n-j 次元素间的比较。

（4）在某趟冒泡中如果没有元素交换，则已有序。

- 冒泡排序的算法实现中的关键语句

例：序列 9，12，10，13，11，16，14，采用冒泡排序算法，经一趟冒泡后，序列的结果是（9，10，12，11，13，14，16）（按升序排序）。

例：对 16 个元素的序列用冒泡排法进行排序，共需要进行（15）趟冒泡。

- 快速排序原理

一趟冒泡排序只能使一个记录排序到位。

改进策略：一趟操作后使某个记录排序到位，并且该记录（称为划分记录）把待排序列划分为两个子序列，所有关键字比划分记录关键字小的在前面的序列，大的在后面的序列，称为一次划分。

- 快速排序中一次划分步骤

选定划分元素，依次从后向前和从前向后逐次扫描。

例：一组记录的关键字序列为（42，37，62，40，32，92），利用快速排序算法，以第一个关键字为划分元素，给出经过一次划分后的结果。

解：以 42 为分割元素（"--"表示该位置元素已取走，可被占用）。

42

 -- 37 62 40 32 92

对序列从后向前扫描后，得到序列

32 37 62 40 -- 92

对序列从前向后扫描后，得到序列

32 37 -- 40 62 92

对序列从后向前扫描后，得到序列

32 37 40 -- 62 92

完成扫描，插入 42 得到一次划分

32 37 40 42 62 92

- 直接选择排序

设待排序序列为 a[1]…a[n]。第1趟：a[1] 依次与 a[2]，a[n] 比较，得到最小元素的下标 k_1，将 a[1] 与 a[k_1] 交换；以下依次对 a[2]…a[n-1] 作相同处理，完成排序。

- 堆排序
- 堆的定义（小根堆）序列 $k_1, k_2, \cdots, k_n$ 满足

$$\begin{cases} k_i \leq k_{2i}, & 2i \leq n \\ k_i \leq k_{2i+1}, & 2i+1 \leq n \end{cases}$$

- 堆与特殊性质的完全二叉树的对应

若把堆元素顺序存入一棵完全二叉树，其任意一个非叶子结点的值均不大于左、右孩子的值。

- 堆所对应的完全二叉树的性质

(1) 根结点（堆顶）是完全二叉树中值最小的。

(2) 树中任何一棵子树也对应一个子堆。

- 堆排序的基本思想

待排序的序列对应一棵完全二叉树，把该树建成一个堆，输出堆顶元素（最小值），把树中最后一个元素替代树根位置，再调整为堆，再输出堆顶元素（次小值）……重复上述过程，从而完成排序。

- 自顶向下的调整为堆的筛选算法

问题：一棵完全二叉树中，除根结点外，根结点的左右子树均已经为堆，如何把该二叉树调整为堆。

(1) 以根结点的值与左、右子树根结点中的较小者比较，若大于较小者，则根结点与较小者的值互换。

(2) 考察变化后的子树，若破坏了子树堆，则对该子树的根结点进行上述的同样处理。直至子树没有被破坏。

- 自下而上的建堆算法

问题：如何把序列对应的一棵完全二叉树调整为堆在一棵完全二叉树中？

(1) 设最后面的非叶子结点的序号为 k，以 k 结点为根，用筛选算法把以 k 结点为根的子树调整为堆。

(2) 依次取结点 k-1，k-2，…，1，从下至上，用筛选法把完全二叉树调整为堆。

例：一组记录的关键字序列为 (80, 57, 41, 39, 46, 47)，

(1) 利用完全二叉树建立小根堆（堆顶元素是最小元素）。

(2) 取走栈顶元素后，再调整为堆。

答案：(1) 39 46 41 57 80 47。

从下到上逐次筛选建堆。

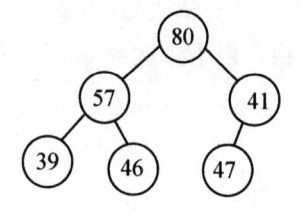

完全二叉树（80, 57, 41, 39, 46, 47）

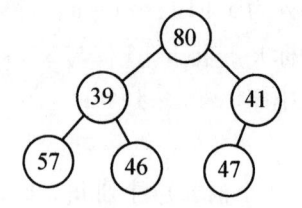

交换 39 和 57 后

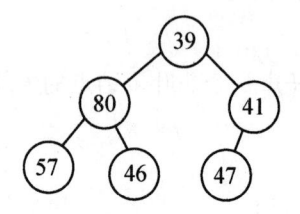

交换 39 和 80 后

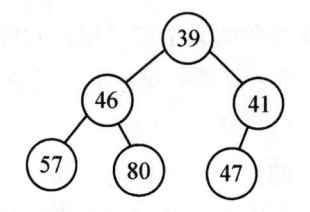

交换 80 和 46 后得到堆

（2）筛选法：自上而下调整为堆。

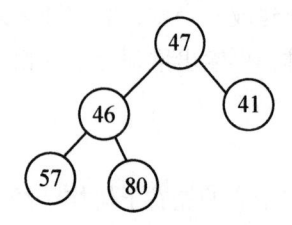

取走 39，换成 47

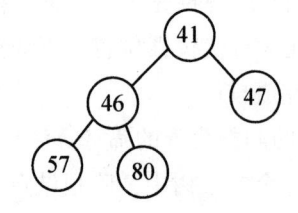

交换 41 和 47 得到新堆

- 归并

把两个有序序列合并为一个新的有序序列。

- 归并排序的基本思想

对长度为 n 的序列，逐次进行 (1，1)，(2，2)，(4，4) 归并，得到长度为 n 的有序序列。

例：对序列 4, 3, 5, 8, 6, 7, 2, 1, 9, 11, 10, 16, 14, 13, 15, 12, 逐次进行 (1, 1) 归并，(2, 2) 归并，(4, 4) 归并……完成排序。

(1, 1) 归并 (3, 4), (5, 8), (6, 7), (1. 2), (9, 11), (10, 16), (13, 14), (12, 15);

(2, 2) 归并 (3, 4, 5, 8), (1, 2, 6, 7), (9, 10, 11, 16), (12, 13, 14, 15);

(4, 4) 归并 (1, 2, 3, 4, 5, 6, 7, 8), (9, 10, 11, 12, 13, 14, 15, 16);

(8, 8) 归并 (1, 2, 3, 4, 5, 6, 7, 8, …, 16)。

考虑到课程学时的限制，建议：

1. 首先要围绕各章的知识点，重点掌握课本中列出的最基本的程序设计思路，例如：

（1）顺序表的相关操作。

（2）单向链表的插入、删除、输出、头插法和尾插法建链表。

（3）栈和队列的进和出操作。

（4）递归法遍历二叉树。

（5）图的矩阵处理。

（6）顺序查找、折半查找、二叉排序树的查找。

（7）插入排序、冒泡排序、选择排序、折半插入排序等。

2. 重点掌握上述程序中的关键语句，特别是要读懂能体现相关算法的程序段。

3. 对不能脱产学习的学员，不建议在程序设计技巧上花费过多功夫，可在今后工作中不断积累。

4. 不建议完全依赖计算机的帮助理解程序。在学习阶段，还是要充分利用人脑剖析程序，以提高逻辑思维能力和空间想象能力。

5. 学习和观摩与课程相关的优秀程序。

6. 量力而行选择完成或分组集体完成有一定难度的实验题目。

参考文献

[1] 侯风巍. 数据结构要点精析：C 语言版. 2 版. 北京：北京航空航天大学出版社，2009.

[2] 严蔚敏，吴伟民. 数据结构. 2 版. 北京：清华大学出版社，1992.

[3] 李春葆. 数据结构习题与解析. 2 版. 北京：清华大学出版社，2003.

[4] 刘清，王琼. 数据结构. 北京：电子工业出版社，2001.

[5] 谈春嫒，江红. 数据结构. 北京：电子工业出版社，1997.

[6] 许卓群. 数据结构. 北京：中央广播电视大学出版社，2001.

[7] 田鲁怀. 数据结构. 北京：电子工业出版社，2006.

[8] 李英明，尹辉，李振军，等. 数据结构. 南京：南京大学出版社，2007.

[9] 沈朝辉，赵宏，王刚. 数据结构与数据库应用基础教程. 天津：南开大学出版社，2007.

[10] 张文明，张海防，张军利，等. 数据结构：C 语言实现. 北京：科学出版社，2006.

[11] 崔进平，郭小春，王霞. 数据结构（C 语言版）. 北京：清华大学出版社，2011.

[12] 徐士良，马尔妮. 实用数据结构. 3 版. 北京：清华大学出版社，2011.

[13] 刘波，郝振明，王晓明. 数据结构实用教程. 北京：机械工业出版社，2009.

[14] 王维. 数据结构教程. 北京：北京理工大学出版社，2010.

[15] 胡圣荣，周霭如，罗穗萍. 数据结构教程与题解. 北京：清华大学出版社，2011.